일반화 선형모형

최현집 지음

도서출판 해남

일반화 선형모형

초판1쇄 인쇄 2016년 6월 23일
초판1쇄 발행 2016년 6월 30일

저 자 최현집
발행인 노현철
발행처 도서출판 해남

출판등록 1995. 5. 10 제 1-1885호
주 소 서울특별시 서대문구 충정로 38-12(충정로 3가) 우리타워 6F
전 화 739-4822 **팩스** 720-4823
이 메 일 haenamin30@naver.com
홈페이지 www.hpub.co.kr

ISBN 978-89-6238-101-6 93310

머리말

선형모형은 통계학 연구뿐만이 아니라 자료 분석을 위해 가장 많이 적용되고 있는 통계적 분석 방법 중에 하나이다. 그 가운데에서 회귀모형을 중심으로 한 일반선형모형 또는 정규선형모형은 여러 학문 분야에서 자료 분석을 위하여 널리 이용되고 있다. 그러나 분석 대상이 되는 자료의 유형이 다양해짐에 따라 최근에는 이산형 자료 분석을 위한 모형에 관한 연구가 활발히 진행되고 있으며, 특히 분류를 위한 데이터 마이닝 또는 빅 데이터 분석을 위해 많은 모형과 알고리즘이 제안되고 있다.

여러 선형모형 중에서 정규분포와 포아송 분포 그리고 이항분포 등을 가정한 모형들은 반응변수의 분포 가정 이외에도 예측변수 또는 설명변수들의 차이에 의해 다양한 모형이 존재한다. 이러한 다양한 선형모형을 아우르는 통합된 구조를 가진 모형을 일반화 선형모형이라고 하며, 대학 교육에서뿐만 아니라 연구 그리고 자료 분석과 분류를 위한 주요 도구로 폭넓게 이용되고 있다.

이 책은 정규선형모형을 학습한 학생과 연구자들을 대상으로 일반화 선형모형의 기본 이론을 학습할 수 있게 저술되었다. 모형의 특성상 확률분포 이론에 관한 깊이 있는 내용이 포함되어 있으며, 최대우도추정방법을 통해 모형의 추정을 수행하여야 하기 때문에 수치 해석에서 제안된 반복계산 방법 역시 포함되어 있다. 특히, Newton-Raphson 방법과 Fisher의 스코어링 방법 그리고 반복가중최소제곱법에 대하여 매우 자세하게 소개하였다. 따라서 일반화 선형모형을 이용한 자료 분석에서뿐만 아니라 연구 수행에 필요한 추정 방법에 관한 상세한 지식을 얻을 수 있을 것으로 기대한다.

위에서 지적한 대로 일반화 선형모형은 반복계산을 통해 추정이 이루어지기 때문에 자료 분석을 위해서 통계 소프트웨어는 반드시 필요하다. 이 책에서는 R을 이용하여 소개한 이론의 적용 예에 대한 분석을 수행하였으며, 매 장마다 해당 내용에 사용된 R 코드를 추가하여 연구에 활용될 수 있도록 하였다. 그 중에서도 반복계산 방법에 관해서는 R에서 제공하는 함수를 활용하기도 하였지만 본문에서 설명한 방법을 직접 적용한 함수를 작성하여 소개하고 있기 때문에 반복계산 방법에 대한 이해와 더불어 연구를 위해 쉽게 활용될 수 있을 것이다. 책에서 소개한 R 코드는 도서출판 해남의 자료실(www.hpub.co.kr)에서 쉽게 구할 수 있도록 하였다.

마지막으로 저술 과정을 지켜봐 주고 격려해 준 사랑하는 가족들에게 감사함을 전하며, 도서출판 해남의 노현철 사장님 그리고 원고 교정을 위해 애써 주신 편집부 선생님들께도 심심한 감사를 드리는 바이다. 아울러 본 저서는 2013학년도 경기대학교 연구년 수혜로 수행된 결과물임을 밝힌다.

2016년 6월

경기대학교 광교 교정 연구실에서

차례

Chapter 1

여러 선형모형들

1. 일반선형모형
2. 포아송 회귀모형과 로그 선형모형
3. 로지스틱 회귀모형
4. 책의 구성

제1장
여러 선형모형들

자료 분석에 쓰이는 통계적 방법들은 대부분 모형에 기반한다. 일반적 의미에서의 모형은 수학적 모형을 말하며, 변수들 사이의 관계가 결정적 함수(deterministic function)로 표현된다. 이와 달리 통계적 모형은 결정적 함수에 특정 확률분포(probability distribution)를 따른다고 가정하는 오차항이 더해진 형태를 갖는다. 수학적 모형에서와 마찬가지로 통계적 모형 역시 독립변수(independent variable)라 불리는 하나 또는 그 이상의 변수들이 종속변수(dependent variable)라 불리는 변수에 어떠한 영향을 미치는지 파악하고자 한다. 다만 수학적 모형과는 달리 독립변수에 의한 함숫값이 종속변수값을 확정적으로 결정하지 못하는 차이에 의해 발생하는 오차에 확률분포를 가정하고 설명한다는 차이를 갖는다.

모형을 위해 다양한 함수 형태를 고려할 수 있다. 여러 함수들 중에서 기울기와 절편에 의해 가법 형태로 표현되는 함수에 의한 모형을 선형모형(linear model)이라고 한다. 여기에 특정 확률분포를 따르는 오차항이 포함된 모형을 통계적 선형모형이라고 한다. 통계적 선형모형 또는 선형모형은 결정적 함수를 구성하는 독립변수들이 갖는 값의 특징과 오차항에 가정된 확률분포들에 의해 다양한 모형들이 존재한다. 이들 중에서 가장 널리 쓰이는 모형으로는 일반선형모형(general linear model, GLM)이라 부르는 회귀모형(regression model), 분산분석(analysis of variance, ANOVA), 공분산분석(analysis of covariance, ANOCOVA) 그리고 포아송(Poisson) 회귀모형, 로그 선형모형(log linear model), 로지스틱 회귀모형(logistic regression model) 등을 예로 들 수 있다.

통계적 선형모형은 종속변수값이 독립변수들에 의한 결정적 함숫값과 오차에 의해 결정되므로 종속변수 역시 오차항과 같이 확률분포를 따르는 확률변수가 된다. 앞에서 예를 든 모형 중에서 일반선형모형은 대체로 종속변수가 정규분포(normal distribution)를 따르는 것으로 가정한다. 이때 독립변수들에 의한 함숫값이 분포의 기댓값이 되며, 실험 또는 관찰에 의해 측정되는 종속변수들은 서로 독립이고 동일한 분산을 갖는다는 것이 가장 일반적인 가정이다. 그러므로 독립변수들의 값은 확률적인 것이 아니라 이미 결정된 값으로 간주한다. 이러한 가정을 바탕으로 일반선형모형 중에서 일반적으로 독립변수들이 연속형 변수인 모형은 회귀모형이라 하며, 독립변수들이 요인(factor)이라 불리는 이산형 변수에 의한 모형을 분산분석모형이라고 한다. 공분산분석모형은 요인과 연속형 변수가 모두 포함된 두 모형의 보다 일반적인 모형으로 이해할 수 있다.

이와는 달리 포아송 회귀모형은 모형의 이름에서 알 수 있듯이 종속변수가 포아송 분포(Poisson distribution)를 따르는 모형을 말한다. 포아송 회귀모형에는 독립변수로 연속형 변수와 범주형 변수 모두를 포함시킬 수 있다. 특히, 독립변수가 범주형 변수로만 구성된 모형은 로그 선형모형이라고 하며, 표본추출 방법에 따라 다항분포(multinomial distribution)와 포아송 분포를 가정할 수도 있다. 또한 종속변수의 값이 성공과 실패와 같이 두 개의 값만을 갖는 베르누이 시행(Bernoulli trial)에 의한 이항분포(binomial distribution)를 가정한 모형을 이항 로지스틱 회귀모형(binary logistic regression model)이라고 한다. 로지스틱 회귀모형은 종속변수가 셋 이상의 범주를 가질 때 다항분포를 가정한 다항 로지스틱 회귀모형(multinomial logistic regression model)으로 확장될 수도 있다.

1. 일반선형모형

서로 독립적으로 시행되는 n번의 실험에서의 종속변수를 Y_i, $i=1, 2, \cdots, n$이라 하자. 회귀모형, 분산분석모형, 공분산분석모형을 포함하는 일반선형모형은 p개의 독립변수 $x_1, x_2, \cdots, x_p$의 선형함수로 다음과 같이 표현할 수 있다.

$$Y_i = \beta_1 x_{i1} + \beta_2 x_{i2} + \cdots + \beta_p x_{ip} + \epsilon_i. \tag{1.1}$$

여기서 $i=1,2,\cdots,n$ 그리고 β_1, β_2, $\cdots$, β_p는 추정의 대상이 되는 모수를 나타낸다. 일반적으로 모형 (1.1)의 첫 번째 독립변수 x_1은 1의 값을 가지며, β_1은 절편(intercept)이 된다.

모형 (1.1)은 행렬에 의해 다음과 같이 표현할 수도 있다.

$$\underline{Y} = \boldsymbol{X}\underline{\beta} + \underline{\epsilon}. \tag{1.2}$$

모형 (1.2)에서

$$\underline{Y} = \begin{bmatrix} Y_1 \\ Y_2 \\ \vdots \\ Y_n \end{bmatrix}$$

은 종속변수에 의한 $n\times 1$ 벡터이며,

$$\boldsymbol{X} = \begin{bmatrix} 1 & x_{12} & x_{13} & \cdots & x_{1p} \\ 1 & x_{22} & x_{23} & \cdots & x_{2p} \\ \vdots & \vdots & \vdots & \ddots & \vdots \\ 1 & x_{n2} & x_{n3} & \cdots & x_{np} \end{bmatrix} \tag{1.3}$$

는 절편에 대응하는 1을 값으로 갖는 첫 번째 열과 $(p-1)$개 독립변수들에 의한 $n\times p$ 행렬로 계획행렬(design matrix)이라고 한다. 또한

$$\underline{\beta} = \begin{bmatrix} \beta_1 \\ \beta_2 \\ \vdots \\ \beta_p \end{bmatrix}$$

는 추정의 대상이 되는 p개 모수에 의한 $p\times 1$ 모수 벡터이며,

$$\underline{\epsilon} = \begin{bmatrix} \epsilon_1 \\ \epsilon_2 \\ \vdots \\ \epsilon_n \end{bmatrix}$$

은 $n \times 1$ 오차항 벡터이다. 오차항 ϵ_i에는 일반적으로 서로 독립이며 기댓값이 0이고 동일한 분산 σ^2을 갖는 정규분포를 가정하는 것이 일반적이다. 그러나 보다 약한 가정으로 정규분포가 아니라 좌우대칭인 연속형 분포를 가정할 수도 있다.

【예 1.1】 단순회귀모형

모형 (1.1) 또는 (1.2)에서 독립변수가 하나인 단순회귀모형(simple regression model)을 고려해 보기로 한다. <표 1.1>은 미국의 한 신용카드 회사에서 여행 거리와 신용카드 사용액 사이의 관계를 분석하기 위해 수집한 자료 중에서 일부를 발췌한 자료이다.

〈표 1.1〉 여행 거리와 신용카드 사용액

거리(마일)	1,211	1,687	2,133	2,468	3,082
사용액($)	1,802	2,511	3,016	3,694	3,555
거리(마일)	3,643	4,267	4,804	5,439	
사용액($)	5,298	5,738	6,426	6,964	

자료출처: A. D. Aczel(1995), *Statistics Concepts and Application*, IRWIN.

이 자료 분석을 위한 모형은

$$Y_i = \beta_1 + \beta_2 x_i + \epsilon_i, \tag{1.4}$$

$i = 1, 2, \cdots, 9$이며, 오차항에 기댓값이 0이고 분산은 σ^2인 정규분포 즉, $N(0, \sigma^2)$을 가정하면 위 모형은

$$E(Y_i) = \beta_1 + \beta_2 x_i \tag{1.5}$$

와 같이 나타낼 수 있다. 그리고 종속변수의 관찰값을 y_i라 하면 종속변수의 관찰값 벡터

$$\underset{\sim}{y} = \begin{bmatrix} y_1 \\ y_2 \\ \vdots \\ y_9 \end{bmatrix} = \begin{bmatrix} 1,802 \\ 2,511 \\ \vdots \\ 6,964 \end{bmatrix}$$

와 계획행렬은

$$\boldsymbol{X} = \begin{bmatrix} 1 & 1,211 \\ 1 & 1,687 \\ \vdots & \vdots \\ 1 & 5,439 \end{bmatrix} \tag{1.6}$$

이며, 모수 벡터

$$\underset{\sim}{\beta} = \begin{bmatrix} \beta_1 \\ \beta_2 \end{bmatrix}$$

로 식 (1.5)에 의해 모형은

$$E(\underset{\sim}{Y}) = \boldsymbol{X}\underset{\sim}{\beta} \tag{1.7}$$

와 같이 나타낼 수 있다.

<그림 1.1>은 두 변수 사이의 산포도(scatter plot)를 나타내고 있다. 산포도에 표현된 직선은 추정회귀선(estimated regression line)을 나타낸다. 모수 β_1과 β_2의 추정값인 368.87과 1.24에 의한 예측값(predicted value)을 $\hat{y}_i$라 하면,

$$\hat{y}_i = 368.87 + 1.24 x_i$$

와 같이 표현된다. <그림 1.1>을 통해 여행 거리의 증가에 따라 신용카드 사용액이 증가하는 경향을 보인다는 것을 쉽게 알 수 있고, 여행 거리가 1마일 늘어날 때마다 신용카드 사용액이 1.24달러 증가하는 것으로 해석하게 된다. ■

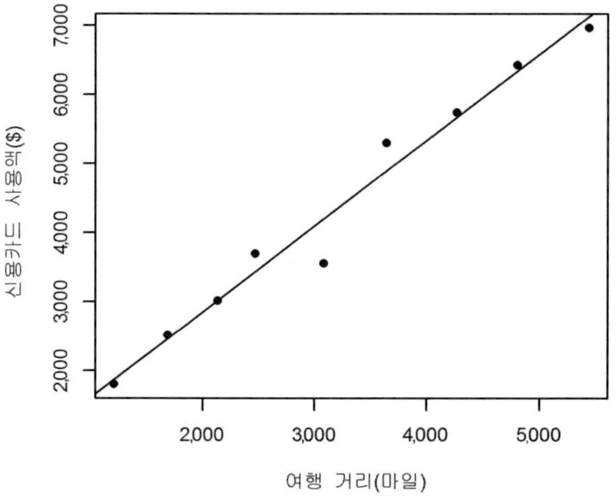

〈그림 1.1〉 여행 거리와 신용카드 사용액

【예 1.2】 일원분산분석

일원분산분석(one-way ANOVA)은 두 개의 서로 독립인 표본의 평균을 비교하기 위한 t-검정을 셋 이상의 평균을 비교하는 문제로 확장한 것이라고 볼 수 있다. 15명의 실험대상자를 임의의 세 그룹으로 나누어 월별 칼로리 소모량을 측정한 <표 1.2>의 자료를 고려해 보기로 한다. 분석 목적은 월별로 칼로리 소모량의 평균에 차이가 있는지 판단하고자 하는 것으로 다음과 같은 모형에 대한 추론 문제로 생각할 수 있다.

〈표 1.2〉 월별 칼로리 소모량

월	칼로리 소모량				
5	2,166	1,568	2,233	1,882	2,019
9	2,279	2,075	2,131	2,009	1,793
12	2,226	2,154	2,583	2,010	2,190

자료출처: J. Verjani(2005), *Using R for Introductory Statistics*, Chapman&Hall/CRC.

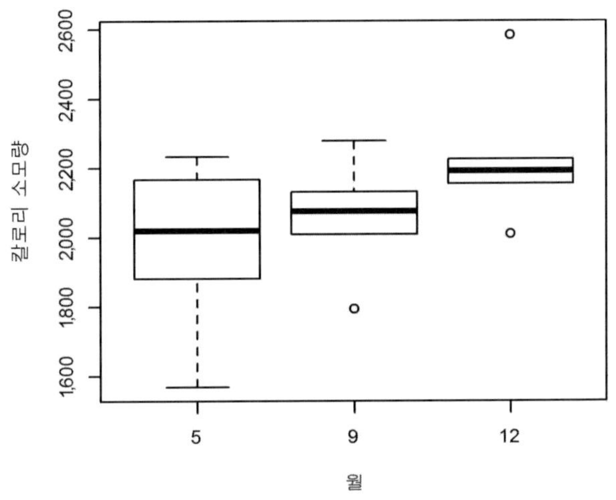

〈그림 1.2〉 월별 칼로리 소모량

$$Y_{ij} = \mu_i + \epsilon_{ij}. \tag{1.8}$$

여기서 $i=1,2,3,\ j=1,2,\cdots,5$이며 오차항 ϵ_{ij}에는 $N(0,\sigma^2)$을 가정한다.

<그림 1.2>는 이 자료에 의한 월별 칼로리 소모량의 상자그림을 나타내고 있다.

모형 (1.8)은 월별 차이를 식별하기 위한 효과 μ_i를 분해하여 다음과 같이 다시 표현할 수 있다.

$$Y_{ij} = \alpha_1 + \alpha_{2(i)} x_{ij} + \epsilon_{ij}. \tag{1.9}$$

여기서 α_1는 총 평균을 설명하기 위한 주효과(main effect)이며, $\alpha_{2(i)}$는 월별 평균의 차이를 위한 효과이다. 위 모형의 종속변수의 관찰값 벡터는

$$\underset{\sim}{y} = \begin{bmatrix} y_{11} \\ \vdots \\ y_{15} \\ y_{21} \\ \vdots \\ y_{25} \\ y_{31} \\ \vdots \\ y_{35} \end{bmatrix} = \begin{bmatrix} 2,166 \\ \vdots \\ 2,019 \\ 2,279 \\ \vdots \\ 1,793 \\ 2,226 \\ \vdots \\ 2,190 \end{bmatrix}$$

이며, 계획행렬은

$$\boldsymbol{X} = \begin{bmatrix} 1 & 0 & 0 \\ \vdots & \vdots & \vdots \\ 1 & 0 & 0 \\ 1 & 1 & 0 \\ \vdots & \vdots & \vdots \\ 1 & 1 & 0 \\ 1 & 0 & 1 \\ \vdots & \vdots & \vdots \\ 1 & 0 & 1 \end{bmatrix}. \tag{1.10}$$

그리고 모수 벡터는 모수의 추정을 위한 $\alpha_{2(1)} = 0$이라는 제약조건을 부여하여

$$\underset{\sim}{\beta} = \begin{bmatrix} \alpha_1 \\ \alpha_{2(2)} \\ \alpha_{2(3)} \end{bmatrix}$$

과 같이 표현할 수 있다. 두 모형의 계획행렬인 (1.6)과 (1.10)의 비교를 통해 분산분석은 회귀모형과 유사한 모형으로 독립변수가 연속형 변수가 아닌 이산형 변수인 요인이라는 차이를 갖는다는 것을 알 수 있다. ■

【예 1.3】 공분산분석

<표 1.3>은 유아기 성적 학대(childhood sexual abuse, CSA)가 성인여성에게 미치는 영향을 분석하기 위해 유아기 성적 학대를 경험한 45명의 여성과 경험하지 않은 31명의 여성에게 유아기 물리적 학대 정도(childhood sexual abuse, CPA)와 외상 후 스트레스 장애(post-traumatic stress disorder, PTSD) 정도를 측정한 자료이다. 외상 후 스트레스 장애에 유아기 물리적 학대와 유아기 성적 학대 여부가 미치는 영향을 분석하기 위한 공분산분석모형은 다음과 같다.

$$Y_{ij} = \beta_1 + \beta_2 x_{ij} + \beta_3 d_i + \epsilon_{ij}. \tag{1.11}$$

여기서 $i=1,2$ 그리고 $j=1,2,\cdots,n_i$이며, $n_1=45,\ n_2=31$이다. 그리고

$$d_i = \begin{cases} 0, & \text{경험 있음} \\ 1, & \text{경험 없음} \end{cases}$$

으로 유아기 성적 학대 경험을 나타내는 변수이다. d_i는 가변수(dummy variable)라고도 한다.

모형 (1.11)의 계획행렬은 다음과 같다.

$$\boldsymbol{X} = \begin{bmatrix} 1 & 2.05 & 1 \\ 1 & 0.84 & 1 \\ \vdots & \vdots & \vdots \\ 1 & 5.12 & 1 \\ 1 & 1.49 & 0 \\ 1 & 0.61 & 0 \\ \vdots & \vdots & \vdots \\ 1 & 0.81 & 0 \end{bmatrix}. \tag{1.12}$$

계획행렬 $\boldsymbol{X}$의 첫 번째 열은 절편 β_1을 위한 벡터, 두 번째 열은 CPA의 관찰값 벡터이며 세 번째 열은 CSA를 나타내는 변수 d_i에 의한 벡터이다.

<그림 1.3>의 왼쪽 상자그림에서 볼 수 있듯이 유아기 성적 학대 경험이 있

〈표 1.3〉 유아기 성적 학대와 외상 후 스트레스 압박 정도

CSA	CPA	PTSD	CSA	CPA	PTSD
Abused	2.05	9.71	Abused	3.25	11.89
Abused	0.84	6.17	Abused	3.01	7.33
Abused	-0.24	15.16	Abused	3.08	10.77
Abused	-1.11	11.31	Abused	5.27	15.25
Abused	2.01	9.95	Abused	3.41	11.08
Abused	6.71	9.84	Abused	1.35	7.62
Abused	1.21	5.98	Abused	5.12	11.13
Abused	2.34	11.11	Not Abused	1.49	6.14
Abused	0.91	6.26	Not Abused	0.61	0.74
Abused	-0.85	7.04	Not Abused	1.43	3.46
Abused	7.36	13.89	Not Abused	-0.34	6.91
Abused	2.09	14.98	Not Abused	-3.12	4.54
Abused	1.95	10.82	Not Abused	2.65	6.34
Abused	-0.42	13.91	Not Abused	3.75	7.30
Abused	1.41	18.17	Not Abused	1.51	-3.35
Abused	6.08	12.92	Not Abused	1.75	4.47
Abused	6.02	15.08	Not Abused	-0.46	4.02
Abused	3.73	8.31	Not Abused	0.70	6.22
Abused	2.63	9.28	Not Abused	5.05	5.79
Abused	0.46	9.29	Not Abused	0.73	8.54
Abused	7.02	11.93	Not Abused	-0.42	-0.38
Abused	3.15	13.52	Not Abused	2.81	4.75
Abused	2.35	8.54	Not Abused	2.93	6.39
Abused	8.65	18.99	Not Abused	-0.23	6.83
Abused	4.32	17.20	Not Abused	4.82	10.47
Abused	2.13	10.37	Not Abused	1.32	1.11
Abused	4.05	8.48	Not Abused	0.56	7.40
Abused	1.57	14.08	Not Abused	1.22	6.17
Abused	3.76	13.45	Not Abused	3.05	5.49
Abused	5.18	9.37	Not Abused	3.77	10.91
Abused	1.18	16.13	Not Abused	-2.12	4.84
Abused	2.70	12.07	Not Abused	3.64	3.63
Abused	1.14	10.84	Not Abused	-0.31	-0.14
Abused	4.13	17.41	Not Abused	2.18	6.57
Abused	1.42	14.90	Not Abused	-0.23	-3.12
Abused	6.35	12.74	Not Abused	-1.86	-0.47
Abused	7.61	15.42	Not Abused	2.85	6.84
Abused	2.00	17.64	Not Abused	0.81	7.13

자료출처: J. J. Faraway(2005), *Linear Models with R*, Chapman&Hall/CRC.

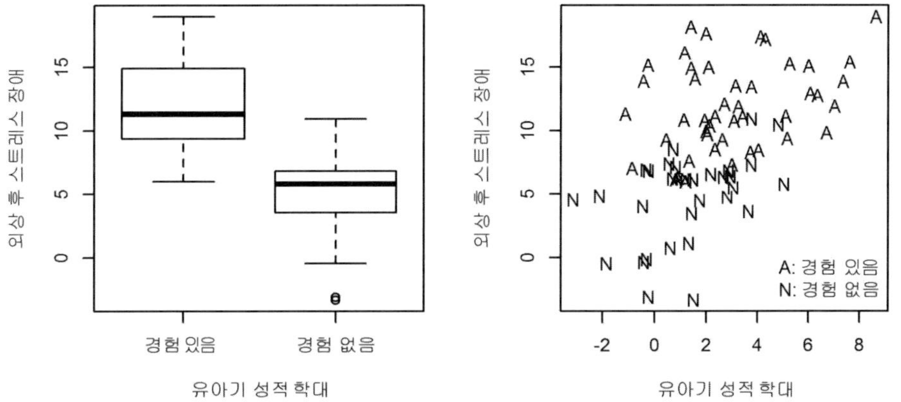

〈그림 1.3〉 CSA에 따른 PTSD

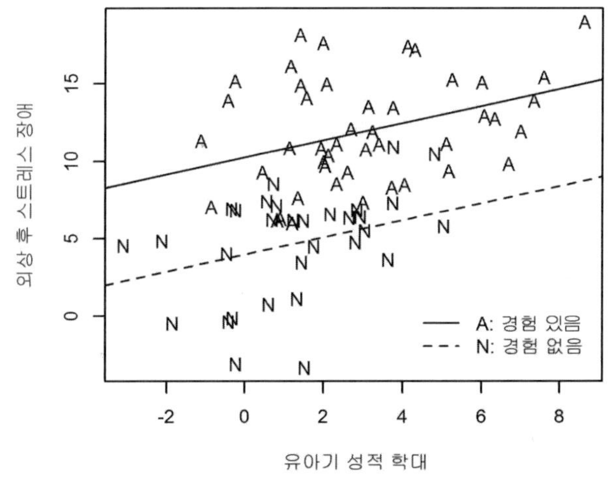

〈그림 1.4〉 공분산분석모형의 적합 결과

는 여성이 외상 후 스트레스 장애를 더 심하게 겪는다는 것을 알 수 있다. 또한 오른쪽 산포도에서 유아기 물리적 학대 정도가 클수록 외상 후 스트레스 장애 역시 심해지는 것을 알 수 있다. 이러한 두 가지 사실을 분석하기 위한 모형 (1.11)을 적합시킨 결과를 <그림 1.4>에서 볼 수 있다.

<그림 1.4>에서 유아기 성적 학대 경험이 있는 여성들의 물리적 학대가 스트레스 장애에 미치는 영향은 실선으로 나타내었고, 점선은 유아기 성적 학대

경험이 없는 여성들의 두 변수 사이의 관계를 나타낸다. 이를 통해 유아기 물리적 학대 정도가 외상 후 스트레스 장애에 영향을 미치고 있고, 유아기 성적 학대 경험이 있는 여성일수록 더욱 심한 스트레스 장애를 겪는다는 것을 알 수 있다. ■

앞에서 일반선형모형의 대표적인 세 모형인 회귀모형, 분산분석 그리고 공분산분석을 위한 모형의 가장 간단한 모형을 소개하였다. 두 번째 예에서 언급하였듯이 이들 세 모형은 오차항이 정규분포를 따른다는 동일한 가정 하에 독립변수들의 차이에 구분된다. 이러한 사실은 세 모형의 계획행렬인 (1.6), (1.10), (1.12)를 통해 쉽게 구별할 수 있다. 다시 말해, 일반선형모형은 독립변수들의 성격에 의해 모형이 구별될 수 있다는 것이다.

2. 포아송 회귀모형과 로그 선형모형

분석을 위해 수집된 자료 중에서 상당수는 연구 목적에 따라 종속변수의 관찰값이 도수(count 또는 frequency)가 된다. 이러한 경우에 종속변수에 독립변수들이 미치는 영향 역시 선형모형에 의해 분석할 수 있다. 일반선형모형에서와 마찬가지로 이러한 이산형 종속변수를 위한 모형들 역시 독립변수들의 성격에 따라 모형이 구별된다. 독립변수들이 연속형과 이산형이 모두 포함될 수 있는 포아송 회귀모형과 범주형 변수들의 범주에 따라 독립변수의 수준이 결정되는 로그 선형모형이 대표적인 모형들이다.

포아송 회귀모형은 이름에서 알 수 있듯이 종속변수가 포아송 분포를 따른다고 가정한다. 반면에 로그 선형모형은 표본추출 방법에 따라 다항분포 또는 포아송 분포를 가정한다. 일반선형모형과 이들 두 모형과의 가장 큰 차이점은 일반선형모형은 종속변수를 독립변수에 의한 선형함수에 오차항을 더한 가법모형(additive model)임에 반하여, 두 모형은 모두 종속변수의 기댓값에 로그를 취한 함수를 선형함수로 표현한다는 것이다. 모형 (1.2)와는 달리 포아송 회귀모형과 로그 선형모형은

$$\log(E(\underline{Y})) = \boldsymbol{X}\underline{\beta} \tag{1.13}$$

와 같은 구조를 갖게 되며, 계획행렬 $\boldsymbol{X}$에 의해 두 모형을 구별할 수 있다.

【예 1.4】 포아송 회귀모형

<표 1.4>는 147명을 대상으로 조사일 이전 1개월부터 18개월까지 해당 월에 한 번 이상 스트레스가 심한 사건을 경험한 사람들의 도수분포이다. 이 자료의 분석을 위해 월을 독립변수로 하고 스트레스 경험도수를 값으로 갖는 확률변수 Y_i가 기댓값 $\lambda_i = E(Y_i)$를 갖는 포아송 분포를 따른다는 가정 하에 모형 (1.13)과 같은 다음과 같은 선형모형을 고려할 수 있다.

$$\log(\lambda_i) = \beta_1 + \beta_2 x_i. \tag{1.14}$$

여기서 $i = 1, 2, \cdots, 18$이며, 기댓값 λ_i는 다음과 같이 독립변수와 지수적 관계를 갖는다.

$$\lambda = \exp(\beta_1 + \beta_2 x) = e^{\beta_1}(e^{\beta_2})(e^{x}). \tag{1.15}$$

즉, x가 한 단위 변할 때마다 λ는 e^{β_2}만큼의 곱의 영향을 받는 것을 의미한다.

〈표 1.4〉 스트레스 경험도수의 분포

개월	1	2	3	4	5	6	7	8	9
도수	15	11	14	17	5	11	10	4	8
개월	10	11	12	13	14	15	16	17	18
도수	10	7	9	11	3	6	1	1	4

모형 (1.14)의 계획행렬은

$$X = \begin{bmatrix} 1 & 1 \\ 1 & 2 \\ \vdots & \vdots \\ 1 & 18 \end{bmatrix} \tag{1.16}$$

이 된다.

<그림 1.5>의 왼쪽 그림은 스트레스 경험도수에 로그를 취한 값의 산포도와 모형 (1.14)의 추정회귀선을 보여 주고 있다. 그림에서 볼 수 있듯이 $\log(\lambda_i)$는 개월 수에 따라 선형 관계를 갖는다. 반면에 오른쪽 그림은 식 (1.15)의 관계를 나타내고 있다. 이 그림을 통해 시간이 지나갈수록 스트레스 경험도수가 지수적으로 감소하는 경향을 갖는다는 것을 알 수 있다. 모형의 추정 결과 β_2의 추정값은 -0.0838이며 $e^{-0.0838}=0.9196$으로 1개월이 지날수록 스트레스 경험도수의 기댓값은 약 92%씩 감소하는 것으로 해석할 수 있다. ■

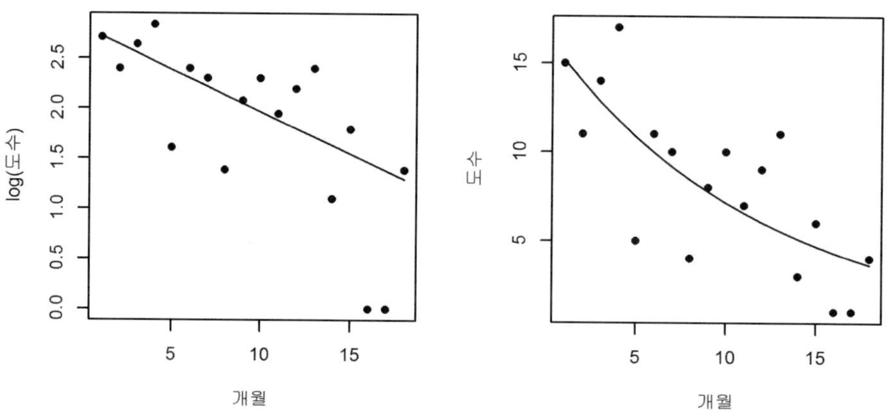

〈그림 1.5〉 스트레스 경험도수 자료에 대한 모형의 적합 결과

【예 1.5】 로그 선형모형

아스피린(aspirin) 복용이 심근경색(myocardial infraction)에 미치는 영향을 분석하기 위해 스웨덴에서 조사된 <표 1.5>를 고려해 보기로 한다. 이 표는 아스피린을 복용한 676명과 위약(placebo)을 복용한 684명을 대상으로 심근경색 발생 유무를

교차분류한 2×2 분할표(contingency table)이다. 분할표에 있는 각 칸의 도수가 관찰값인 확률변수를 Y_{ij}, $i=1,2$, $j=1,2$라 하고, Y_{ij}는 기댓값 λ_{ij}를 갖는 포아송분포를 따른다고 가정하기로 한다. i행은 복용하는 약의 종류 그리고 j열은 심근경색 발생 유무를 의미한다.

〈표 1.5〉 아스피린과 심근경색

	심근경색		
	유	무	계
아스피린	18	658	676
위약	28	656	684

자료출처: A. Agresti(2002), *Categorical Data Analysis*, 2nd, Wiley.

아스피린 복용과 심근경색과의 연관관계(association)를 식별하기 위해 다음과 같은 로그 선형모형을 고려할 수 있다.

$$\log(\lambda_{ij}) = u + u_{1(i)} + u_{2(j)} + u_{12(ij)}. \tag{1.17}$$

여기서 $i=1,2$, $j=1,2$이며, 모형에 포함된 모수 중에서 u는 주효과(main effect), $u_{1(i)}$는 i번째 행효과(row effect), $u_{2(j)}$는 j번째 열효과(column effect) 그리고 $u_{12(ij)}$는 i번째 행과 j번째 행의 연관을 나타내는 연관항(association term)이라고 한다.

모형 (1.17)에서의 주요 관심사는 $u_{12(ij)}=0$ 또는 $u_{12(ij)}\neq0$인지의 여부이다. 만일 $u_{12(ij)}=0$이라면 행과 열은 서로 독립이라는 것으로 <표 1.5>의 자료의 경우에 아스피린 복용 여부가 심근경색과는 독립이므로 서로 연관이 없다는 해석이 가능하다.

위 로그 선형모형에는 분산분석모형에서와 유사하게 모수의 추정을 위해 행과 열 효과 그리고 연관항에는 각각

$$\sum_{i=1}^{2} u_{1(i)} = \sum_{j=1}^{2} u_{2(j)} = 0,$$

$$\sum_{i=1}^{2} u_{12(ij)} = \sum_{j=1}^{2} u_{12(ij)} = 0 \tag{1.18}$$

이라는 조건이 부여된다. 이러한 제약조건을 반영하면 모형 (1.17)은

$$\log(E(\underline{Y})) = \boldsymbol{X}\underline{u}$$

와 같이 나타낼 수 있다.

분할표 각 칸의 칸 도수(cell count)에 의한 벡터

$$\underline{y} = \begin{bmatrix} y_{11} \\ y_{12} \\ y_{21} \\ y_{22} \end{bmatrix}$$

계획행렬은

$$\boldsymbol{X} = \begin{bmatrix} 1 & 1 & 1 & 1 \\ 1 & 1 & -1 & -1 \\ 1 & -1 & 1 & -1 \\ 1 & -1 & -1 & 1 \end{bmatrix}, \tag{1.19}$$

그리고 제약조건 (1.18)에 의해 모수 벡터

$$\underline{u} = \begin{bmatrix} u \\ u_{1(1)} \\ u_{2(1)} \\ u_{12(11)} \end{bmatrix}$$

과 같이 표현할 수 있다. ■

【예 1.4】와【예 1.5】에서 종속변수의 확률분포를 제외하면 계획행렬 (1.16)과 (1.19)를 통해 포아송 회귀모형과 로그 선형모형은 마치 일반선형모형의 회귀모

형, 분산분석모형과 유사한 구조를 갖는 것을 알 수 있다. 단, 로그 선형모형은 표본추출 방법에 따라 다항분포를 가정할 수 있으며, 포아송 회귀모형은 회귀모형과는 달리 독립변수가 연속형 변수와 이산형 변수가 혼합되어도 가정에 영향을 받지 않고 적용될 수 있다는 차이점을 갖는다.

3. 로지스틱 회귀모형

실험 또는 관찰의 결과가 '성공' 또는 '실패'와 같이 두 가지 결과로 나타나는 상황을 고려해 보기로 하자. 특정 질환을 앓고 있는 환자에게 치료제를 투약했을 때 치료효과 유무 또는 대출 실행에 의한 결과로 연체 발생 여부를 확인하는 것 등을 예로 들 수 있다. 이 경우에 연구의 관심은 특정 결과가 발생하는 비율이 된다. 이 비율을 π라고 하면, 비율은 $0 \le \pi \le 1$에서 정의되기 때문에 앞에서 소개한 모형들과는 달리 모형에 의한 예측값 또는 추정값은 반드시 0과 1 사이에 존재하여야 한다.

이러한 문제를 해결하기 위하여 마치 일반선형모형에서 종속변수가 갖는 범위와 같이 비율 π를 $(-\infty, \infty)$ 사이의 값을 갖도록 해 주는 다양한 함수들이 제안되어 있다. 이들 가운데서 가장 대표적인 변환 방법의 하나가 다음과 같은 로짓 변환(logit transformation)이다.

$$\text{logit}(\pi) = \log\left(\frac{\pi}{1-\pi}\right). \tag{1.20}$$

로짓 변환은

$$\pi = \frac{e^x}{1+e^x} \tag{1.21}$$

와 같은 역변환이 가능하다.

식 (1.20)에서 $\pi/(1-\pi)$를 odd라고 하며, odd에 로그를 취한 $\text{logit}(\pi)$를 선형함수로 표현한 다음과 같은 모형을 로지스틱 회귀모형(logistic regression model)이라고 한다.

$$\log\left(\frac{\pi}{1-\pi}\right) = \boldsymbol{X}\underline{\beta}. \tag{1.22}$$

실험의 결과가 두 가지 값을 갖는 이항 확률변수 Y는 $E(Y)=\pi$이므로 (1.22)는

$$g(E(\underline{Y})) = \boldsymbol{X}\underline{\beta} \tag{1.23}$$

와 같이 표현하기도 한다.

【예 1.6】 이항 로지스틱 회귀모형

<표 1.6>은 여러 농도의 기체 이황화탄소(gaseous carbon disulphide)에 노출된 딱정벌레의 사망 개체 수를 조사한 자료이다.

〈표 1.6〉 딱정벌레 사망 개체 수 자료

$\log_{10}$(농도)	딱정벌레 수	사망 개체 수
1.6907	59	6
1.7242	60	13
1.7552	62	18
1.7842	56	28
1.8113	63	52
1.8369	59	53
1.8610	62	61
1.8839	60	60

자료출처: A. J. Dobson(2002), *An Introduction to Generalized Linear Models*, 2nd, Chapman& Hall/CRC.

딱정벌레 사망 개체 수 y_i와 같은 농도에 노출된 총 딱정벌레의 수 n_i의 비율 $\pi_i = y_i/n_i$와 기체 이황화탄소의 농도 x_i는 식 (1.21)에 의해

$$\pi_i = \frac{\exp(\beta_1 + \beta_2 x_i)}{1+\exp(\beta_1 + \beta_2 x_i)} \tag{1.24}$$

와 같이 나타낼 수 있고 이 자료의 분석을 위한 이항 로지스틱 회귀모형은

$$\log\left(\frac{\pi_i}{1-\pi_i}\right) = \beta_1 + \beta_2 x_i.$$

여기서 $i = 1, 2, \cdots, 8$이다.

<그림 1.6>의 왼쪽 그림은 $\text{logit}(\pi_i)$와 x_i의 산포도이며, 실선은 β_1과 β_2의 추정값인 -60.7175와 34.2703에 의한 추정회귀선을 보여 주고 있다. 그림에서 $\text{logit}(\pi_i)$는 x_i와 선형관계를 갖는다는 것을 알 수 있다. 그러나 이들 두 값에 의한 추정비율은 (1.24)의 관계를 통해 구해야 한다. 딱정벌레 사망 개체 비율 π_i와 x_i의 산포도와 추정회귀선은 오른쪽 그림에 제시되어 있다.

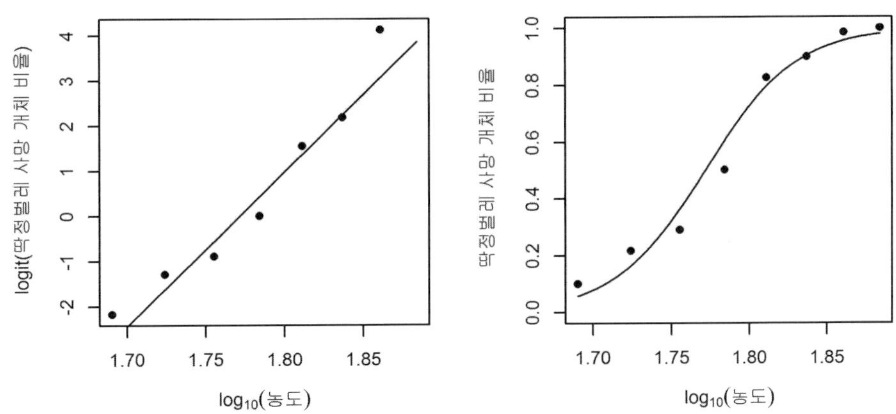

〈그림 1.6〉 기체 이황화탄소의 농도와 딱정벌레 사망 개체 비율의 모형 적합

오른쪽 그림에서 'S'자 모양의 커브는 모형의 적합 결과를 표현한 것으로 기

체 이황화탄소의 농도가 증가할수록 사망 개체 수의 비율이 급격히 증가하다가 일정 농도에서 1에 수렴하는 경향이 있다는 것을 보여 주고 있다. ■

4. 책의 구성

앞에서 설명한 대로 소개한 여러 선형모형들은 모두 지수족(exponential family)에 속한 확률분포를 가정하고 있다. 제2장에서는 지수족을 정의하고, 지수족 분포의 특징에 대하여 설명할 것이다. 지수족에 속한 확률분포들의 기댓값과 분산을 구하기 위한 일반식이 유도될 것이며, 다소 수학적인 지식이 요구되는 이론이 소개된다.

지수족에 속한 확률분포의 모수의 추정을 위해 최우추정법(maximum likelihood method)이 가장 널리 사용되고 있다. 최우추정법의 설명과 더불어 일반화 선형모형에서 사용되는 반복계산법의 기본 이론이 되는 Newton-Raphson 방법과 Fisher의 스코어링(Fisher's scoring) 방법을 분포의 모수를 추정하기 위해 적용하는 예도 역시 다룰 것이다.

제3장에서는 일반화 선형모형을 정의하고, 일반화 선형모형의 구조와 특징에 관해 설명할 것이다. 모형의 모수는 최우추정에서 요구되는 스코어 함수(score function)가 일반적으로 비선형 구조를 갖기 때문에 직접 추정보다는 반복계산을 수행하여야 한다. 따라서 Newton-Raphson 방법을 기반으로 Fisher의 스코어링 방법과 반복가중최소제곱법(iterative re-weighted least squares method, IRWLS)을 소개하고, 이후에 소개되는 모형들의 추정 방법을 이해하기 위한 적용 예도 다룰 것이다. 또한 반복계산을 위해 추정된 모수의 추정량들의 표본분포 이론과 적합성을 판단하는 통계량과 분포 역시 설명된다.

제4장과 제5장에서는 포아송 분포를 가정한 포아송 회귀모형과 로그 선형모형을 다룰 것이다. 포아송 회귀모형은 로그 연결함수(link function)를 이용한 선형모형으로 종속변수가 도수인 분석을 위해 가장 널리 이용되고 있다. 모형을 위한 독립변수 또는 예측변수(predictor)들에는 연속형, 이산형 변수가 모두 포함될 수

있으며, 모형의 설명력을 측정하기 위한 유사 결정계수(pseudo coefficient of determination)와 모형의 점검을 위한 여러 잔차들 또한 설명될 것이다.

로그 선형모형은 분할표를 얻기 위한 표본추출 방법에 따라 다항분포, 적다항분포(product multinomial distribution) 그리고 포아송 분포를 가정할 수 있다. 그런데 다항분포와 적다항분포는 총 표본 수가 주어진 포아송 분포의 조건부 분포이므로 추정을 위해 포아송 분포를 이용하게 된다.

로그 선형모형은 포아송 회귀모형과는 달리 모형에 포함된 모수의 추정값에 관심을 갖는 것이 아니라 모형에 포함된 모수에 의해 분할표를 구성하는 범주형 변수들의 확률적인 관계를 설명하는데 이용된다. 계층구조(hierarchical structure)를 이용한 다양한 확률적 관계를 설명하고, 계층구조에 속하는 모형들의 최우추정량을 구하는 방법과 적합성을 판단하기 위한 이탈도(deviance)를 이용하여 모형을 비교하는 방법이 설명된다.

제6장에서는 종속변수가 이항 또는 다항 변수인 로지스틱 회귀모형을 다루게 된다. 로지스틱 회귀모형은 분류(classification)를 위해 가장 중요하게 다루어지는 모형으로, 통계학뿐만 아니라 데이터 마이닝(dada mining) 또는 빅데이터(big data) 분석에서 폭넓게 이용되고 있다.

모형의 추정을 위한 반복계산 방법을 자세히 다루고, 모수의 추정값이 어떻게 해석되어야 하는지 설명하게 된다. 다른 모형에서와 마찬가지로 모형의 적합성 판단을 위한 여러 통계량들이 소개될 것이다.

마지막으로 제7장에서는 정규분포를 가정하는 일반선형모형과 일반화 선형모형과의 관계를 소개하고 회귀모형, 분산분석 그리고 공분산분석을 위한 모형을 다루고자 한다.

일반화 선형모형은 일반적으로 모형의 추정을 반복계산 방법을 이용하여 수행하기 때문에 설명을 위해 제시된 예들은 통계 소프트웨어 등으로 계산을 수행하여야 한다. 여러 가지 분석을 위한 도구들 중에서 이 책에서는 R 언어를 이용하여 분석을 수행하였다. 따라서 매 장마다 사용된 예의 분석을 위한 R 코드를 추가하여 분석자들이 참고할 수 있도록 하였다. R 언어에 관한 자세한 내용은 http://r-project.org를 참고하기 바란다.

Chapter 2

지수족과 최우추정

1. 지수족
2. 지수족 확률분포의 기댓값과 분산
3. 우도함수와 로그 우도함수
4. 최우추정법
5. 스코어 통계량과 정보
6. 반복계산에 의한 최우추정법

R-Code

연습 문제

제2장

지수족과 최우추정

통계적 선형모형의 종속변수는 반응변수(response variable)라고도 한다. 일반선형모형, 포아송 회귀모형 그리고 로지스틱 회귀모형의 가장 큰 차이점은 반응변수의 확률분포가 다르다는 것이다. 이들 세 모형을 위한 반응변수의 확률분포는 각각 정규분포, 포아송 분포 그리고 이항분포이다. 그런데 이들 확률분포는 동일한 형태의 함수로 표현 가능하다.

확률변수만의 함수와 모수만의 함수로 구분시켜 지수함수 형식으로 표현 가능한 확률분포들을 지수족(exponetial family)에 속한다고 부르며, 정규분포, 포아송 분포 그리고 이항분포는 모두 지수족에 속한다. 특히, 지수족은 기댓값과 분산에 대한 표현식 때문에 확률분포 이론에서 매우 중요한 위치를 차지한다.

1. 지수족

모수 θ를 갖는 확률변수 Y의 확률분포 $f(y;\theta)$가 다음과 같은 형태의 함수로 표현 가능하면 지수족에 속한다고 한다.

$$f(y;\theta) = s(y)t(\theta)e^{a(y)b(\theta)}. \tag{2.1}$$

여기서 함수 $a(\cdot)$, $b(\cdot)$, $s(\cdot)$, $t(\cdot)$는 알려진 함수이며, 식 (2.1)은 다음과 같이 다시 표현할 수 있다.

$$f(y;\theta) = \exp[a(y)b(\theta) + c(\theta) + d(y)]. \tag{2.2}$$

여기서 $s(y) = \exp[d(y)]$ 그리고 $t(\theta) = \exp[c(\theta)]$와 같은 관계를 갖는다.

식 (2.1) 혹은 식 (2.2)에서 $a(y) = y$이면 확률분포는 표준형(canonical form 또는 standard form)이라고 부르며, 표준형 확률분포의 $b(\theta)$는 자연모수(natural parameter)라고 한다. 만일 관심 있는 모수 θ 이외의 모수가 확률분포에 포함되면 이를 장애모수(nuisance parameter)라고 한다. 장애모수는 알려져 있는 값으로 간주한다.

【예 2.1】 포아송 분포

이산형 확률변수 Y가 모수 λ를 갖는 다음과 같은 포아송 분포를 따른다고 하자. 이를 $Y \sim Poisson(\lambda)$와 같이 표현하기로 한다.

$$f(y;\lambda) = \frac{\lambda^y e^{-\lambda}}{y!}.$$

여기서 $y = 0, 1, 2, \cdots$의 값을 가지며 $\lambda > 0$이다.

이러한 포아송 분포는 식 (2.2)의 형태로 다음과 같이 나타낼 수 있다.

$$f(y;\lambda) = \exp[y\log\lambda - \lambda - \log y!].$$

여기서 $a(y) = y$, $b(\mu) = \log\lambda$, $c(\mu) = -\lambda$ 그리고 $d(y) = -\log y!$이며, 식 (2.1)의 $s(y) = \exp[-\log y!]$ 그리고 $t(\lambda) = \exp[-\lambda]$와 같다. 그리고 $a(y) = y$이므로 포아송 분포는 표준형이며, 자연모수는 $\log\lambda$가 된다.

포아송 분포의 지수족 표현에서 주목할 점은 $E(Y) = \lambda$이므로 자연모수가 포아송 회귀모형의 좌변인 $\log(E(Y)) = \log\lambda$와 같다는 점이다. ■

【예 2.2】 정규분포

연속형 확률변수 Y가 기댓값 μ와 분산 σ^2를 갖는 다음과 같은 정규분포를 따른다고 하자. 이러한 경우에 $Y \sim N(\mu, \sigma^2)$과 같이 표현한다.

$$f(y;\mu) = \frac{1}{(2\pi\sigma^2)^{1/2}} \exp\left[-\frac{1}{2\sigma^2}(y - \mu)^2\right].$$

여기서 $-\infty < y < \infty$, $-\infty < \mu < \infty$ 그리고 $\sigma^2 > 0$이다.

정규분포는 식 (2.2)와 유사하게 다음과 같은 지수함수로 표현 가능하기 때문에 지수족에 속하게 된다.

$$f(y;\theta) = \exp\left[y\frac{\mu}{\sigma^2} - \frac{\mu^2}{2\sigma^2} - \frac{1}{2}\log(2\pi\sigma^2) - \frac{y^2}{2\sigma^2}\right].$$

여기서 $a(y) = y$이므로 정규분포는 표준형이며, $b(\mu) = \mu/\sigma^2$에서 σ^2를 장애모수로 취급하면 자연모수는 μ가 된다. 또한

$$c(\mu) = -\frac{\mu^2}{2\sigma^2} - \frac{1}{2}\log(2\pi\sigma^2),$$
$$d(y) = -\frac{y^2}{2\sigma^2}$$

과 같다. 정규분포의 자연모수는 $E(Y) = \mu$임에 주목하자. ■

【예 2.3】 이항분포

성공확률이 π인 n번의 독립적인 베르누이 시행에 의한 성공 횟수를 나타내는 확률변수 Y는 다음과 같은 이항분포를 따르게 된다. 이를 $Y \sim B(n, \pi)$와 같이 표현하기로 한다.

$$f(y;\pi) = \binom{n}{y}\pi^y(1-\pi)^{n-y}.$$

여기서 $y = 0, 1, 2, \cdots, n$ 그리고 $0 \leqq \pi \leqq 1$이며, 다음과 같이 지수함수로 표현

할 수 있으므로 이항분포 역시 지수족에 속한다.

$$f(y;\pi) = \exp\left[y\log\pi - y\log(1-\pi) + n\log(1-\pi) + \log\binom{n}{y}\right].$$

식 (2.2)에서 $a(y)=y$이므로 이항분포는 표준형이며, 따라서 자연모수는

$$b(\pi)=\log\pi - \log(1-\pi)=\log\left(\frac{\pi}{1-\pi}\right)$$

가 된다. 또한 $c(p)$와 $d(y)$는 각각

$$c(\pi)=n\log(1-\pi),\ d(y)=\log\binom{n}{y}$$

이다. ■

앞에서 살펴본 세 가지 확률분포들의 식 (2.2)에 포함된 $a(y)$, $b(\theta)$, $c(\theta)$ 그리고 $d(y)$를 <표 2.1>과 같이 정리할 수 있다.

〈표 2.1〉 지수족에 속하는 포아송 분포, 정규분포, 이항분포

분포	모수 θ	$a(y)$	$b(\theta)$	$c(\theta)$	$d(y)$
포아송 분포	λ	y	$\log\lambda$	$-\lambda$	$-\log y!$
정규분포	μ	y	$\frac{\mu}{\sigma^2}$	$-\frac{\mu^2}{2\sigma^2}-\frac{1}{2}\log(2\pi\sigma^2)$	$-\frac{y^2}{2\sigma^2}$
이항분포	π	y	$\log\left(\frac{\pi}{1-\pi}\right)$	$n\log(1-\pi)$	$\log\binom{n}{y}$

<표 2.1>에서 볼 수 있듯이 세 분포는 모두 $a(y)=y$이므로 모두 표준형 지수족에 속한다. 따라서 $b(\theta)$는 모두 자연모수가 된다. 여기서 주목할 점은 각 예에서도 지적하였듯이 자연모수인 μ, $\log\lambda$ 그리고 $\log[\pi/(1-\pi)]$는 각각 모

형 (1.7), (1.13) 그리고 모형 (1.22)의 좌변에 위치한다는 것을 알 수 있다. 즉, 세 모형은 모두 독립변수들이 자연모수에 미치는 영향을 분석하고자 설정된 모형들이라고 볼 수 있다. 다시 말해 일반선형모형, 포아송 회귀모형 그리고 로지스틱 회귀모형은 각 확률분포들의 자연모수를 독립변수들에 의한 선형함수로 표현하고 있다는 것이다. 이러한 사실은 다음 장에서 설명하게 될 일반화 선형모형(generalized linear model, GLIM)의 중요한 이론적 근거가 된다.

2. 지수족 확률분포의 기댓값과 분산

확률분포 이론에서는 확률변수 Y의 기댓값과 분산이 매우 중요한 의미를 갖는다. 지수족에 속하는 확률분포 역시 $a(Y)$의 기댓값과 분산은 다음 절에서 다루게 될 최우추정 방법에서의 역할 때문에 매우 중요하다. 그런데 $a(Y)$의 기댓값과 분산은 적분과 미분이 서로 순서를 바꿀 수 있다는 수학적 특징 때문에 어렵지 않게 구할 수 있다. 이산형 확률변수인 경우에도 합과 미분이 서로 순서를 바꿀 수 있기 때문에 $a(Y)$의 기댓값과 분산 역시 유사하게 구할 수 있다.

확률밀도함수(probability density function)의 정의에 의하여 모수 θ를 갖는 $f(y;\theta)$를 확률변수 Y가 가질 수 있는 모든 가능한 값인 전체 구간에 대하여 적분하면

$$\int f(y;\theta)\,dy = 1 \tag{2.3}$$

이 된다. 이제 식 (2.3)을 모수 θ에 대하여 한 번 미분하면

$$\frac{d}{d\theta}\int f(y;\theta)\,dy = \frac{d}{d\theta}\cdot 1 = 0$$

임을 쉽게 알 수 있다. 여기서 적분과 미분은 서로 순서를 바꿀 수 있다는 성질에 의하여 위 식은 다음과 같이 다시 쓸 수 있다.

$$\int \frac{d}{d\theta} f(y;\theta)\, dy = 0. \tag{2.4}$$

마찬가지로 식 (2.4)를 한 차례 더 미분하면 다음의 식을 얻을 수 있다.

$$\int \frac{d^2}{d\theta^2} f(y;\theta)\, dy = 0. \tag{2.5}$$

이러한 결과를 지수족에 직접 적용해 보기로 한다.

$$f(y;\theta) = \exp[a(y)b(\theta) + c(\theta) + d(y)]$$

이므로

$$\frac{d}{d\theta} f(y;\theta) = [a(y)b'(\theta) + c'(\theta)]\, f(y;\theta) \tag{2.6}$$

와 같은 결과를 얻을 수 있다. 위 식에서 $b'(\theta)$와 $c'(\theta)$는 $b(\theta)$와 $c(\theta)$의 일차 미분함수를 나타낸다. 식 (2.6)을 식 (2.4)에 대입하면

$$\int [a(y)b'(\theta) + c'(\theta)]\, f(y;\theta)\, dy = 0 \tag{2.7}$$

이 된다. 여기서 기댓값의 정의에 의하여

$$\int a(y) f(y;\theta)\, dy = E[a(Y)]$$

이며,

$$\int c'(\theta) f(y;\theta)\, dy = c'(\theta)$$

이므로 식 (2.7)은 다음과 같이 다시 쓸 수 있다.

$$b'(\theta)E[a(Y)] + c'(\theta) = 0. \tag{2.8}$$

그러므로 식 (2.8)로부터 다음과 같은 기댓값을 얻을 수 있다.

$$E[a(Y)] = -\frac{c'(\theta)}{b'(\theta)}. \tag{2.9}$$

분산 $Var[a(Y)]$ 역시 유사하게 구할 수 있다. 식 (2.6)을 θ에 대하여 한 차례 더 미분하면,

$$\begin{aligned}\frac{d^2}{d\theta^2}f(y;\theta) &= \left[a(y)b''(\theta) + c''(\theta)\right]f(y;\theta)\\ &\quad + \left[a(y)b'(\theta) + c'(\theta)\right]^2 f(y;\theta)\end{aligned} \tag{2.10}$$

를 얻게 된다. 여기서 $b''(\theta)$와 $c''(\theta)$는 $b(\theta)$와 $c(\theta)$의 이차 미분함수를 나타낸다. 이제 식 (2.9)를 $b'(\theta)$에 대하여 정리하고 (2.10)의 우변의 두 번째 항인 $\left[a(y)b'(\theta) + c'(\theta)\right]^2 f(y;\theta)$에 대입하면 다음과 같은 식을 얻을 수 있다.

$$\left[b'(\theta)\right]^2\{a(y) - E[a(Y)]\}^2 f(y;\theta).$$

그러므로 식 (2.5)는 분산의 정의에 의하여

$$\int \{a(y) - E[a(Y)]\}^2 f(y;\theta)dy = Var[a(Y)]$$

이므로 다음과 같이 다시 쓸 수 있다.

$$\begin{aligned}\int \frac{d^2}{d\theta^2}f(y;\theta)dy &= b''(\theta)E[a(Y)] + c''(\theta)\\ &\quad + \left[b'(\theta)\right]^2 Var[a(Y)] = 0.\end{aligned} \tag{2.11}$$

마지막으로 식 (2.11)에 식 (2.9)를 대입하여 다시 정리하면 다음과 같은 분산을 얻게 된다.

$$Var[a(Y)] = \frac{b''(\theta)c'(\theta) - c''(\theta)b'(\theta)}{[b'(\theta)]^3}. \tag{2.12}$$

【예 2.4】 포아송 분포

포아송 분포의 $b(\lambda) = \log \lambda$와 $c(\lambda) = -\lambda$의 일차 미분함수는 각각

$$b'(\lambda) = \frac{1}{\lambda},\ c'(\lambda) = -1$$

이다. 그러므로 식 (2.9)에 의하여

$$E[a(Y)] = -\frac{c'(\lambda)}{b'(\lambda)} = -\frac{(-1)}{1/\lambda} = \lambda$$

와 같이 구할 수 있다. 또한 $b(\lambda)$와 $c(\lambda)$의 이차 미분함수는 각각

$$b''(\lambda) = -\lambda^{-2},\ c''(\lambda) = 0$$

이므로 식 (2.12)에 의해 $a(Y)$의 분산은

$$\begin{aligned} Var[a(Y)] &= \frac{b''(\lambda)c'(\lambda) - c''(\lambda)b'(\lambda)}{[b'(\lambda)]^3} \\ &= \frac{(-\lambda^{-2}) \cdot (\lambda^{-1}) - 0 \cdot (\lambda^{-1})}{\lambda^{-3}} \\ &= \lambda \end{aligned}$$

와 같이 구할 수 있다. ■

【예 2.5】 이항분포

이항분포의 $b(\pi) = \log \pi - \log(1-\pi)$와 $c(\pi) = n\log(1-\pi)$의 일차 미분 함수는 각각

$$b'(\pi) = \frac{1}{\pi(1-\pi)}, \ c'(\pi) = -\frac{n}{1-\pi}$$

와 같이 구할 수 있다. 그러므로 식 (2.9)에 의하여

$$E[a(Y)] = -\frac{c'(\pi)}{b'(\pi)} = -\frac{(-(n/(1-\pi)))}{(1/\pi(1-\pi))} = n\pi$$

와 같다. 또한 $b(p)$와 $c(p)$의 이차 미분함수인

$$b''(\pi) = -\frac{1-2\pi}{[\pi(1-\pi)]^2}, \ c''(\pi) = -\frac{n}{(1-\pi)^2}$$

에 의해 식 (2.12)의 분산은 $Var[a(Y)] = n\pi(1-\pi)$와 같이 구할 수 있다. ■

3. 우도함수와 로그 우도함수

모수 θ에 의한 확률변수 Y의 확률분포 $f(y;\theta)$는 θ가 주어졌을 때 관찰값 y에 대한 확률을 계산해 주는 함수로 생각할 수 있다. 예를 들어, 다음과 같은 기댓값 $\lambda = 3$을 갖는 포아송 분포를 고려해 보기로 하자.

$$f(y;3) = \frac{e^{-3}3^y}{y!}, \ y = 0, 1, 2, \cdots.$$

위 함수의 y가 가질 수 있는 각 값에 대응되는 확률분포의 모양을 <그림

2.1>의 위에서 볼 수 있다. 그림에서 $y=2$ 또는 $y=3$에서 막대의 높이가 가장 높은 것을 알 수 있다. 다시 말해, $\lambda=3$일 때 $P[Y=2]$와 $P[Y=3]$의 값이 제일 크다는 것이다.

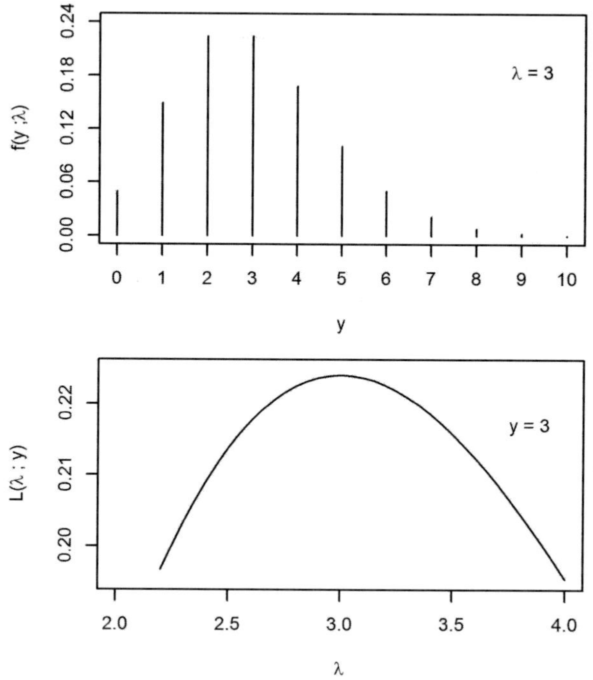

〈그림 2.1〉 $\lambda=3$인 포아송 분포의 확률질량함수와 $y=3$인 우도함수

이와는 달리 $y=3$과 같이 주어진 다음과 같은 함수를 살펴보기로 하자.

$$L(\lambda;3) = \frac{e^{-\lambda}\lambda^3}{3!}, \ \lambda>0.$$

위 함수는 $f(y;3)$과는 달리 관찰값 $y=3$이 주어져 있을 때 λ의 함수가 된다. λ가 가질 수 있는 값 중에서 구간 $[2.0, 4.0]$에 대한 함수 $L(\lambda;3)$을 <그림 2.1>의 아래에서 볼 수 있다. 두 그림을 통해 쉽게 식별할 수 있듯이 $f(y;3)$은 y의 함수로 이산형 함수이다. 반면에 $L(\lambda;3)$은 λ의 함수이면서 연속형 함수인 것을 알 수 있다. 여기서 매우 중요한 사실은 $L(\lambda;3)$은 위로 볼록한 이차함수의 형태이며, $f(y;3)$과 마찬가지로 확률값을 계산해 준다는 점이다.

이제 $L(\lambda;3)$에 자연로그를 취한 다음과 같은 함수를 고려해 보기로 한다.

$$\log L(\lambda;3) = -\lambda + 3\log\lambda - \log(3!),\ \lambda > 0.$$

λ가 가질 수 있는 값 중에서 구간 $[2.0, 4.0]$에 대한 이 함수의 형태가 <그림 2.2>에 제시되어 있다. $\log L(\lambda;3)$ 역시 $L(\lambda;3)$과 마찬가지로 위로 볼록한 이차함수의 형태인 것을 쉽게 알 수 있다. 그런데 이들 그림에서 중요한 사실은 두 함수 모두 $\lambda = 3$을 최댓값으로 갖는다는 사실이다.

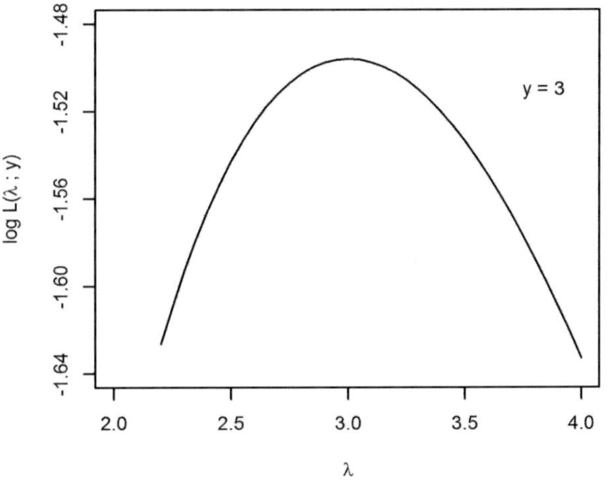

〈그림 2.2〉 $y = 3$인 포아송 분포의 로그 우도함수

이렇듯 관찰값 y가 주어져 있을 때 모수 λ의 함수 $L(\lambda;3)$을 확률변수 Y의 우도함수(likelihood function)라고 부르며, $\log L(\lambda;3)$은 관찰값 y가 주어져 있을 때 모수 λ를 위한 Y의 로그 우도함수(log likelihood function)라고 한다.

우도함수와 로그 우도함수는 주어진 y에 대한 모수의 최댓값을 구하기 위해 정의된 함수들이다. 그런데 우도함수에 비해 로그 우도함수는 수학적으로 다루기 쉽다. 즉, 미분에 의한 최댓값을 매우 쉽게 구할 수 있다. 또한 로그 우도함수는 일반적으로 우도함수에 비하여 더욱 확실한 이차함수의 형태를 갖는다. 그리고 우도함수와 로그 우도함수의 최댓값은 서로 같다. 따라서 관찰값이 주어져 있을 경우에 모수에 대한 최댓값은 미분을 이용하여 로그 우도함수를 통해 구하는 것이 훨씬 쉽게 된다.

4. 최우추정법

우도함수는 현대 통계학에서 매우 중요하게 다루어진다. 특히, 앞에서 살펴보았듯이 주어진 관찰값에서 모수를 가장 크게 해 주는, 다시 말해 관찰값이 주어져 있을 때 우도함수의 값인 확률을 가장 크게 해 주는 모수값을 구할 수 있게 해 주기 때문이다. 이러한 우도함수의 특징을 이용하여 모수의 추정량을 구하는 방법을 최우추정법이라고 하며, 이를 통해 얻어진 추정량은 최우추정량(maximum likelihood estimator, MLE)이라고 한다.

n개의 확률변수 $Y_1, Y_2, \cdots, Y_n$이 서로 독립이고 동일한 모수 θ를 갖는 확률분포 $f(y_i;\theta)$, $i=1, 2, \cdots, n$을 따른다고 하자. 이들 확률변수의 결합확률분포(joint probability distribution)는 다음과 같이 구할 수 있다.

$$f(y_1, y_2, \cdots, y_n;\theta) = \prod_{i=1}^{n} f(y_i;\theta). \tag{2.13}$$

위 결합확률분포의 우도함수는

$$L(\theta; y_1, y_2, \cdots, y_n) = \prod_{i=1}^{n} f(y_i;\theta) \tag{2.14}$$

와 같이 정의한다. 그러므로 로그 우도함수는 다음과 같이 정의할 수 있다.

$$\log L(\theta; y_1, y_2, \cdots, y_n) = \sum_{i=1}^{n} \log f(y_i;\theta). \tag{2.15}$$

모수 θ의 최우추정량 $\hat{\theta}$는 식 (2.15)를 θ에 대하여 한 번 미분한 다음의 우도방정식(likelihood equation)을 θ에 대하여 정리해서 구하게 된다.

$$\frac{d}{d\theta}\log L(\theta; y_1, y_2, \cdots, y_n) = \sum_{i=1}^{n}\frac{d}{d\theta}\log f(y_i;\theta) = 0. \tag{2.16}$$

식 (2.16)의 우도방정식의 해가 최댓값이 되기 위해서는 반드시

$$\frac{d^2}{d\theta^2}\log L(\theta; y_1, y_2, \cdots, y_n) < 0 \tag{2.17}$$

이 되어야 한다. 이러한 조건을 만족하는 모수 θ의 추정량 $\hat{\theta}$을 최우추정량이라고 하며, 식 (2.13)~(2.17)의 순서에 의해 $\hat{\theta}$을 구하는 방법을 최우추정법이라고 한다.

【예 2.6】 포아송 분포

n개의 확률변수 $Y_1, Y_2, \cdots, Y_n$이 서로 독립이고 동일한 모수 λ를 갖는 포아송 분포를 따른다고 하자. 이들 확률변수들의 결합분포는

$$\begin{aligned} f(y_1, y_2, \cdots, y_n;\lambda) &= \prod_{i=1}^{n} f(y_i;\lambda) \\ &= \prod_{i=1}^{n}\frac{e^{-\lambda}\lambda^{y_i}}{y!} \end{aligned}$$

이므로 우도함수는

$$L(\lambda; y_1, y_2, \cdots, y_n) = \prod_{i=1}^{n}\frac{e^{-\lambda}\lambda^{y_i}}{y!}$$

와 같다. 그러므로 로그 우도함수는 다음과 같이 구할 수 있다.

$$\begin{aligned}\log L(\lambda; y_1, y_2, \cdots, y_n) &= \sum_{i=1}^{n} [-\lambda + y_i \log\lambda - \log(y!)] \\ &= \left(\sum_{i=1}^{n} y_i\right)\log\lambda - n\lambda - \sum_{i=1}^{n}\log(y!).\end{aligned}$$

이러한 로그 우도함수로부터

$$\frac{d}{d\lambda} log L(\lambda; y_1, y_2, \cdots, y_n) = \frac{1}{\lambda}\sum_{i=1}^{n} y_i - n = 0$$

과 같은 우도방정식을 얻을 수 있으므로 이를 모수 λ에 대하여 정리하면 최우추정량은

$$\hat{\lambda} = \frac{\sum_{i=1}^{n} y_i}{n} = \bar{y}$$

와 같이 얻게 된다. 여기서

$$\frac{d^2}{d\lambda^2} log L(\lambda; y_1, y_2, \cdots, y_n) = -\left(\frac{\sum_{i=1}^{n} y_i}{\lambda^2}\right) < 0$$

이므로 로그 우도함수는 $\lambda = \hat{\lambda}$에서 최댓값을 갖기 때문에 $\bar{y}$는 λ의 최우추정량인 것을 확인할 수 있다. ■

【예 2.7】 이항분포

Y_1, Y_2, $\cdots$, Y_n을 성공확률이 π인 n번의 베르누이 시행에 의한 확률변수라고 하자. 이러한 경우에 $Y=\sum_{i=1}^{n} Y_i$는 모수 n과 π를 갖는 이항분포 $B(n,\pi)$를 따르게 된다. 여기서 n을 장애모수라 가정하면, 확률변수 Y는 베르누이 분포에 의해 다음과 같은 확률분포를 갖게 된다.

$$f(y;\pi)=\binom{n}{y}\pi^{y}(1-\pi)^{n-y},\ y=0,1,\cdots,n.$$

따라서 다음과 같은 우도함수와 로그 우도함수를 얻을 수 있다.

$$\begin{aligned} L(\pi;y) &= \binom{n}{y}\pi^{y}(1-\pi)^{n-y},\ 0\leqq\pi\leqq1, \\ \log L(\pi;y) &= y\log\pi + (n-y)\log(1-\pi)+\log\binom{n}{y} \\ &= y\log\left(\frac{\pi}{1-\pi}\right) + n\log(1-\pi) + \log\binom{n}{y}. \end{aligned}$$

위 로그 우도함수에 의한 우도방정식은

$$\frac{d}{d\pi}\log L(\pi;y) = \frac{y}{\pi} - \frac{(n-y)}{(1-\pi)} = 0$$

이므로 최우추정량 $\hat{\pi} = y/n = \sum_{i=1}^{n} y_i/n$을 얻을 수 있다. 또한

$$\frac{d^2}{d\pi^2}\log L(p;y) = -\left(\frac{y}{\pi^2} + \frac{(n-y)}{(1-\pi)^2}\right) < 0$$

이므로 $\hat{\pi}$는 최우추정량임을 확인할 수 있다. ■

5. 스코어 통계량과 정보

우도함수와 로그 우도함수는 관찰값 y에 의존한다. 특히, 우도방정식을 구성하는 로그 우도함수의 일차 미분한 결과는 스코어 통계량(score statistic)이라고 부른다. 지수족에 속한 모수 θ를 갖는 확률분포의 로그 우도함수는 식 (2.2)로부터

$$\log L(\theta; y) = a(y)b(\theta) + c(\theta) + d(y)$$

와 같이 구할 수 있고, 이를 모수 θ에 대하여 한 번 미분한

$$U(\theta; y) = \frac{d \log L(\theta; y)}{d\theta} = a(y)b'(\theta) + c'(\theta)$$

는 y에 의존하므로 다음과 같이 확률변수인 것으로 간주할 수 있다.

$$U = a(Y)b'(\theta) + c'(\theta). \tag{2.18}$$

이를 스코어 통계량이라고 부르며, 스코어 통계량 U의 기댓값은 다음과 같이 구할 수 있다.

$$E(U) = b'(\theta)E[a(Y)] + c'(\theta).$$

그런데 식 (2.9)에 의해 $E[a(Y)] = -c'(\theta)/b'(\theta)$이므로 이를 위 식에 대입하면

$$E(U) = b'(\theta)\left[-\frac{c'(\theta)}{b'(\theta)}\right] + c'(\theta) = 0 \tag{2.19}$$

인 것을 알 수 있다. 다시 말해, 스코어 통계량의 기댓값은 '0'이 된다.

스코어 통계량 U의 분산은 정보(information)라고 부르며, $\mathfrak{I}$로 쓰기로 한다.

즉,

$$\mathfrak{I} = Var(U) = [b'(\theta)^2]\, Var[a(Y)].$$

여기에 식 (2.12)의 분산을 대입하면

$$Var(U) = \frac{b''(\theta)c'(\theta)}{b'(\theta)} - c''(\theta) \tag{2.20}$$

인 것을 알 수 있다.

스코어 통계량 U의 또 다른 특징은

$$Var(Y) = E(Y^2) - [E(Y)]^2$$

과 같은 기댓값의 정의와 식 (2.19)에 의해 $E(U) = 0$이므로

$$Var(U) = E(U^2) = -E(U') \tag{2.21}$$

이 된다.

식 (2.21)의 두 번째 결과는

$$U' = \frac{dU}{d\theta} = a(Y)b''(\theta) + c''(\theta)$$

이므로

$$\begin{aligned} E(U') &= b''(\theta)E[a(Y)] + c''(\theta) \\ &= b''(\theta)\left[-\frac{c'(\theta)}{b'(\theta)}\right] + c''(\theta) \\ &= -Var(U) = -\mathfrak{I} \end{aligned} \tag{2.22}$$

과 같은 관계를 통해 확인할 수 있다. 이러한 결과는 스코어 통계량의 분산은 U'의 기댓값을 통해 구할 수 있다는 것으로 모수에 대한 추론 문제에서뿐만 아니라 반복계산을 통한 최우추정법에서 매우 중요하게 이용된다.

6. 반복계산에 의한 최우추정법

함수 $f(x)$가 x축을 지나는 점, 즉 $f(x)=0$을 만족하는 근을 구하는 문제를 고려해 보기로 한다. x축의 임의의 한 값 $x^{(m-1)}$에 의한 함수 f의 기울기는 도함수의 정의에 의하여 $x^{(m)}-x^{(m-1)}$이 매우 작다는 가정 하에 다음과 같이 구할 수 있다.

$$\begin{aligned}\left[\frac{df(x)}{dx}\right]_{x=x^{(m-1)}} &= f'(x^{(m-1)}) \\ &= \frac{f(x^{(m)})-f(x^{(m-1)})}{x^{(m)}-x^{(m-1)}}.\end{aligned} \tag{2.23}$$

여기서 만일 $x^{(m)}$이 $f(x^{(m)})=0$을 만족하는 근이라고 가정하면, 위 도함수는 0이 되기 때문에 식 (2.23)은 다음과 같이 다시 쓸 수 있다.

$$x^{(m)} = x^{(m-1)} - \frac{f(x^{(m-1)})}{f'(x^{(m-1)})}. \tag{2.24}$$

$m=0$일 때의 초기값 $x^{(0)}$에 의한 함수 $f(x^{(0)})$과 $f'(x^{(0)})$을 이용하여 $m=1,2,\cdots$에 대하여 $|x^{(m)}-x^{(m-1)}|$이 충분히 작은 값을 가질 때까지 식 (2.24)를 반복하여 근을 구하는 방법을 Newton-Raphson 방법이라고 한다.

최우추정법은 로그 우도함수의 최댓값을 구하는 문제임을 상기하자. 식 (2.24)를 최우추정량을 구하는 문제로 바꾸어 생각하면

$$\theta^{(m)} = \theta^{(m-1)} - \frac{\dfrac{d}{d\theta}\log L(\theta^{(m-1)};y)}{\dfrac{d^2}{d\theta^2}\log L(\theta^{(m-1)};y)}$$

$$= \theta^{(m-1)} - \frac{U(\theta^{(m-1)})}{U'(\theta^{(m-1)})}$$

$$= \theta^{(m-1)} - \frac{U^{(m-1)}}{U'^{(m-1)}} \tag{2.25}$$

과 같이 나타낼 수 있다. 식 (2.25)에서 U'은 관찰값의 함수인 $a(Y)$에 의해 계산되어야 하므로 U'은 관측정보(observed information)라고 부른다.

식 (2.25)와는 다르게 U'의 근삿값으로 식 (2.22)에 의한 $E[U']$을 사용하면 다음과 같은 반복계산을 위한 추정방정식(estimating equation)을 얻게 된다.

$$\theta^{(m)} = \theta^{(m-1)} + \frac{U^{(m-1)}}{\mathfrak{I}^{(m-1)}}. \tag{2.26}$$

여기서 $\mathfrak{I}^{(m-1)}$은 식 (2.21)에 $\theta^{(m-1)}$을 대입하여 구할 수 있다.

식 (2.26)의 반복계산을 통해 만일 $|\theta^{(m)} - \theta^{(m-1)}|$이 매우 작은 값이면 반복을 멈추게 되고, $\theta^{(m)}$을 지나는 로그 우도함수의 도함수는 기울기가 0이 되어 최우추정량이 될 것이다. 식 (2.26)은 스코어 통계량에 의해서 반복계산을 수행하기 때문에 이러한 반복계산법은 Fisher의 스코어링(Fisher's Scoring) 방법이라고 부른다. 식 (2.26)에서 $\mathfrak{I}$은 기대정보(expected information)라고 한다. 따라서 Newton-Raphson 방법과 스코어링 방법은 반복계산에서 관측정보 U' 또는 기대정보 $-\mathfrak{I}$을 이용하는지의 여부에 따른 차이만을 갖게 된다.

【예 2.8】 포아송 분포의 최우추정량

<표 2.2>는 1957년(시즌 1)부터 1968년(시즌 13)까지 호주 북동부에서 발생한 열

대저기압에 관한 자료이다.

〈표 2.2〉 시즌별 열대저기압 발생도수

시즌	1	2	3	4	5	6	7	8	9	10	11	12	13
열대저기압의 수	6	5	4	6	6	3	12	7	4	2	6	7	4

자료출처: J. D. Dobson and A. G. Barnett(2008), *An Introduction to Generalized Linear Models*, 3rd, CRC Press.

Y_i, $i=1, 2, \cdots, 13$을 i번째 시즌에 발생한 열대저기압의 도수라고 하자. Y_i는 서로 독립이고 모수 λ를 갖는 포아송 분포를 따른다고 가정한다. 사실 이 자료의 최우추정값은 【예 2.6】에 의하여 $\hat{\lambda} = \bar{y} = 72/13 = 5.5385$와 같이 구할 수 있다. 그러나 앞에서 소개한 반복계산법의 적용 예를 위하여 식 (2.25)를 통한 반복계산을 수행해 보기로 한다.

이 자료에 대한 로그 우도함수는

$$\log L(\lambda; y_1, y_2, \cdots, y_{13}) = \sum_{i=1}^{13} (y_i \log\lambda - \lambda - \log y_i!)$$

이고, 스코어 통계량은

$$U(\lambda) = \frac{d}{d\lambda}\log L(\lambda; y_1, y_2, \cdots, y_n) = \frac{1}{\lambda}\sum_{i=1}^{n} y_i - n.$$

그리고

$$U'(\lambda) = \frac{d^2}{d\lambda^2}\log L(\lambda; y_1, y_2, \cdots, y_n) = -\left(\frac{\sum_{i=1}^{n} y_i}{\lambda^2}\right)$$

가 된다. 따라서 식 (2.25)에 의한 Newton-Raphson 방법의 m번째 반복계산의 추정값 $\hat{\lambda}^{(m-1)}$은 다음 식을 통해 얻게 된다.

$$\hat{\lambda}^{(m)} = \hat{\lambda}^{(m-1)} - \frac{U^{(m-1)}}{U'^{(m-1)}}$$

$$= \hat{\lambda}^{(m-1)} - \frac{\sum_{i=1}^{n} (y_i / \hat{\lambda}^{(m-1)}) - n}{-\sum_{i=1}^{n} y_i / (\hat{\lambda}^{(m-1)})^2}. \tag{2.27}$$

이와는 달리 스코어링 방법은

$$E(U') = -\frac{n}{\lambda}$$

이므로 m번째 반복계산의 추정값 $\hat{\lambda}^{(m-1)}$은 다음 식을 통해 얻게 된다.

$$\hat{\lambda}^{(m)} = \hat{\lambda}^{(m-1)} + \frac{U^{(m-1)}}{\mathfrak{I}^{(m-1)}}$$

$$= \hat{\lambda}^{(m-1)} + \frac{\sum_{i=1}^{n} (y_i / \hat{\lambda}^{(m-1)}) - n}{n / \hat{\lambda}^{(m-1)}}. \tag{2.28}$$

여기서 $\mathfrak{I}^{(m-1)} = -E(U')$임을 상기하자.

초기값 $\hat{\lambda}^{(0)} = 4$를 이용한 식 (2.28)에 의한 반복계산 결과가 <표 2.3>에 정리되어 있다. 반복계산은 $|\hat{\lambda}^{(5)} - \hat{\lambda}^{(4)}|$의 값이 매우 적기 때문에 $m=5$에서 반복을 멈추게 된다.

<표 2.3>에 의해 초기값 $\hat{\lambda}^{(0)} = 4$를 이용하면 $m=1$에서 잠정추정값은 $\hat{\lambda}^{(1)} = 5.1111$과 같이 계산되는 것을 알 수 있다. 이러한 계산 과정에 의한 결과를 <그림 2.3>에서 설명하고 있다.

〈표 2.3〉 열대저기압 자료의 반복추정

m	$\hat{\lambda}^{(m)}$	$U^{(m)}$	$\mathfrak{J}^{(m)}$	$\log L(\hat{\lambda}^{(m)};y)$
0	4.0000	5.0000	4.5000	-32.3479
1	5.1111	1.0870	2.7561	-29.1435
2	5.5055	0.0779	2.3754	-28.9188
3	5.5383	0.0005	2.3474	-28.9175
4	5.5385	0.0000	2.3472	-28.9175
5	5.5385	0.0000	2.3472	-28.9175

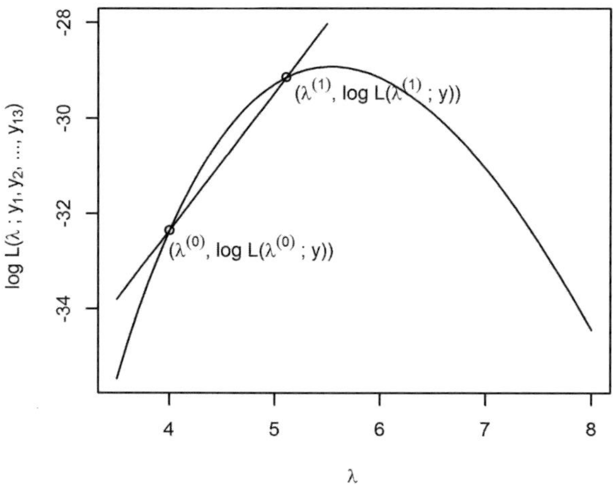

〈그림 2.3〉 $m=1$에서의 $\hat{\lambda}^{(0)}$과 $\hat{\lambda}^{(1)}$의 관계

반복은 $m=5$에서 멈추어졌으므로 위 그림을 통해 $\hat{\lambda}^{(4)}$와 $\hat{\lambda}^{(5)}$는 매우 가까운 값이며 $\hat{\lambda}^{(5)}$에서의 도함수의 기울기는 0이 될 것이라는 사실을 유추할 수 있다. ■

R-Code

■ 예 2.8

```
Fisher.Scoring <- function(y, x, init.value, tolerance.limit) {
  n <- length(y)
  lambda0 <- init.value
  CRIT <- 1
  rst <- c()
  while(CRIT > tolerance.limit) {
    U <- sum(y)/lambda0 - n
    I = n/lambda0     # U.prime <- -sum(y)/(lambda0**2)
    lambda1 <- lambda0 + U/I     # U/U.prime
    CRIT <- max(abs(lambda0-lambda1))
    lambda0 <- lambda1
  }
  return(list(h.lambda=lambda0, likelihood=sum(log(dpois(y, lambda0))),
                                                    information=I))
}

# No.Cyclones: Numbers of tropical cyclones
# Season: 1956-7~1968-9 (13 season)

No.Cyclones <- c(6, 5, 4, 6, 6, 3, 12, 7, 4, 2, 6, 7, 4)
Season <- 1:13
mean(No.Cyclones)

Fisher.Scoring(No.Cyclones, Season, 4, 5E-08)
```

연습 문제

1. 다음 분포가 지수족에 속하는 것을 보이시오.

1) 삼항분포(trinomial distribution)

$$f(y_1, y_2, y_3; \pi_1, \pi_2, \pi_3) = \frac{n!}{y_1! y_2! y_3!} \pi_1^{y_1} \pi_2^{y_2} \pi_3^{y_3}$$

2) 지수분포(exponential distribution)

$$f(y; \theta) = \theta e^{-y\theta}$$

2. r을 알고 있는 음이항분포(negative binomial distribution)에 대하여 다음의 질문에 답하시오.

$$f(y; \theta) = \binom{y+r-1}{r-1} \theta^r (1-\theta)^y$$

1) 식 (2.9)와 (2.12)를 이용한 기댓값과 분산을 구하시오.

2) 포아송 분포는 $E(Y) = Var(Y)$인 것과 달리 음이항분포는 $E(Y) < Var(Y)$인 것을 보이시오.

3. 다음 분포의 스코어 통계량과 정보를 구하시오.

1) 지수분포

2) r을 알고 있는 음이항분포

4. 정규분포의 최우추정량을 구하고, 관측정보와 기대정보를 구하시오.

5. 【예 2.8】에서 열대저기압 자료의 최우추정값을 관측정보를 이용한 Newton-Raphson 방법에 의하여 구하시오.

6. 【예 2.8】에서 추정된 최우추정값과 기대정보를 이용하여 95% 신뢰구간을 구하시오.

Chapter 3

일반화 선형모형

1. 일반화 선형모형의 특징과 구조
2. 일반화 선형모형의 최우추정
3. 스코어 통계량의 표본분포
4. 최우추정량의 표본분포
5. 모형의 적합성 판단

R-Code

연습 문제

제3장

일반화 선형모형

제1장에서 소개한 여러 선형모형들은 반응변수(종속변수)가 모두 지수족에 속하는 확률분포를 따른다고 가정하였다. 그리고 예측변수 또는 설명변수(exploratory variable)라고도 불리는 독립변수들의 선형결합(linear combination)이 자연모수에 미치는 영향을 분석하고자 하였다. 지수족에 속하는 확률분포를 가정하는 선형모형들은 자연모수와 예측변수들 사이의 관계가 동일한 한 가지 구조를 통해 설정될 수 있다는 것이다. 이러한 통합된 접근 방식에 의해 모형의 구조가 설정되는 모형을 일반화 선형모형(GLIM)이라고 한다.

1. 일반화 선형모형의 특징과 구조

서로 독립이고 동일한 확률분포를 따르는 반응변수들의 집합, Y_1, Y_2, $\cdots$, Y_n을 위한 일반화 선형모형을 정의하기로 한다. 각 반응변수들의 확률분포는 지수족에 속하며, Y_i, $i=1, 2, \cdots, n$들의 확률분포는 한 개의 모수 θ_i를 갖는 동일한 표준형식을 갖는다. 즉,

$$f(y_i;\theta_i) = \exp\left[y_i b(\theta_i) + c(\theta_i) + d(y_i)\right].$$

따라서 반응변수 Y_1, Y_2, $\cdots$, Y_n의 결합확률분포는 다음과 같이 얻을 수 있다.

$$f(y_1, \cdots, y_n; \theta_1, \cdots, \theta_n) = \prod_{i=1}^{n} \exp[y_i b(\theta_i) + c(\theta_i) + d(y_i)]$$

$$= \exp\left[\sum_{i=1}^{n} y_i b(\theta_i) + \sum_{i=1}^{n} c(\theta_i) + \sum_{i=1}^{n} d(y_i)\right]. \tag{3.1}$$

이때 식 (3.1)에 포함된 n개의 모수 θ_i를 직접 추정하고자 하기보다는 이들 모수를 모형화하여, 모형에 포함된 보다 적은 수의 모수들의 추정에 더 관심을 갖게 된다. 다시 말해, 예측변수들의 선형결합으로 모형에 포함되는 모수 β_1, β_2, $\cdots$, β_p의 추정에 더 관심을 갖게 된다. 여기서 $p < n$이다.

이제 θ_i에 의한 임의의 함수 μ_i가 $E(Y_i) = \mu_i$라고 가정하자. 일반화 선형모형은 기댓값 μ_i가 예측변수들과 β_j, $j = 1, 2, \cdots, p$에 의한 선형구조를 갖도록 다음과 같은 변환이 존재한다고 가정한다.

$$g(\mu_i) = \sum_{j=1}^{p} x_{ij} \beta_j = \underline{x}_i^T \underline{\beta}. \tag{3.2}$$

여기서 함수 $g(\cdot)$는 단조함수(monotone function)이면서 μ_i에 대하여 미분 가능한 함수이며 연결함수(link function)라고 부른다. $g(\cdot)$는 μ_i 값의 변화에만 의존하여 증가하거나 감소하는 함수이어야 한다. 그리고 $\underline{x}_i^T$는 설명변수들에 의한 $p \times 1$ 열벡터

$$\underline{x}_i = \begin{bmatrix} x_{i1} \\ x_{i2} \\ \vdots \\ x_{ip} \end{bmatrix}$$

의 행벡터 $\underline{x}_i^T = [x_{i1}\, x_{i2} \cdots x_{ip}]$를 나타내며, $1 \times p$ 행벡터 $\underline{x}_i^T$는 다음과 같은 $n \times p$ 계획행렬의 i번째 행을 구성하는 것을 알 수 있다.

$$\boldsymbol{X} = \begin{bmatrix} \underline{x}_1^T \\ \underline{x}_2^T \\ \vdots \\ \underline{x}_n^T \end{bmatrix} = \begin{bmatrix} x_{11} & x_{12} & \cdots & x_{1p} \\ x_{21} & x_{22} & \cdots & x_{2p} \\ \vdots & \vdots & \ddots & \vdots \\ x_{n1} & x_{n2} & \cdots & x_{np} \end{bmatrix}.$$

그리고 $\underline{\beta}$는 다음과 같은 $p\times 1$ 모수 벡터를 나타낸다.

$$\underline{\beta} = \begin{bmatrix} \beta_1 \\ \beta_2 \\ \vdots \\ \beta_p \end{bmatrix}.$$

식 (3.2)의 우변은

$$\eta_i = \underline{x}_i^T \underline{\beta}$$

와 같이 나타내고, 이를 선형예측항(linear predictor)이라고 부른다.

이상에서와 같이 일반화 선형모형은 다음과 같은 세 가지 요소를 이용한 선형구조를 갖게 된다.

i) 지수족에 속하는 동일한 분포를 따르는 반응변수 Y_i, $i=1, 2, \cdots, n$.

ii) 모수 벡터 $\underline{\beta}$와 계획행렬 $\boldsymbol{X}$.

iii) 기댓값 $\mu_i = E(Y_i)$에 의해

$$g(\mu_i) = \underline{x}_i^T \underline{\beta}$$

와 같은 관계를 위한 단조 연결함수(monotone link function)인 $g(\cdot)$.

이들 세 가지 구성요소에 의하여 일반화 선형모형은 다음과 같이 행렬표현에 의한 선형구조로 정의할 수도 있다.

$$g(\underline{\mu}) = \boldsymbol{X}\underline{\beta}. \tag{3.3}$$

그리고 선형예측항에 의한 벡터는 다음과 같이 나타내기로 한다.

$$\underline{\eta} = \boldsymbol{X}\underline{\beta}.$$

2. 일반화 선형모형의 최우추정

일반화 선형모형의 구조를 만족하는 서로 독립인 n개의 확률변수 Y_1, Y_2, $\cdots$, Y_n을 고려해 보기로 한다. $E(Y_i) = \mu_i$인 모형 (3.3)의 모수 $\underline{\beta}$를 최우추정 방법에 의하여 추정하고자 한다. 제2장의 식 (2.15)에 의해 각 Y_i에 대한 다음과 같은 로그 우도함수를 얻을 수 있다.

$$l_i = \log L(\theta_i; y_i) = y_i b(\theta_i) + c(\theta_i) + d(y_i). \tag{3.4}$$

또한 제2장 2절에서 얻은 결과에 의해 Y_i의 기댓값과 분산은 각각 다음과 같다.

$$E(Y_i) = \mu_i = -c'(\theta_i)/b'(\theta_i), \tag{3.5}$$

$$Var(Y_i) = \left[b''(\theta_i)c'(\theta_i) - c''(\theta_i)b'(\theta_i)\right] / \left[b'(\theta_i)\right]^3. \tag{3.6}$$

Y_i들은 서로 독립이므로 식 (3.4)의 로그 우도함수로부터 모든 Y_i들에 대하여 다음과 같은 로그 우도함수 l을 얻을 수 있다.

$$l = \sum_{i=1}^{n} l_i = \sum_{i=1}^{n} y_i b(\theta_i) + \sum_{i=1}^{n} c(\theta_i) + \sum_{i=1}^{n} d(y_i). \tag{3.7}$$

이제 식 (3.7)을 최대로 하는 β_j, $j = 1, 2, \cdots, p$의 최우추정량을 얻기 위해서는 다음과 같이 합성함수의 미분을 위한 연쇄법칙(chain rule)을 이용한 β_j를 위한 스코어 통계량 U_j를 얻어야 한다.

$$\frac{\partial l}{\partial \beta_j} = U_j = \sum_{i=1}^{n} \left[\frac{\partial l_i}{\partial \beta_j} \right] = \sum_{i=1}^{n} \left[\frac{\partial l_i}{\partial \theta_i} \cdot \frac{\partial \theta_i}{\partial \mu_i} \cdot \frac{\partial \mu_i}{\partial \beta_j} \right]. \tag{3.8}$$

위 식의 제일 우변에 속한 각 미분을 수행하기로 하자. 먼저 식 (3.4)를 θ_j에 대하여 미분하고, 식 (3.5)의 기댓값을 대입하면 다음과 같은 결과를 얻을 수 있다.

$$\frac{\partial l_i}{\partial \theta_j} = y_i b'(\theta_i) + c'(\theta_i) = b'(\theta_i)(y_i - \mu_i).$$

그리고 두 번째로

$$\frac{\partial \theta_i}{\partial \mu_i} = 1 \bigg/ \left(\frac{\partial \mu_i}{\partial \theta_i} \right)$$

와 같은 관계를 이용하여

$$\begin{aligned} \frac{\partial \mu_i}{\partial \theta_i} &= -\frac{c''(\theta_i)}{b'(\theta_i)} + \frac{c'(\theta_i) b''(\theta_i)}{\left[b'(\theta_i) \right]^2} \\ &= b'(\theta_i)\, Var(Y_i) \end{aligned}$$

와 같은 결과를 얻게 된다. 마지막으로 $g(\mu_i) = \underline{x}_i^T \underline{\beta} = \eta_i$이므로 연쇄법칙을 이용하여

$$\frac{\partial \mu_i}{\partial \beta_j} = \frac{\partial \mu_i}{\partial \eta_i} \cdot \frac{\partial \eta_i}{\partial \beta_j} = \frac{\partial \mu_i}{\partial \eta_i} x_{ij}$$

와 같은 결과를 얻을 수 있다. 여기서 x_{ij}는 j번째 예측변수의 i번째 관찰값을 의미한다. 결국 이러한 결과들을 식 (3.8)에 대입하면 다음과 같은 스코어 통계량을 유도할 수 있다.

$$U_j = \sum_{i=1}^{n}\left[\frac{(y_i - \mu_i)}{Var(Y_i)} x_{ij}\left(\frac{\partial \mu_i}{\partial \eta_i}\right)\right]. \tag{3.9}$$

β_j의 최우추정량은 $U_j = 0$을 만족하는 b_j가 된다. 그런데 식 (3.9)의 스코어 함수(score function) 또는 통계량은 일반적으로 모수 β_j에 대하여 비선형 함수이다. 따라서 비선형 함수의 최댓값을 구하기 위한 반복계산 방법을 통해 최우추정값을 추정하게 된다.

2.1. Newton-Raphson 방법

식 (2.24)의 Newton-Raphson 방법을 식 (3.9)의 해를 구하는 문제로 확장시켜 보기로 한다. $b_j^{(m-1)}$을 β_j의 $(m-1)$번째 반복에서의 잠정추정값이라고 하자. $\underline{b}^{(m-1)}$을 이들 잠정추정값들에 의한 벡터라고 하면 식 (2.25)는 다음과 같이 다시 쓸 수 있다.

$$\underline{b}^{(m)} = \underline{b}^{(m-1)} - \boldsymbol{H}(\underline{b}^{(m-1)})^{-1}\,\underline{U}(\underline{b}^{(m-1)}). \tag{3.10}$$

여기서

$$\underline{U}(\underline{b}^{(m-1)}) = \left[\frac{\partial l}{\partial \beta_1}, \frac{\partial l}{\partial \beta_2}, \cdots, \frac{\partial l}{\partial \beta_p}\right]^T \tag{3.11}$$

와 같은 열벡터이며, 벡터의 각 원소는 $\underset{\sim}{b}^{(m-1)}$에 의해 추정된 $\hat{\mu}^{(m-1)}$과 $\widehat{Var}(Y_i)^{(m-1)}$을 이용한 (3.9)의 계산값이 된다. 또한

$$H(\underset{\sim}{b}^{(m-1)}) = \begin{bmatrix} \frac{\partial l}{\partial \beta_1 \beta_1} & \frac{\partial l}{\partial \beta_1 \beta_2} & \cdots & \frac{\partial l}{\partial \beta_1 \beta_p} \\ \frac{\partial l}{\partial \beta_2 \beta_1} & \frac{\partial l}{\partial \beta_2 \beta_2} & \cdots & \frac{\partial l}{\partial \beta_2 \beta_p} \\ \vdots & \vdots & \ddots & \vdots \\ \frac{\partial l}{\partial \beta_p \beta_1} & \frac{\partial l}{\partial \beta_p \beta_2} & \cdots & \frac{\partial l}{\partial \beta_p \beta_p} \end{bmatrix} \tag{3.12}$$

와 같은 $p \times p$ 정방행렬을 나타내며, 이 행렬은 Hessian 행렬이라고 한다. 그리고 행렬 H의 j번째 행의 k번째 열의 원소는 식 (3.9)로부터

$$\begin{aligned} \frac{\partial l}{\partial \beta_j \beta_k} &= \frac{\partial}{\partial \beta_k}\left[\sum_{i=1}^{n} \frac{(y_i - \hat{\mu}_i^{(m-1)})}{\widehat{Var}(Y_i)^{(m-1)}} x_{ij}\left(\frac{\partial \mu_i}{\partial \eta_i}\right)\right] \\ &= \sum_{i=1}^{n}(y_i - \hat{\mu}_i^{(m-1)}) \frac{\partial}{\partial \beta_k}\left[\frac{1}{\widehat{Var}(Y_i)^{(m-1)}} x_{ij}\left(\frac{\partial \mu_i}{\partial \eta_i}\right)\right] \\ &\quad + \sum_{i=1}^{n}\left[\frac{\partial}{\partial \beta_k}(y_i - \hat{\mu}_i^{(m-1)})\right]\left[\frac{1}{\widehat{Var}(Y_i)^{(m-1)}} x_{ij}\left(\frac{\partial \mu_i}{\partial \eta_i}\right)\right] \end{aligned} \tag{3.13}$$

와 같다. 식 (3.13) 우변의 두 번째 항 중에서

$$\frac{\partial}{\partial \beta_k}(y_i - \mu_i) = -\frac{\partial \mu_i}{\partial \eta_i}\frac{\partial \eta_i}{\partial \beta_k} = -\frac{\partial \mu_i}{\partial \eta_i} x_{jk}$$

와 같이 구할 수 있다.

식 (3.10)의 H^{-1}는 식 (3.12)의 역행렬(inverse matrix)을 나타낸다. Hessian 행렬은 관찰값 y_i에 의존하기 때문에 관측정보행렬(observed information matrix)이라고도 하며, 식 (3.10)을 반복계산하여 수렴된 $\underset{\sim}{b} = \underset{\sim}{b}^{(m)}$은 로그 우도함수를 최대로 하는 최

우추정값이 된다. 정리하면, $\underline{\beta}$의 최우추정값 $\underline{b}$를 얻기 위한 반복계산법인 Newton-Raphson 방법은 Hessian 행렬을 이용한 반복계산 방법이라고 볼 수 있다.

【예 3.1】 포아송 회귀모형: Newton-Raphson 방법

반복계산의 적용 예를 위하여 【예 1.4】의 스트레스 경험도수 자료를 이용하고자 한다. 시간의 변화에 따른 스트레스 경험도수의 관계를 분석하기 위하여 기댓값 $E(Y_i) = \lambda_i$에 대하여 다음과 같은 포아송 회귀모형을 이용하기로 하고, 모형의 모수를 추정해 보기로 한다.

$$\begin{aligned}\log[E(Y_i)] &= \log(\lambda_i) = \beta_1 + \beta_2 x_i \\ &= \underline{x}_i^T \underline{\beta}\,. \end{aligned} \qquad (3.14)$$

여기서 모수 벡터

$$\underline{\beta} = \begin{bmatrix} \beta_1 \\ \beta_2 \end{bmatrix}$$

이며, $i = 1, 2, \cdots, n$에 대하여

$$\underline{x}_i = \begin{bmatrix} 1 \\ x_i \end{bmatrix}$$

와 같다. 이 모형의 연결함수는 포아송 분포의 자연모수와 같은 로그 함수이며, 모형 (3.14)는 다음과 같은 일반화 선형모형으로 표현할 수 있다.

$$g(\lambda_i) = \log(\lambda_i) = \underline{x}_i^T \underline{\beta} = \eta_i.$$

그러므로

$$\frac{\partial \lambda_i}{\partial \eta_i} = \frac{\partial \exp(\underline{x}_i^T \underline{\beta})}{\partial \underline{x}_i^T \underline{\beta}} = \exp(\underline{x}_i^T \underline{\beta}) = \lambda_i$$

가 되어 β_j의 스코어 통계량은

$$U_j = \sum_{i=1}^{n} (y_i - \lambda_i) x_{ij} = \sum_{i=1}^{n} (y_i - \exp(\underline{x}_i^T \underline{\beta})) x_{ij}$$

와 같이 얻을 수 있고,

$$\underline{U} = \boldsymbol{X}^T (\underline{y} - \underline{\lambda})$$

와 같이 나타낼 수 있다. 여기서 $\underline{y}$와 $\underline{\lambda}$는 각각 관찰값과 기댓값 벡터를 나타낸다.

스코어 통계량으로부터 식 (3.13) Hessian 행렬의 (j, k)번째 원소는

$$\frac{\partial}{\partial \beta_k} U_j = -\sum_{i=1}^{n} \lambda_i x_{ij} x_{ik}$$

와 같이 구할 수 있다. 따라서 Hessian 행렬

$$\boldsymbol{H} = -\boldsymbol{X}^T \boldsymbol{W} \boldsymbol{X}$$

와 같이 나타낼 수 있다. 여기서 $\boldsymbol{W}$는 i번째 대각원소가 λ_i인 대각행렬이다.

위에서 얻은 $\underline{U}$와 $\boldsymbol{H}$에 의하여 식 (3.10)의 반복계산을 위한 식은 초기값 벡터 $\underline{b}^{(m-1)}$을 이용하여 다음과 같이 나타낼 수 있다.

$$\underline{b}^{(m)} = \underline{b}^{(m-1)} - \left[-(\boldsymbol{X}^T \boldsymbol{W}(\underline{b}^{(m-1)}) \boldsymbol{X})^{-1} \right] \underline{U}(\underline{b}^{(m-1)}). \tag{3.15}$$

반복계산은 $m = 1, 2, 3, \cdots$에 대하여 수행하고, 적절한 ϵ에 대하여

$\max(|\underline{b}^{(m)} - \underline{b}^{(m-1)}|) < \epsilon$이면 반복을 멈추고 수렴된 $\underline{b} = \underline{b}^{(m)}$은 $\underline{\beta}$의 최우추정값이 된다.

주어진 자료의 모형 (3.14)에 대해서는

$$\underline{U}(\underline{b}^{(m-1)}) = \begin{bmatrix} \sum_{i=1}^{n}(y_i - \hat{\lambda}_i^{(m-1)}) \\ \sum_{i=1}^{n}x_i(y_i - \hat{\lambda}_i^{(m-1)}) \end{bmatrix},$$

$$\boldsymbol{X}^T\boldsymbol{W}^{(m-1)}\boldsymbol{X} = \begin{bmatrix} \sum_{i=1}^{n}\hat{\lambda}_i^{(m-1)} & \sum_{i=1}^{n}x_i\hat{\lambda}_i^{(m-1)} \\ \sum_{i=1}^{n}x_i\hat{\lambda}_i^{(m-1)} & \sum_{i=1}^{n}x_i^2\hat{\lambda}_i^{(m-1)} \end{bmatrix}$$

이 되며, 초기값 벡터

$$\underline{b}^{(0)} = \begin{bmatrix} 3 \\ -0.1 \end{bmatrix}$$

을 이용하기로 하면

$$\underline{U}(\underline{b}^{(0)}) = \begin{bmatrix} -12.4112 \\ -29.9077 \end{bmatrix}$$

과

$$\boldsymbol{H}(\underline{b}^{(0)}) = -\boldsymbol{X}^T\boldsymbol{W}^{(0)}\boldsymbol{X} = \begin{bmatrix} -159.4112 & -1106.9077 \\ -1106.9077 & -11360.0780 \end{bmatrix}$$

을 얻게 된다. 또한

$$[-\boldsymbol{X}^T\boldsymbol{W}^{(0)}\boldsymbol{X}]^{-1} = \begin{bmatrix} -0.0194 & 0.0019 \\ 0.0019 & -0.0003 \end{bmatrix}$$

이므로 첫 번째 반복에서의 잠정추정값은

$$\begin{aligned}\underline{b}^{(1)} &= [-\boldsymbol{X}^T\boldsymbol{W}^{(0)}\boldsymbol{X}]^{-1}\underline{U}(\underline{b}^{(0)}) \\ &= \begin{bmatrix} -0.0194 & 0.0019 \\ 0.0019 & -0.0003 \end{bmatrix}\begin{bmatrix} -12.4112 \\ -29.9077 \end{bmatrix} \\ &= \begin{bmatrix} 2.8158 \\ -0.0847 \end{bmatrix}\end{aligned}$$

과 같이 얻게 된다.

이상과 같은 반복을 $\underline{b}^{(m)}$과 $\underline{b}^{(m-1)}$의 값의 차이가 허용한계(tolerance limit) $\epsilon = 5E-8$보다 적어 수렴된 것을 판단할 수 있을 때까지 계속하면 $\underline{\beta}$의 최우추정값을 얻게 된다. <표 3.1>에 반복계산의 결과가 정리되어 있다.

이 자료를 위한 모형의 반복계산은 세 번째와 네 번째 반복에서의 추정값이 거의 차이가 없고 수렴된 것으로 판단할 수 있기 때문에 네 번째 반복에서 계산을 멈추고 다음과 같은 $\underline{\beta}$의 최우추정값을 얻게 된다.

$$\underline{b} = \begin{bmatrix} 2.803159 \\ -0.083769 \end{bmatrix}.$$

〈표 3.1〉 Newton-Raphson 방법의 계산 결과

m		0	1	2	3	4
$\underline{b}$	$b_1^{(m)}$	3.0	2.815792	2.803219	2.803159	2.803159
	$b_2^{(m)}$	-0.1	-0.084684	-0.083773	-0.083769	-0.083769
$\underline{U}$	$U_1^{(m)}$	-12.41118	-0.875968	-0.004055	0.000000	0.000000
	$U_2^{(m)}$	-29.90765	-3.161407	-0.014298	0.000000	0.000000

<표 3.1>에서 각 m번째 반복에서의 스코어 통계량의 값의 변화를 살펴보면 세 번째와 네 번째 반복에서 스코어 통계량의 값이 0인 것을 볼 수 있다. 이러한 사실로부터 네 번째 반복에서의 추정값이 $U(\underline{b}^{(4)}) = \underline{0}$으로 최우추정값이라

는 것을 재확인할 수 있다. ■

2.2. Fisher의 스코어링 방법

Newton-Raphson 방법에서는 Hessian 행렬을 이용하여 계산을 수행하였다. 이와는 달리 Hessian 행렬의 기댓값을 이용하는 방법을 Fisher의 스코어링 방법이라고 한다. Hessian 행렬의 기댓값은 기대정보행렬(expected information matrix)이라고도 한다.

식 (2.21)에서 $E(U^{'}) = -\mathfrak{I}$와 같은 관계를 가지는 점을 상기하자. 따라서 $\underline{U}$의 분산공분산행렬(variace-covariance matrix)인 정보행렬(information matrix)은

$$\mathfrak{I} = -E(\boldsymbol{H})$$

와 같은 관계를 가지게 된다.

이러한 관계를 이용하지 않고 정보행렬을 구해 보기로 한다. Y_i들은 서로 독립이므로 $E[(Y_i - \mu_i)(Y_l - \mu_l)] = 0$이기 때문에 U_j의 분산공분산행렬의 j번째 행과 k번째 열의 원소인

$$\mathfrak{I}_{jk} = E[U_j U_k]$$

는 식 (3.9)로부터 다음과 같이 구할 수 있다.

$$\begin{aligned}\mathfrak{I}_{jk} &= E\left\{\sum_{i=1}^{n}\left[\frac{(Y_i - \mu_i)}{Var(Y_i)}x_{ij}\left(\frac{\partial \mu_i}{\partial \eta_i}\right)\right]\sum_{l=1}^{n}\left[\frac{(Y_l - \mu_l)}{Var(Y_l)}x_{lk}\left(\frac{\partial \mu_l}{\partial \eta_l}\right)\right]\right\} \\ &= \sum_{i=1}^{n}\frac{E[(Y_i - \mu_i)^2]\,x_{ij}x_{ik}}{[Var(Y_i)]^2}\left(\frac{\partial \mu_i}{\partial \eta_i}\right)^2. \end{aligned} \tag{3.16}$$

그런데 $E[(Y_i - \mu_i)^2] = Var(Y_i)$이므로 식 (3.16)은

$$\mathfrak{I}_{jk} = \sum_{i=1}^{n} \frac{x_{ij}x_{jk}}{Var(Y_i)} \left(\frac{\partial \mu_i}{\partial \eta_i} \right)^2 \tag{3.17}$$

과 같이 보다 간단한 형태로 정리된다. $\mathfrak{I}_{jk}$는 $p \times p$ 정보행렬 $\mathfrak{I}$의 j번째 행과 k번째 열의 원소가 된다.

이러한 결과를 이용하여 Newton-Raphson 방법에서와 유사하게 $\underline{b}^{(m)}$을 m번째 반복에서의 $\underline{\beta}$의 잠정추정값이라고 하면, 식 (3.15)는 스코어링 방법을 위해 다음과 같이 나타낼 수 있다.

$$\underline{b}^{(m)} = \underline{b}^{(m-1)} + \left[\mathfrak{I}^{(m-1)}\right]^{-1} \underline{U}^{(m-1)}. \tag{3.18}$$

여기서 $[\mathfrak{I}^{(m-1)}]^{-1}$은 $\underline{b}^{(m-1)}$에 의한 식 (3.17)을 원소로 갖는 정보행렬의 역행렬을 나타내며, $\underline{U}^{(m-1)}$ 역시 $\underline{b}^{(m-1)}$에 의한 식 (3.9)의 스코어 통계량을 원소로 갖는 스코어 벡터를 나타낸다.

【예 3.2】 포아송 회귀모형: Fisher의 스코어링 방법

【예 3.1】의 스트레스 경험도수 자료의 분석을 위한 모형 (3.14)를 Fisher의 스코어링 방법을 이용하여 적합시켜 보기로 한다. 정보행렬은 (3.17)로부터

$$\mathfrak{I} = \boldsymbol{X}^T \boldsymbol{W}^{(m-1)} \boldsymbol{X} = \begin{bmatrix} \sum_{i=1}^{n} \hat{\lambda}_i^{(m-1)} & \sum_{i=1}^{n} x_i \hat{\lambda}_i^{(m-1)} \\ \sum_{i=1}^{n} x_i \hat{\lambda}_i^{(m-1)} & \sum_{i=1}^{n} x_i^2 \hat{\lambda}_i^{(m-1)} \end{bmatrix}$$

이 된다. 한 가지 주목할 점은 포아송 회귀모형에서는 $\mathfrak{I} = -\boldsymbol{H}$와 같은 관계를 가진다는 점이다.

【예 3.1】과 마찬가지로 반복계산을 위한 초기 추정값으로

$$\underline{b}^{(0)} = \begin{bmatrix} 3 \\ -0.1 \end{bmatrix}$$

을 이용하기로 하면,

$$\mathfrak{J}(\underline{b}^{(0)}) = \boldsymbol{X}^T \boldsymbol{W}^{(0)} \boldsymbol{X} = \begin{bmatrix} 159.4112 & 1106.9077 \\ 1106.9077 & 11360.0780 \end{bmatrix}$$

과 같이 계산할 수 있고,

$$[\boldsymbol{X}^T \boldsymbol{W}^{(0)} \boldsymbol{X}]^{-1} = \begin{bmatrix} 0.0194 & -0.0019 \\ -0.0019 & 0.0003 \end{bmatrix}$$

이 되므로, 첫 번째 반복에서의 잠정추정값은

$$\begin{aligned} \underline{b}^{(1)} &= [\boldsymbol{X}^T \boldsymbol{W}^{(0)} \boldsymbol{X}]^{-1} \underline{U}(\underline{b}^{(0)}) \\ &= \begin{bmatrix} 0.0194 & -0.0019 \\ -0.0019 & 0.0003 \end{bmatrix} \begin{bmatrix} -12.4112 \\ -29.9077 \end{bmatrix} \\ &= \begin{bmatrix} 2.8158 \\ -0.0847 \end{bmatrix} \end{aligned}$$

과 같이 얻게 된다.

〈표 3.2〉 Fisher의 스코어링 방법의 계산 결과

m		0	1	2	3	4
$\underline{b}$	$b_1^{(m)}$	3.0	2.815792	2.803219	2.803159	2.803159
	$b_2^{(m)}$	-0.1	-0.084684	-0.083773	-0.083769	-0.083769
$\underline{U}$	$U_1^{(m)}$	-12.41118	-0.875968	-0.004055	0.000000	0.000000
	$U_2^{(m)}$	-29.90765	-3.161407	-0.014298	0.000000	0.000000

<표 3.2>에 반복계산의 결과가 정리되어 있다. 이 결과는 <표 3.1>과 같은 점을 유의하자. Fisher의 스코어링 방법 역시 네 번째 반복에서의 스코어 통계량

의 값이 0이므로 수렴된 값이 최우추정량이라는 것을 재확인할 수 있다.

위 최우추정값에 의한 정보행렬 $\mathfrak{I}$의 역행렬은

$$\mathfrak{I}^{-1} = \begin{bmatrix} 0.021952 & -0.002068 \\ -0.002068 & 0.000282 \end{bmatrix}$$

가 된다. 그런데 $\mathfrak{I}^{-1}$은 다음 절에서 자세히 설명하겠지만 최우추정량 $\underline{b}$의 분산공분산행렬이 된다. 그러므로 예를 들어, b_2의 근사 95% 신뢰구간은 b_2의 추정분산이 정보행렬의 역행렬의 두 번째 대각원소에 해당되므로

$$-0.083769 \pm 1.96\sqrt{0.000282}\,.$$

또는

$$(-0.116696,\ -0.050841)$$

과 같이 구할 수 있다. ■

3. 스코어 통계량의 표본분포

서로 독립이고 기댓값 $E(X_i) = \mu$와 분산 $Var(X_i) = \sigma^2$을 갖는 동일한 분포를 따르는 n개의 확률변수 $X_1,\ X_2,\ \cdots,\ X_n$을 고려해 보기로 하자. 중심극한정리(central limit theorem)에 의해 X_i들의 함수인 표본평균 $\overline{X}$는 n이 충분히 크면 기댓값 μ와 분산 σ^2/n을 갖는 정규분포를 따르게 된다. 이러한 사실을 직접 확장하여 X_i들의 함수인 통계량 S의 근사분포를 고려해 보기로 한다. $E(S)$와 $Var(S)$를 통계량 S의 기댓값과 분산이라고 하면 근사적으로

$$\frac{S - E(S)}{\sqrt{Var(S)}} \sim N(0,1)$$

이며, 또는 동등하게

$$\frac{[S-E(S)]^2}{Var(S)} \sim \chi^2_{(1)}.$$

이로부터 만일 p개의 통계량에 의한 벡터를

$$\underline{s} = \begin{bmatrix} S_1 \\ S_2 \\ \vdots \\ S_p \end{bmatrix}$$

와 같이 나타내고 $E(\underline{s})$를 $\underline{s}$의 기댓값 벡터 그리고 $\boldsymbol{V}$를 근사 분산공분산행렬 (asymptotic variance-covariance matrix)이라고 하자. $\boldsymbol{V}$의 유일한 역행렬 $\boldsymbol{V}^{-1}$이 존재한다면

$$[\underline{s}-E(\underline{s})]^T \boldsymbol{V}^{-1} [\underline{s}-E(\underline{s})] \sim \chi^2_{(p)}. \tag{3.19}$$

이제 서로 독립인 n개의 확률변수 Y_1, Y_2, $\cdots$, Y_n이 일반화 선형모형의 구조를 만족한다고 가정하자. 즉, $E(Y_i)=\mu_i$ 그리고 $g(\mu_i)=\underline{x}_i^T\underline{\beta}=\eta_i$. 식 (3.9)에 의하여, β_j, $j=1,2,\cdots,p$의 추정을 위한 스코어 함수는

$$U_j = \frac{\partial l}{\partial \beta_j} = \sum_{i=1}^n \left[\frac{(Y_i-\mu_i)}{Var(Y_i)} x_{ij} \left(\frac{\partial \mu_i}{\partial \eta_i} \right) \right]$$

가 된다. 그런데 U_j는 x_{ij}가 설명변수의 값이며 알려진 값이므로 확률변수 Y_i의 함수가 된다. 그러므로 $E(Y_i)=\mu_i$이기 때문에

$$E(U_j) = 0$$

이 된다. 또한 $Var(U_j)$는 식 (3.16)의

$$\mathfrak{I}_{jk} = E(U_j U_k)$$

와 같은 원소를 갖는 정보행렬 $\mathfrak{I}$의 j번째 대각원소이기 때문에

$$\frac{U_j}{\sqrt{\mathfrak{I}_{jj}}} \sim N(0,1).$$

또는 동등하게

$$\frac{U_j^2}{\mathfrak{I}_{jj}} \sim \chi^2_{(1)}$$

인 사실을 얻을 수 있다. 결국 $\underline{\beta}$에 의한 p개의 스코어 함수 벡터에 의한

$$\underline{U} = \begin{bmatrix} U_1 \\ U_2 \\ \vdots \\ U_p \end{bmatrix}$$

는 근사적으로 기댓값 벡터 $\underline{0}$과 분산공분산 행렬 $\mathfrak{I}$를 갖는 다변량 정규분포를 따르게 된다. 즉, $\underline{U} \sim MVN(\underline{0}, \mathfrak{I})$. 그러므로 근사적으로

$$\underline{U}^T \mathfrak{I}^{-1} \underline{U} \sim \chi^2_{(p)}$$

와 같은 결과를 얻게 된다.

【예 3.3】 정규분포의 기댓값에 대한 스코어 통계량의 분포

서로 독립인 n개의 확률변수 Y_1, Y_2, $\cdots$, Y_n이 기댓값 μ와 알려진 분산 σ^2을 갖는 정규분포를 따른다고 하자. 이러한 경우에 결합확률분포는

$$f(y_1, y_2, \cdots, y_n; \mu) = \prod_{i=1}^{n} \frac{1}{\sqrt{2\pi\sigma^2}} \exp\left[-\frac{1}{2\sigma^2}(y_i - \mu)^2\right]$$

이므로 로그 우도함수는 다음과 같다.

$$l = \log L(\mu; y_1, y_2, \cdots, y_n) = -\frac{1}{2\sigma^2}\sum_{i=1}^{n}(y_i - \mu)^2 - n\log(\sigma\sqrt{2\pi}).$$

μ에 대한 스코어 통계량은

$$U = \frac{dl}{d\mu} = \frac{1}{\sigma^2}\sum_{i=1}^{n}(Y_i - \mu) = \frac{n(\overline{Y} - \mu)}{\sigma^2}$$

이고, 우도방정식 $U = 0$의 해인 μ의 최우추정량 $\hat{\mu} = \overline{Y}$를 얻게 된다.

스코어 통계량의 기댓값은 $E(Y_i) = \mu$이므로

$$E(U) = \frac{1}{\sigma^2}\sum_{i=1}^{n}[E(Y_i) - \mu] = 0$$

이 된다. 그리고 U의 분산

$$\mathfrak{I} = Var(U) = \frac{1}{(\sigma^2)^2}\sum_{i=1}^{n} Var(Y_i) = \frac{n}{\sigma^2}$$

을 얻을 수 있다. 그러므로

$$\frac{U}{\sqrt{\mathfrak{I}}} = \frac{\overline{Y} - \mu}{\sigma/\sqrt{n}} \sim N(0, 1)$$

이며, 이와 동등하게

$$U^T \mathfrak{I}^{-1} U = \frac{U^2}{\mathfrak{I}} = \frac{(\overline{Y}-\mu)^2}{\sigma^2/n} \sim \chi^2_{(1)}.$$ ■

【예 3.4】 이항분포의 모비율에 대한 스코어 통계량의 분포

서로 독립인 n번의 베르누이 시행에 따른 성공 횟수를 값으로 갖는 확률변수 Y가 모비율 π를 갖는 이항분포를 따른다고 하자. 로그 우도함수

$$l = \log L(\pi; y) = y \log \pi + (n-y) \log (1-\pi) + \log \binom{n}{y}$$

이므로 스코어 통계량은

$$U = \frac{dl}{d\pi} = \frac{Y}{\pi} - \frac{n-Y}{1-\pi} = \frac{Y-n\pi}{\pi(1-\pi)}.$$

$E(Y) = n\pi$이므로 기댓값 $E(U) = 0$이며, $Var(Y) = n\pi(1-\pi)$이므로

$$\mathfrak{I} = Var(U) = \frac{Var(Y)}{\pi^2(1-\pi)^2} = \frac{n}{\pi(1-\pi)}.$$

따라서 근사적으로

$$\frac{U}{\sqrt{\mathfrak{I}}} = \frac{Y-n\pi}{\sqrt{\frac{\pi(1-\pi)}{n}}} \sim N(0,1).$$ ■

【예 3.5】 포아송 분포의 기댓값에 대한 스코어 통계량의 분포

서로 독립인 n개의 확률변수 Y_1, Y_2, $\cdots$, Y_n이 기댓값 λ를 갖는 포아송 분포를 따른다고 하자. 로그 우도함수

$$l = \log L(\lambda; y_1, y_2, \cdots, y_n) = \log\lambda \sum_{i=1}^{n} y_i - n\lambda - \sum_{i=1}^{n} \log y_i!$$

이므로 스코어 통계량

$$U = \frac{dl}{d\lambda} = \frac{1}{\lambda}\sum_{i=1}^{n} y_i - n = \frac{n(\overline{Y} - \lambda)}{\lambda}$$

을 얻을 수 있다. $E(U) = 0$인 것을 쉽게 알 수 있고 $Var(Y_i) = \lambda$이므로

$$\mathfrak{I} = Var(U) = \frac{n}{\lambda}$$

이다. 그러므로 U는 근사적으로

$$\frac{U}{\sqrt{\mathfrak{I}}} = \frac{n(\overline{Y} - \lambda)/\lambda}{\sqrt{n/\lambda}} = \frac{(\overline{Y} - \lambda)}{\sqrt{\lambda/n}} \sim N(0, 1).$$ ■

4. 최우추정량의 표본분포

k차 미분이 가능한 함수 $f(x)$를 고려해 보기로 한다. x에 매우 가까운 값 t에 대하여 함수 $f(x)$는 다음과 같은 다항식으로 표현 가능하다.

$$f(x) = f(t) + (x - t)\left[\frac{df(x)}{dx}\right]_{x=t} + \frac{1}{2}(x - t)^2\left[\frac{d^2 f(x)}{d^2 x}\right]_{x=t} + \cdots.$$

여기서 $[d^k f(x)/d^k x]_{x=t}$는 k차 미분함수에 t를 대입한 함수를 의미한다. 이러한 다항식을 테일러 급수(Taylor series)라고 부르며, 극한함수(limit function)를 구하기 위해 사용되는 매우 유용한 수학 도구 중의 하나이다. 통계 이론에서는 여러 형

태의 표본통계량의 근사분포(asymptotic distribution)를 유도하기 위하여 가장 널리 사용되는 도구이기도 하다.

위 테일러 급수를 모수 β에 의한 로그 우도함수에 적용해 보기로 한다. β에 매우 가까운 추정값을 b라고 하면 이차항, 즉 로그 우도함수를 두 번 미분한 항까지의 테일러 급수는 $dl/d\beta = U$이므로

$$l(\beta) = l(b) + (\beta - b)U(b) + \frac{1}{2}(\beta - b)^2 U'(b)$$

와 같이 구할 수 있다. 여기서 $U(b)$는 스코어 함수에 추정값 b를 대입한 함수임을 의미한다. 그러므로 이차 미분함수 $U'(b) = [d^2 l/d^2\beta]_{\beta = b}$ 대신에 만일 식 (2.22)에 의한 $E(U') = -\mathfrak{I}$을 대입하면

$$l(\beta) = l(b) + (\beta - b)U(b) - \frac{1}{2}(\beta - b)^2 \mathfrak{I}(b)$$

와 같은 근사식을 구할 수 있다. 여기서 $\mathfrak{I}(b)$는 β의 추정값 b를 이용하여 계산한 $\mathfrak{I}$를 의미한다. 이러한 근사식을 모수 벡터 $\underline{\beta}$에 대하여 정리하면

$$l(\underline{\beta}) = l(\underline{b}) + (\underline{\beta} - \underline{b})^T \underline{U}(\underline{b}) - \frac{1}{2}(\underline{\beta} - \underline{b})^T \boldsymbol{\mathfrak{I}}(\underline{b})(\underline{\beta} - \underline{b}) \qquad (3.20)$$

와 같이 나타낼 수 있으며, 여기서 $\underline{U}(\underline{b})$와 $\boldsymbol{\mathfrak{I}}(\underline{b})$는 $\underline{\beta}$의 추정값 $\underline{b}$에 의한 스코어 함수에 의한 벡터와 정보행렬을 나타낸다.

로그 우도함수에서와 마찬가지로 모수 β의 스코어 함수를 테일러 급수의 첫 두 항으로 나타내면

$$U(\beta) = U(b) + (\beta - b)\, U'(b)$$

와 같이 얻을 수 있고, $E(U') = -\mathfrak{I}$을 대입하면

$$U(\beta) = U(b) - (\beta - b)\,\mathfrak{I}(b)$$

와 같은 근사식을 얻을 수 있다. 그러므로 모수 벡터 $\underline{\beta}$에 의한 스코어 함수에 대하여

$$\underline{U}(\underline{\beta}) = \underline{U}(\underline{b}) - (\underline{\beta} - \underline{b})\,\mathfrak{I}(\underline{b})$$

와 같은 근사식을 얻게 된다. 그런데 여기서 $\underline{b}$가 $\underline{U}(\underline{b}) = \underline{0}$의 해라면, 즉 최우추정량이라면 위 근사식은

$$\underline{U}(\underline{\beta}) = -\,\mathfrak{I}(\underline{b})\,(\underline{\beta} - \underline{b})$$

와 같이 나타낼 수 있고, 이 식은 $\mathfrak{I}$가 정칙행렬(nonsingular matrix), 즉 유일한 역행렬 $\mathfrak{I}^{-1}$이 존재한다면

$$(\underline{b} - \underline{\beta}) = \mathfrak{I}^{-1}\underline{U}$$

와 같이 나타낼 수 있다. 그러므로 만일 $\mathfrak{I}^{-1}$을 상수로 취급하면 $E(\underline{U}) = \underline{0}$이므로 $E(\underline{b} - \underline{\beta}) = \underline{0}$이 된다. 따라서 $E(\underline{b}) = \underline{\beta}$이기 때문에 $\underline{b}$는 $\underline{\beta}$의 불편추정량(unbiased estimator)이면서 일치추정량(consistent estimator)인 것을 알 수 있다.

이러한 $\underline{b}$의 분산공분산행렬은 식 (3.16)에 의하여 $\mathfrak{I} = E(\underline{U}\underline{U}^T)$와 같이 나타낼 수 있고, $\mathfrak{I}$는 대칭행렬(symmetric matrix)이므로 $(\mathfrak{I}^{-1})^T = \mathfrak{I}^{-1}$이기 때문에

$$E[(\underline{b} - \underline{\beta})(\underline{b} - \underline{\beta})^T] = \mathfrak{I}^{-1}E(\underline{U}\underline{U}^T)\,\mathfrak{I}^{-1} = \mathfrak{I}^{-1}$$

과 같이 구할 수 있다. 그러므로 식 (3.19)에 의하여

$$(\underline{b} - \underline{\beta})^T\mathfrak{I}(\underline{b})\,(\underline{b} - \underline{\beta}) \sim \chi^2_{(p)} \tag{3.21}$$

이며, $(\underline{b} - \underline{\beta})^T \mathfrak{I}(\underline{b})(\underline{b} - \underline{\beta})$는 Wald 통계량(Wald statistic)이라고 부른다. 따라서

$$b_j \sim N(\beta_j, 1/\mathfrak{I}_{jj}).$$

여기서 $\mathfrak{I}_{jj}$는 $\mathfrak{I}(\underline{b})$의 j번째 대각원소를 의미한다.

【예 3.6】 정규선형모형을 위한 최우추정량의 표본분포

서로 독립인 반응변수 $Y_i,\ i=1,2,\cdots,n$이 $N(\mu_i, \sigma^2)$을 따른다고 가정한 다음의 모형을 고려해 보기로 한다.

$$E(Y_i) = \mu_i = \underline{x}_i^T \underline{\beta}. \tag{3.22}$$

여기서 $\underline{\beta}$는 $p<n$인 $p \times 1$ 모수 벡터를 나타낸다. 이 모형은 $\mu_i = \eta_i$이므로 연결함수가 항등함수(identity function)인 일반화 선형모형이 된다. 제1장에서 소개하였던 회귀모형, 분산분석모형 그리고 공분산분석모형은 모형 (3.22)의 특수한 경우를 나타내며, 반응변수가 정규분포를 따른다고 가정하였기 때문에 정규선형모형(normal linear model)이라고 부르기도 한다. 정규선형모형에 대해서는 제7장에서 자세히 다루고자 한다.

연결함수가 항등함수이므로 $\partial\mu_i/\partial\eta_i = 1$이고, $Var(Y_i) = \sigma^2$이기 때문에 식 (3.9)의 스코어 통계량은

$$U_j = \frac{1}{\sigma^2}\sum_{i=1}^{n}(y_i - \mu_i)x_{ij}$$

이며,

$$\underline{U} = \frac{1}{\sigma^2}\boldsymbol{X}^T(\underline{y} - \underline{\mu})$$

와 같이 나타낼 수 있다.

식 (3.13)에 의한 Hessian 행렬의 (j, k)번째 원소 h_{jk}는

$$h_{jk} = -\frac{1}{\sigma^2}\sum_{i=1}^{n} x_{ij}x_{ik}$$

와 같이 구할 수 있다. 또한 식 (3.16)에 의하여 정보행렬의 원소는

$$\mathfrak{I}_{jk} = \frac{1}{\sigma^2}\sum_{i=1}^{n} x_{ij}x_{ik}$$

이므로 정보행렬은

$$\mathfrak{I} = \frac{1}{\sigma^2}\boldsymbol{X}^T\boldsymbol{X}. \tag{3.23}$$

Fisher의 스코어링 방법을 위한 식 (3.18)에서 $(m-1)$번째 반복에서의 $\underline{b}^{(m-1)}$에 의한 정보행렬을 양변에 곱해 주면

$$\mathfrak{I}^{(m-1)}\underline{b}^{(m)} = \mathfrak{I}^{(m-1)}\underline{b}^{(m-1)} + \underline{U}^{(m-1)}$$

이므로

$$\frac{1}{\sigma^2}\boldsymbol{X}^T\boldsymbol{X}\,\underline{b}^{(m)} = \frac{1}{\sigma^2}\boldsymbol{X}^T\boldsymbol{X}\,\underline{b}^{(m-1)} + \frac{1}{\sigma^2}\boldsymbol{X}^T(\underline{y} - \hat{\underline{\mu}}^{(m-1)})$$

과 같은 관계를 얻을 수 있고, $\hat{\mu}^{(m-1)} = \boldsymbol{X}^T\boldsymbol{X}\,\underline{b}^{(m-1)}$이므로 위 식은

$$\boldsymbol{X}^T\boldsymbol{X}\,\underline{b}^{(m)} = \boldsymbol{X}^T\underline{y}$$

와 같이 정리할 수 있다. 따라서 정규선형모형의 최우추정량은

$$\underline{b} = (\boldsymbol{X}^T\boldsymbol{X})^{-1}\boldsymbol{X}^T\underline{y} \tag{3.24}$$

가 된다. 이 식으로부터

$$E(\underline{b}) = (\boldsymbol{X}^T\boldsymbol{X})^{-1}(\boldsymbol{X}^T\boldsymbol{X}\underline{\beta}) = \underline{\beta}$$

이므로 $\underline{b}$는 $\underline{\beta}$의 불편추정량이다.

$\underline{b}$의 분산공분산행렬을 구하기 위하여

$$\begin{aligned}\underline{b} - \underline{\beta} &= (\boldsymbol{X}^T\boldsymbol{X})^{-1}\boldsymbol{X}^T\underline{y} - \underline{\beta} \\ &= (\boldsymbol{X}^T\boldsymbol{X})^{-1}\boldsymbol{X}^T(\underline{y} - \boldsymbol{X}\underline{\beta})\end{aligned}$$

를 이용하면

$$\begin{aligned}E[(\underline{b}-\underline{\beta})(\underline{b}-\underline{\beta})^T] &= (\boldsymbol{X}^T\boldsymbol{X})^{-1}\boldsymbol{X}^T E[(\underline{y}-\boldsymbol{X}\underline{\beta})(\underline{y}-\boldsymbol{X}\underline{\beta})^T]\boldsymbol{X}(\boldsymbol{X}^T\boldsymbol{X})^{-1} \\ &= (\boldsymbol{X}^T\boldsymbol{X})^{-1}\boldsymbol{X}^T[Var(\underline{y})]\boldsymbol{X}(\boldsymbol{X}^T\boldsymbol{X})^{-1} \\ &= \sigma^2(\boldsymbol{X}^T\boldsymbol{X})^{-1}.\end{aligned}$$

그런데 식 (3.23)에 의해 $\sigma^2(\boldsymbol{X}^T\boldsymbol{X})^{-1} = \mathfrak{I}^{-1}$이므로, $\underline{b}$의 분산공분산행렬은 $\mathfrak{I}^{-1}$이 된다.

최우추정량 $\underline{b}$는 식 (3.24)에서 알 수 있듯이 벡터 $\underline{y}$의 원소인 Y_i의 선형결합이다. 반응변수 Y_i는 정규분포를 가정하였으므로 $\underline{b}$ 역시 정규분포를 따르게 된다. 그렇기 때문에 결국 $\underline{b}$의 표본분포는

$$\underline{b} \sim MVN(\underline{\beta}, \mathfrak{I}^{-1}).$$

또는

$$(\underline{b} - \underline{\beta})^T \mathfrak{I} (\underline{b} - \underline{\beta}) \sim \chi^2_{(p)}.$$ ■

5. 모형의 적합성 판단

주어진 자료에 대한 모형이 설정되고 최우추정 방법을 통해 모수에 대한 추정이 이루어지면 추정된 모형이 적합한지 판단되어야 한다. 모형의 적합성을 판단하기 위하여 모형에 포함될 수 있는 모든 모수가 포함된 모형과 자료의 분석을 위해 설정된 모형을 비교하여 적합성을 판단하는 방법을 생각할 수 있다. 모형에 포함될 수 있는 모든 모수를 가지고 있는 모형을 포화모형(saturated model)이라고 부르며, 일반화 선형모형에서는 일반적으로 n개의 모수를 가지고 있는 모형을 지칭한다. 다시 말해, 식 (3.1)에 포함된 모든 θ_i를 가지고 있는 모형을 포화모형이라고 부른다. 반면에 자료 분석을 위해 설정된 모형에는 $p < n$개의 보다 적은 모수들이 포함되는 것이 일반적이다.

$\underline{\beta}_{\max}$를 모형에 포함시킬 수 있는 모든 모수를 포함한 모수 벡터라고 하자. 그리고 $\underline{b}_{\max}$를 $\underline{\beta}_{\max}$의 최우추정량에 의한 추정 벡터라고 하자. 포화모형에서 추정된 $\underline{b}_{\max}$는 우도함수 $L(\underline{b}_{\max}; \underline{y})$를 가장 크게 해 주는 값들일 것이다. 이제 $\underline{b}$를 모형의 적합성을 판단하기 위한 모형에 포함된 $\underline{\beta}$의 최우추정량에 의한 벡터라고 하면, $\underline{b}$는 우도함수 $L(\underline{b}; \underline{y})$를 가장 크게 해 주는 값들로 구성된 추정량 벡터가 된다. 여기서 다음과 같은 두 우도함수의 비율을 고려해 보기로 하자.

$$\Lambda = \frac{L(\underline{b}_{\max}; \underline{y})}{L(\underline{b}; \underline{y})}.$$

포화모형과 설정된 모형과의 우도함수의 비율인 위 통계량을 우도비 통계량(likelihood ratio statistic)이라고 부른다. 이 통계량을 이용하여 자료 분석을 위해 설정된 모형의 적합성을 판단하는 검정 방법은 우도비 검정(likelihood ratio test)이라고 한다. 설정된 모형이 주어진 자료에 적합하다면 분모의 우도 $L(\underline{b}; \underline{y})$의 값이

$L(\underline{b}_{\max};\underline{y})$에 가까울 것이므로 우도비 통계량 Λ는 작은 값을 가질 것이다. 반대로 적합하지 않다면 Λ는 값이 크게 나타날 것이다. 여기서 Λ에 로그를 취한 다음과 같은 통계량을 고려해 보기로 한다.

$$\log\Lambda = l(\underline{b}_{\max};\underline{y}) - l(\underline{b};\underline{y}).$$

우도함수와 로그 우도함수는 일대일 함수 관계이기 때문에 설정된 모형이 자료에 적합하다면 Λ와 마찬가지로 $\log\Lambda$ 역시 작은 값을 갖게 될 것이다. 이제 $\log\Lambda$의 분포를 유도하기 위하여

$$D = 2\log\Lambda = 2[l(\underline{b}_{\max};\underline{y}) - l(\underline{b};\underline{y})]$$

와 같이 나타내기로 한다. D는 로그 우도비 통계량(log likelihood ratio statistic) 또는 이탈도(deviance)라고 부른다.

식 (3.20)에서 $\underline{b}$가 $\underline{\beta}$의 최우추정량이라면 $U(\underline{b}) = 0$이므로

$$l(\underline{\beta}) - l(\underline{b}) = -\frac{1}{2}(\underline{\beta} - \underline{b})^T \mathfrak{J}(\underline{b})(\underline{\beta} - \underline{b})$$

와 같은 결과를 얻을 수 있다. 그러므로

$$2[l(\underline{b};\underline{y}) - l(\underline{\beta};\underline{y})] = (\underline{\beta} - \underline{b})^T \mathfrak{J}(\underline{b})(\underline{\beta} - \underline{b}) \tag{3.25}$$

와 같이 나타낼 수 있다. 그런데 이 통계량은 Wald 통계량이므로 (3.21)과 같이 $\chi^2_{(p)}$ 분포를 따른다. 이 결과로부터 이탈도의 표본분포는 다음과 같은 관계를 통해 구할 수 있다.

$$\begin{aligned} D &= 2[l(\underline{b}_{\max};\underline{y}) - l(\underline{b};\underline{y})] \\ &= 2[l(\underline{b}_{\max};\underline{y}) - l(\underline{\beta}_{\max};\underline{y})] - 2[l(\underline{b};\underline{y}) - l(\underline{\beta};\underline{y})] \end{aligned}$$

$$+ 2[l(\underline{\beta}_{\max}; \underline{y}) - l(\underline{\beta}; \underline{y})] . \qquad (3.26)$$

식 (3.26)의 $2[l(\underline{b}_{\max}; \underline{y}) - l(\underline{\beta}_{\max}; \underline{y})]$는 식 (3.25)로부터 알 수 있듯이 $\chi^2_{(n)}$을 따르며, $2[l(\underline{b}; \underline{y}) - l(\underline{\beta}; \underline{y})]$는 $\chi^2_{(p)}$을 따르는 것을 알 수 있다. 단, 식 (3.26)의 $\nu = 2[l(\underline{\beta}_{\max}; \underline{y}) - l(\underline{\beta}; \underline{y})]$는 만일 설정된 모형이 포화모형에 매우 가까운 적합이 이루어지면 0에 매우 가까운 양수가 된다. 결국 식 (3.26)은 χ^2 분포의 성질에 의해

$$D \sim \chi^2_{(n-p,\nu)}$$

가 된다. 여기서 ν는 비중심 모수(non-centrality parameter)라고 부른다. 그러므로 설정된 모형의 적합성은 이탈도 D의 유의확률(p-value)을 통해 판단하게 된다.

【예 3.7】 이항모형의 이탈도

Y_1, Y_2, $\cdots$, Y_n이 서로 독립인 이항분포 $B(n_i, \pi_i)$을 따른다고 가정하자. 로그 우도함수는

$$l(\underline{\beta}; \underline{y}) = \sum_{i=1}^{n}\left[y_i \log\pi_i - y_i \log(1-\pi_i) + n_i \log(1-\pi_i) + \log\binom{n_i}{\pi_i}\right].$$

포화모형의 $\underline{\beta}_{\max} = [\pi_1, \pi_2, \cdots, \pi_n]^T$라고 하면 π_i의 최우추정량 $\hat{\underline{\pi}}_i = y_i / n_i$이므로 $\underline{b}_{\max} = [y_1/n_1, y_2/n_2, \cdots, y_n/n_n]^T$가 된다. 그러므로 이들에 의한 로그 우도함수의 최댓값은

$$l(\underline{b}_{\max}; \underline{y}) = \sum_{i=1}^{n}\left[y_i \log\left(\frac{y_i}{n_i}\right) - y_i \log\left(\frac{n_i - y_i}{n_i}\right)\right.$$

$$+ n_i \log\left(\frac{n_i - y_i}{n_i}\right) + \log\binom{n_i}{y_i}\Bigg].$$

이제 자료 분석을 위해 설정된 모형에 포함된 $p < n$개 모수 벡터 $\underset{\sim}{\beta}$의 최우추정량을 $\underline{b}$라고 하자. 이들 추정량에 의한 π_i의 최우추정량을 $\hat{\pi}_i$라고 하면 $\hat{y}_i = n_i \hat{\pi}_i$와 같이 구할 수 있으므로 다음과 같은 로그 우도함수값을 얻게 된다.

$$l(\underline{b}\,;\underline{y}) = \sum_{i=1}^{n}\Bigg[y_i \log\left(\frac{\hat{y}_i}{n_i}\right) - y_i \log\left(\frac{n_i - \hat{y}_i}{n_i}\right)$$
$$+ n_i \log\left(\frac{n_i - \hat{y}_i}{n_i}\right) + \log\binom{n_i}{y_i}\Bigg].$$

따라서 이탈도는 다음과 같이 구할 수 있다.

$$\begin{aligned} D &= 2[l(\underline{b}_{\max}\,;\underline{y}) - l(\underline{b}\,;\underline{y})] \\ &= 2\sum_{i=1}^{n}\Bigg[y_i \log\left(\frac{y_i}{\hat{y}_i}\right) + (n_i - y_i)\log\left(\frac{n_i - y_i}{n_i - \hat{y}_i}\right)\Bigg]. \end{aligned}$$ ■

R-Code

■ 예제 3.1

```
# Numbers : Stressful events
# Months : Months prior to the interview
```

```
Newton.Raphson.Poisson <- function(y, X, init.value, tolerance.limit) {
    b <- init.value
    repeat {
        h.lambda <- exp(X%*%b)
        W <- diag(c(h.lambda))
        U <- t(X)%*%(y - h.lambda)
        H <- -t(X)%*%W%*%X
        delta <- solve(H)%*%U
        if(min(abs(delta) < tolerance.limit)) break
        b <- b - delta
    }
    return(list(coefficients=b, predicted.value=h.lambda, Hessian=H))
}

Months <- 1:18
Numbers <- c(15, 11, 14, 17, 5, 11, 10, 4,
                    8, 10, 7, 9, 11, 3, 6, 1, 1, 4)
X <- cbind(rep(1,18), Months)

init.b <- c(3,-0.1)
Newton.Raphson.Poisson(Numbers, X, init.b, 5E-8)
```

■ 예제 3.2

```
Fisher.Scoring.Poisson <- function(y, X, init.value, tolerance.limit) {
    b <- init.value
    repeat {
        h.lambda <- exp(X%*%b)
        W <- diag(c(h.lambda))
        U <- t(X)%*%(y - h.lambda)
        I <- t(X)%*%W%*%X
        delta <- solve(I)%*%U
        if(min(abs(delta) < tolerance.limit)) break
        b <- b + delta
    }
    return(list(coefficient=b, predicted.value=h.lambda, information=I))
}

init.b <- c(3,-0.1)
result <- Fisher.Scoring.Poisson(Numbers, X, init.b, 5E-8)

result$coefficient[2]+c(-1,1)*1.96*sqrt(solve(result$information)[2,2])
```

연습 문제

1. 서로 독립인 Y_1, Y_2, $\cdots$, Y_n이 각각 σ^2이 알려진 $Y_i \sim N(\log\beta, \sigma^2)$이라고 가정하자. β의 스코어 통계량을 구하고 최우추정량을 구하시오.

2. 식 (3.13)을 이용하여 모형 (3.14)의 Hessian 행렬과 정보행렬을 구하시오.

3. <표 3.2>의 추정 결과와 정보행렬의 역행렬인 분산공분산행렬을 이용하여 $\beta_2 = 0$이라는 귀무가설을 검정하시오.

4. 모형 (3.14)의 이탈도를 구하기 위하여 필요한 포화모형의 λ_i의 최우추정량을 구하시오.

5. <표 3.2>의 추정 결과를 이용하여 모형 (3.14)의 적합도를 평가하기 위한 이탈도를 구하시오.

6. 정규선형모형의 적합성을 평가하기 위한 이탈도를 구하시오.

7. 서로 독립인 Y_1, Y_2, $\cdots$, Y_n이 모수 θ를 갖는 다음과 같은 지수분포를 따른다고 가정하자.

$$f(y;\theta) = \theta e^{-y\theta}$$

1) 로그 연결함수를 이용한 일반화 선형모형을 정의하시오.

2) 정의된 모형의 스코어 통계량을 구하시오.

3) Hessian 행렬과 정보행렬을 구하시오.

4) 모형의 적합성 평가를 위한 이탈도를 구하시오.

Chapter 4

포아송 회귀모형

1. 포아송 회귀모형
2. 반복가중최소제곱법에 의한 최우추정
3. 모형의 적합성 판단
4. 잔차에 의한 모형의 점검
5. 모형의 비교
6. 가법 포아송 회귀모형

R-Code

연습 문제

제4장

포아송 회귀모형

분석의 대상이 되는 자료 유형 중에서 특정 사건의 발생 수가 값인 경우를 흔히 접할 수 있다. 도수 또는 빈도라 불리는 이러한 자료의 예로 <표 1.4>의 스트레스 경험도수 자료를 들 수 있다. 이들 자료들의 분석은 포아송 분포를 따르는 것으로 가정하고 예측변수들이 미치는 영향을 판단하기 위한 모형을 고려하는 것이 가장 일반적이다. 분석하고자 하는 반응변수를 Y라 하고 포아송 분포를 가정하면 평균 발생 도수인 $E(Y)=\lambda$를 예측변수들의 선형함수로 표현한 모형을 의미한다. 그러나 평균 발생 도수인 λ는 경우에 따라서는 비율(rate)로 설명되어야 한다.

<표 4.1>의 자료는 1951년 영국 의사들을 대상으로 조사 당시의 나이와 흡연유무를 조사하고, 10년 후 관동맥성 심장병(coronary heart desease)에 의한 사망자 수를 집계한 자료이다. 예를 들어, 조사 당시 35~44세에 속한 흡연자 52,407명 중에서 32명이 10년 후에 관동맥성 심장병으로 사망하였다는 것을 의미한다. 반면에 같은 나이 그룹에 속한 비흡연자 18,790명 중에서는 2명만이 관동맥성 심장병으로 사망한 것을 나타내고 있다. 이 자료의 주된 관심은 흡연유무가 관동맥성 심장병에 의한 사망자 수에 미치는 영향을 분석하고자 하는 것이다. 그러나 조사대상자의 수가 다르기 때문에, 조사대상자 대비 사망자 수인 비율이 분석의 대상이 된다. 따라서 λ는 비율의 함수로 해석하여야 한다.

<그림 4.1>은 <표 4.1>의 자료를 100,000명 당 사망비율(death rate)로 환산한 연령그룹에 따른 사망비율의 산포도이다. 우선 흡연자의 사망비율이 각 연령그룹에서 대체로 높은 것을 알 수 있다. 그리고 연령이 올라갈수록 사망비율이 전체적으로 급격하게 증가한다는 것 또한 알 수 있다.

〈표 4.1〉 흡연유무와 관동맥성 심장병에 의한 사망자 수

연령	흡연자		비흡연자	
	사망자 수	조사대상자 수	사망자 수	조사대상자 수
35~44	32	52,407	2	18,790
45~54	104	43,248	12	10,673
55~64	206	28,612	28	5,710
65~74	186	12,663	28	2,585
75~84	102	5,317	31	1,462

자료출처: A. J. Dobson and A. G. Barnet(2008), *An Introduction to Generalized Linear Models*, 3rd, Chapman&Hall/CRC.

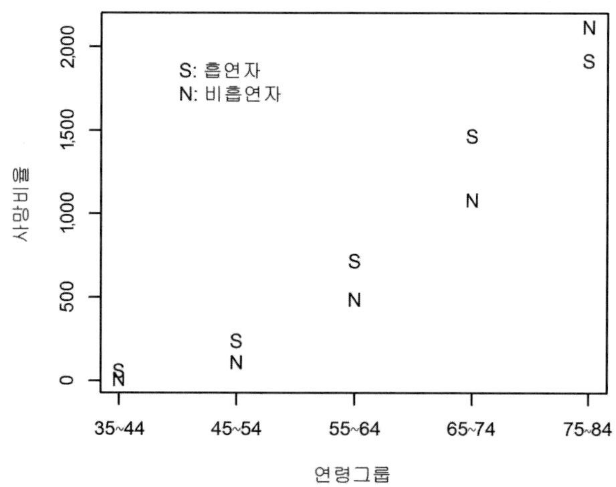

〈그림 4.1〉 흡연자와 비흡연자의 인구 10만 명 당 관동맥성 심장병 사망비율

이 자료에서 사망비율을 계산하기 위한 단위가 되는 100,000명과 같은 값을 노출단위(units of exposure)라고 부른다. 예를 들어, 특정한 대형 마트를 방문하는 100명의 고객들 중 특정 상품을 구매하는 고객의 수에 따른 구매비율, 주행거리 100,000km 당 교통사고비율 등에서 100명과 100,000km를 노출단위라고 부른다.

반응변수 Y에 영향을 미치는 독립변수들의 효과를 분석하기 위한 모형은 모수 λ에 대한 모형을 통해 분석하게 된다. 앞에서 설명한 것과 같이 노출단위에 대한 사건비율(event rate)의 함수인 λ에 대하여는 포아송 회귀모형이 가장 대표적인 모형이다.

1. 포아송 회귀모형

서로 독립인 반응변수들의 집합, Y_1, Y_2, $\cdots$, Y_n을 고려하기로 한다. 여기서 Y_i는 조사대상자 수인 n_i 중에서 관심 있는 사건이 관찰된 도수를 나타내며, Y_i의 기댓값은 다음과 같이 나타낼 수 있다.

$$E(Y_i) = \lambda_i = n_i \theta_i. \tag{4.1}$$

예를 들어, <표 4.1> 자료에서 Y_i는 연령그룹과 흡연유무에 따른 i번째 사망자 수를 나타내며, n_i는 i번째 조사대상자 수를 나타낸다. 이때 n_i는 고정된 값이므로 사건비율인 모수 θ_i에 대한 독립변수들에 의한 영향은 다음과 같은 모형으로 나타낼 수 있다.

$$\theta_i = e^{\underline{x}_i^T \underline{\beta}}. \tag{4.2}$$

그러므로 $Y_i \sim Poisson(\lambda_i)$를 가정하면 식 (4.1)과 식 (4.2)에 의하여 다음과 같은 일반화 선형모형을 고려할 수 있다.

$$E(Y_i) = \lambda_i = n_i e^{\underline{x}_i^T \underline{\beta}}. \tag{4.3}$$

포아송 분포의 자연모수는 $\log(\lambda_i)$이므로 로그 연결함수에 의하여 모형 (4.3)은

$$\log(\lambda_i) = \log(n_i) + \underline{x}_i^T \underline{\beta} \tag{4.4}$$

와 같이 표현할 수도 있다.

모형 (4.4)에는 【예 1.4】와는 달리 $\log(n_i)$가 포함되어 있다. 이 값은 상계값(offset)이라고 부르며, 알려진 상수로 취급하지만 반드시 추정 과정에 반영되어야

한다. 【예 1.4】에서는 각 개월 수에 대한 노출단위가 147명으로 모두 동일하므로 모형에 반영하지 않았다는 점에 유의하자. 모형 (4.4)에서 $\underline{x}_i^T$와 $\underline{\beta}$는 각각 i번째 예측변수 벡터와 모수 벡터를 나타낸다.

모형 (4.3)에서 j번째 예측변수가 이항변수인 상황을 고려해 보기로 한다. 즉, $x_j = 0$ 또는 $x_j = 1$의 값을 가정하기로 한다. j번째 예측변수를 제외한 다른 변수들은 모두 동일한 값으로 고정되었다면 모형 (4.3)으로부터 다음과 같은 비율 비(rate ratio)를 유도할 수 있다.

$$\frac{E(Y_i | x_j = 1)}{E(Y_i | x_j = 0)} = e^{\beta_j}. \tag{4.5}$$

식 (4.5)에 의하면, $x_j = 0$일 때에 비하여 $x_j = 1$이면 비율이 e^{β_j}배 증가하게 된다. 마찬가지로 만일 x_k가 연속형 변수라면, x_k가 한 단위 변할 때마다 비율은 e^{β_j}배 증가한다는 것이다. 따라서 포아송 회귀모형의 계수들은 비율 비에 의하여 지수값인 e^{β}에 의하여 설명되어야 한다.

2. 반복가중최소제곱법에 의한 최우추정

포아송 회귀모형의 모수 벡터 $\underline{\beta}$의 추정을 위하여 제3장 2절에서는 Newton-Raphson 방법과 Fisher의 스코어링 방법이 적용되었다. 그러나 실제로는 반복가중최소제곱(iterative re-weighted least squares, IRWLS) 방법이 가장 널리 이용된다.

Fisher의 스코어링 방법을 위한 추정방정식 (3.18)의 양변에 $(m-1)$번째 반복에서의 $\underline{b}^{(m-1)}$을 통해 얻은 $\mathfrak{I}^{(m-1)}$을 양변에 곱하면 다음과 같은 식을 얻을 수 있다.

$$\mathfrak{I}^{(m-1)}\underline{b}^{(m)} = \mathfrak{I}^{(m-1)}\underline{b}^{(m-1)} + \underline{U}^{(m-1)}. \tag{4.6}$$

식 (3.17)에 의하여

$$\mathfrak{I}^{(m-1)} = \boldsymbol{X}^T \boldsymbol{W}^{(m-1)} \boldsymbol{X}$$

와 같이 나타낼 수 있고, $\boldsymbol{W}^{(m-1)}$은 다음을 대각원소로 갖는 $n \times n$ 대각행렬을 나타낸다.

$$w_{ii}^{(m-1)} = \frac{1}{\widehat{Var}(Y_i)}\left(\frac{\partial \mu_i}{\partial \eta_i}\right).$$

여기서 $\widehat{Var}(Y_i)$와 $\partial \mu_i / \partial \eta_i$는 $\underline{b}^{(m-1)}$에 의해 계산되어야 한다.

식 (4.6)의 우변 벡터의 j번째 원소는 식 (3.9)와 식 (3.16)에 의하여

$$\sum_{k=1}^{p}\sum_{i=1}^{n}\frac{x_{ij}x_{ik}}{\widehat{Var}(Y_i)}\left(\frac{d\mu_i}{d\eta_i}\right)^2 b_k^{(m-1)} + \sum_{i=1}^{n}\frac{(y_i - \hat{\mu}_i^{(m-1)})x_{ij}}{\widehat{Var}(Y_i)}\left(\frac{d\mu_i}{d\eta_i}\right)$$

와 같이 나타낼 수 있으므로 $\underline{b}^{(m-1)}$을 통해 계산된 $\hat{\mu}_i^{(m-1)}$, $\widehat{Var}(Y_i)$와 $d\eta_i / d\mu_i$를 이용하여 다음과 같이 행렬로 나타낼 수 있다.

$$\boldsymbol{X}^T \boldsymbol{W}^{(m-1)} \underline{z}^{(m-1)}.$$

여기서 $\underline{z}^{(m-1)}$은 다음을 원소로 갖는 $n \times 1$ 벡터이다.

$$z_i^{(m-1)} = \sum_{k=1}^{p} x_{ik} b_k^{(m-1)} + (y_i - \hat{\mu}_i^{(m-1)})\left(\frac{d\eta_i}{d\mu_i}\right). \tag{4.7}$$

결국 식 (4.6)은

$$\boldsymbol{X}^T \boldsymbol{W}^{(m-1)} \boldsymbol{X}\, \underline{b}^{(m)} = \boldsymbol{X}^T \boldsymbol{W}^{(m-1)} \underline{z} \tag{4.8}$$

과 같이 정리할 수 있으므로

$$\underline{b}^{(m)} = [\boldsymbol{X}^T \boldsymbol{W}^{(m-1)} \boldsymbol{X}]^{-1} \boldsymbol{X}^T \boldsymbol{W}^{(m-1)} \underline{z}^{(m-1)} \tag{4.9}$$

과 같이 다시 쓸 수 있게 된다.

추정방정식 (4.9)를 이용한 반복계산은 먼저 적절한 초기값 $\underline{b}^{(0)}$에 의하여 $\boldsymbol{W}^{(0)}$과 $\underline{z}^{(0)}$을 구한 후에 $\underline{b}^{(1)}$을 얻는다. 이렇게 얻은 $\underline{b}^{(1)}$에 의해 또 다시 $\boldsymbol{W}^{(1)}$과 $\underline{z}^{(1)}$을 구하여 다음 반복을 위한 잠정추정값을 얻게 된다. 이러한 계산을 계속적으로 반복수행하여, 만일 m번째 반복에서 얻은 $\underline{b}^{(m)}$과 $\underline{b}^{(m-1)}$의 차이가 매우 적으면 허용오차를 기준으로 수렴된 것으로 판단한다. 따라서 $\underline{b}^{(m)}$은 $\underline{\beta}$의 최우추정값, 즉 $\underline{b} = \underline{b}^{(m)}$이 된다.

앞에서 지적한 바와 같이 $\boldsymbol{W}^{(m-1)}$과 $\underline{z}^{(m-1)}$은 $\underline{b}^{(m-1)}$에 의해서 계산되기 때문에 식 (4.9)를 이용한 반복계산의 수렴된 결과는 Fisher의 스코어링 방법에서와 같이 로그 우도함수를 최대로 하는 최우추정량이 된다. 특히, 식 (4.9)에 의한 반복계산 방법은 반복가중최소제곱 방법이라고 부른다.

일반화 선형모형의 모수 벡터 $\underline{\beta}$는 Fisher의 스코어링 방법을 응용한 IRWLS 방법에 의해 추정하며, 직접해가 존재하는 일반화 선형모형 역시 IRWLS 방법을 이용하게 된다. 마지막으로 지적할 점은 SAS, SPSS, STATA, R 등과 같은 많은 통계 소프트웨어들 역시 일반화 선형모형의 추정을 위해 IRWLS 방법을 직접 적용한 결과를 제공한다는 것이다.

IRWLS 방법을 모형 (4.4)에 적용하기로 한다. 우선, 포아송 분포를 가정하였으므로 식 (4.3)에 의하여 Y_i의 확률함수는 다음과 같이 나타낼 수 있다.

$$\begin{aligned} P(y_i;\lambda_i) &= \frac{e^{-\lambda_i}\lambda_i^{y_i}}{y_i!} \\ &= \frac{e^{-n_i\theta_i}(n_i\theta_i)^{y_i}}{y_i!}. \end{aligned}$$

그러므로 다음과 같은 Y_1, Y_2, $\cdots$, Y_n의 결합분포함수를 구할 수 있다.

$$P(\underset{\sim}{y};\underset{\sim}{\lambda}) = \prod_{i=1}^{n} \frac{e^{-n_i\theta_i}(n_i\theta_i)^{y_i}}{y_i!}. \tag{4.10}$$

여기서 $\underset{\sim}{y} = (y_1, y_2, \cdots, y_n)^T$는 관찰값 벡터 그리고 $\underset{\sim}{\lambda} = (\lambda_1, \lambda_2, \cdots, \lambda_n)^T$는 모수 벡터를 나타낸다.

이제 식 (4.10)으로부터 다음과 같은 우도함수를 유도할 수 있다.

$$L(\underset{\sim}{\lambda};\underset{\sim}{y}) = \prod_{i=1}^{n} \frac{e^{-n_i\theta_i}(n_i\theta_i)^{y_i}}{y_i!}.$$

그리고 식 (4.3)에 의해 다음과 같은 로그 우도함수를 얻을 수 있다.

$$l = \sum_{i=1}^{n} l_i = \sum_{i=1}^{n} y_i \log\theta_i - \sum_{i=1}^{n} n_i\theta_i + \sum_{i=1}^{n} y_i \log n_i - \sum_{i=1}^{n} \log y_i!. \tag{4.11}$$

모형 (4.4)의 β_j의 추정을 위한 스코어 통계량 U_j는 다음과 같이 구하여야 한다.

$$\frac{\partial l}{\partial \beta_j} = U_j = \sum_{i=1}^{n}\left[\frac{\partial l_i}{\partial \beta_j}\right] = \sum_{i=1}^{n}\left[\frac{\partial l_i}{\partial \theta_i} \cdot \frac{\partial \theta_i}{\partial \lambda_i} \cdot \frac{\partial \lambda_i}{\partial \beta_j}\right]. \tag{4.12}$$

여기서

$$\frac{\partial l_i}{\partial \theta_i} = \frac{y_i}{\theta_i} - n_i$$

이고,

$$\frac{\partial \theta_i}{\partial \lambda_i} = 1 \bigg/ \frac{\partial \lambda_i}{\partial \theta_i} = \frac{1}{n_i}.$$

그리고 $\eta_i = \underline{x}_i^T \underline{\beta}$이므로

$$\frac{\partial \lambda_i}{\partial \beta_j} = \frac{\partial \lambda_i}{\partial \eta_i} \cdot \frac{\partial \eta_i}{\partial \beta_j} = \frac{\partial \lambda_i}{\partial \eta_i} x_{ij}$$

가 된다. $\partial \lambda_i / \partial \eta_i = \lambda_i$이므로 이들 결과를 식 (4.12)에 대입하면 다음과 같은 스코어 통계량을 얻을 수 있다.

$$\begin{aligned} U_j &= \sum_{i=1}^{n} \left(\frac{y_i}{\theta_i} - n_i \right) \frac{1}{n_i} \lambda_i x_{ij} \\ &= \sum_{i=1}^{n} (y_i - \lambda_i) x_{ij}. \end{aligned} \tag{4.13}$$

Y_i들은 서로 독립이므로 $E[(Y_i - \lambda_i)(Y_l - \lambda_l)] = 0$이고 정보행렬 $\mathfrak{I}$의 j번째 행과 k번째 열의 원소는

$$\begin{aligned} \mathfrak{I}_{jk} &= E[U_j U_k] \\ &= E\left\{ \left[\sum_{i=1}^{n} (y_i - \lambda_i) x_{ij} \right] \left[\sum_{l=1}^{n} (y_l - \lambda_l) x_{lk} \right] \right\} \\ &= \sum_{i=1}^{n} x_{ij} x_{ik} \lambda_i \end{aligned} \tag{4.14}$$

와 같다. 그러므로 모수 벡터 $\underline{\beta}$의 정보행렬은

$$\mathfrak{I} = \boldsymbol{X}^T \boldsymbol{W} \boldsymbol{X} \tag{4.15}$$

와 같이 나타낼 수 있다. 여기서 $\boldsymbol{X}$는 i번째 행벡터가 $\underline{x}_i^T$인 $n \times p$ 계획행렬이

며, $\boldsymbol{W}$는 $n\times n$ 대각행렬로 i번째 대각원소는 (4.14)로부터 $w_{ii}=\lambda_i$이다.

$\underline{\beta}$의 추정을 위한 IRWLS 방법의 추정방정식 (4.9)를 위해 $\underline{b}^{(m-1)}$을 $(m-1)$번째 반복계산에서의 잠정추정값이라고 하자. 식 (4.7)에 의하여

$$z_i^{(m-1)} = \sum_{k=1}^{p} x_{ik} b_k^{(m-1)} + \frac{y_i - \hat{\lambda}_i^{(m-1)}}{\hat{\lambda}_i^{(m-1)}} \tag{4.16}$$

과 같이 유도할 수 있으므로 식 (4.9)를 이용한 반복계산을 수행할 수 있게 된다. 여기서 $z_i^{(m-1)}$과 $w_{ii}^{(m-1)}$의 계산을 위해서 필요한 $\hat{\lambda}_i^{(m-1)}$은 식 (4.3)에 의하여 다음과 같이 계산하여야 한다.

$$\hat{\lambda}_i^{(m-1)} = n_i e^{\underline{x}_i^T \underline{b}^{(m-1)}}.$$

【예 4.1】 흡연유무와 관동맥성 심장병 자료

흡연유무가 관동맥성 심장병 사망자 수에 미치는 자료를 분석하기 위하여 포아송 회귀모형을 고려하기로 하자. 우선 <표 4.1>의 인구 100,000명 당 사망비율을 모형 (4.4)를 위한 정보를 얻기 위하여 로그 사망비율을 산포도로 나타내면 <그림 4.2>를 얻을 수 있다.

<그림 4.1>과 마찬가지로 흡연자의 사망비율이 높은 것을 다시 한 번 확인할 수 있다. 그러나 연령에 따른 증가세가 직선이 아니라 낮은 연령에서는 급격히 상승하다가 연령이 높아질수록 증가세가 둔화되는 이차함수의 형태를 띠는 것을 쉽게 알 수 있다. 이러한 사실을 반영하여 분석을 위해 다음과 같이 모형을 설정하기로 한다.

$$\log y_i = \log n_i + \beta_1 + \beta_2 x_{i1} + \beta_3 x_{i2} + \beta_4 x_{i2}^2. \tag{4.17}$$

모형에서 $y_i,\ i=1,2,\cdots,10$은 반응변수로 사망자 수를 나타내며, n_i는 조사

대상자 수를 의미한다. 그리고 x_{i1}은 흡연유무를 나타내는 변수로 흡연자는 '1', 비흡연자는 '0'과 같은 값을 부여하기로 한다. x_{i2}는 연령그룹은 등간격(equal space)이고 순서를 갖기 때문에 각 연령그룹에 대하여 1부터 5까지의 값을 부여하기로 한다. 마지막으로 비선형성을 반영하기 위하여 이차항 x_{i2}^2를 추가하기로 한다.

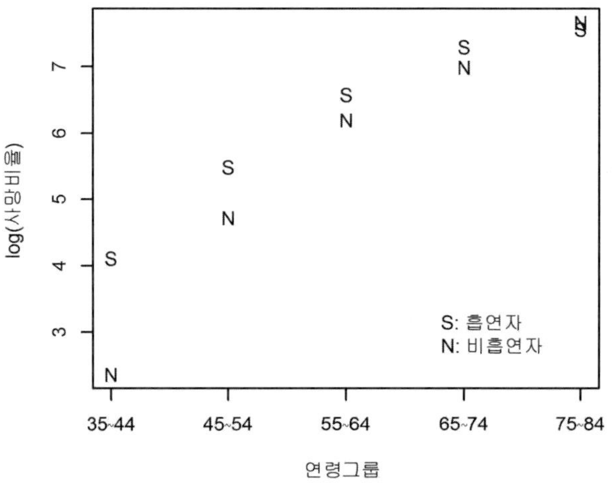

〈그림 4.2〉 흡연자와 비흡연자의 인구 10만 명 당 관동맥성 심장병 log(사망비율)

이 모형에 대하여 IRWLS 방법을 적용하여 얻은 모수의 추정 결과를 <표 4.2>에 정리하였다.

〈표 4.2〉 모형 (4.17)의 추정 결과

변수	$\underline{b}$	$s.e.(\underline{b})$	z	p-값	비율 비
절편	-9.8340	0.2952	-33.317	<0.001	-
x_1: 흡연유무	0.3545	0.1073	3.302	<0.001	1.4255
x_2: 연령그룹	2.0947	0.1812	11.561	<0.001	8.1230
x_2^2	-0.1944	0.0271	-7.159	<0.001	0.8233

추정계수 벡터를 $\underline{b}$로 나타내면, 식 (4.2)에 의하여 $\hat{\theta}_i = e^{\underline{x}_i^T \underline{b}}$를 얻을 수 있다. 이로부터 사망비율의 예측값은 $\hat{\lambda}_i = n_i \hat{\theta}_i$와 같이 구하게 된다. 이 값으로부터 대각원소 $w_{ii} = \hat{\lambda}_i$인 대각행렬을 $\boldsymbol{W}(\underline{b})$와 같이 나타내기로 하면, $\underline{b}$의 정보행렬은 다음과 같이 구할 수 있다.

$$\mathfrak{I}(\underline{b}) = \boldsymbol{X}^T \boldsymbol{W}(\underline{b}) \boldsymbol{X}. \tag{4.18}$$

추정계수 b_j의 표준오차(standard error) $s.e.(b_j)$는 정보행렬의 역행렬 $\mathfrak{I}^{-1}(\underline{b})$의 j번째 대각원소의 제곱근이 된다.

식 (3.21)로부터 다음의 가설

$$H_0 : \beta_j = 0,$$
$$H_1 : \beta_j \neq 0$$

을 검정하기 위한 검정통계량인 Wald 통계량

$$z = \frac{b_j - \beta_j}{s.e.(b_j)}$$

는 표준정규분포를 따르게 된다. <표 4.2>에서 모든 β_j, $j = 1, 2, 3, 4$를 검정하기 위한 Wald 통계량의 p-값이 모두 0.001보다 매우 작은 것을 알 수 있다. 따라서 모형에 포함된 모든 계수가 모두 유의한 것으로 판단할 수 있다.

<그림 4.3>은 적합된 모형에 의한 추정회귀선을 나타내고 있다. 흡연자들의 추정회귀선이 비흡연자에 비하여 절편이 조금 큰 완만한 이차곡선의 형태인 것을 알 수 있다. 이 차이를 비율 비 e^{β_j}의 추정값을 통해 설명하면 흡연유무에 대한 비율 비 값인 $e^{0.3545} = 1.4255$로 추정되었으므로 흡연자의 사망비율이 비흡연자에 비하여 약 1.4배 높다는 것이다. 연령에 대한 비율 비는 $e^{2.0947} = 8.1230$으로 추정되어 연령이 높아질수록 사망비율이 약 8배 이상 급격하게 증

가한다는 것을 알 수 있다. ■

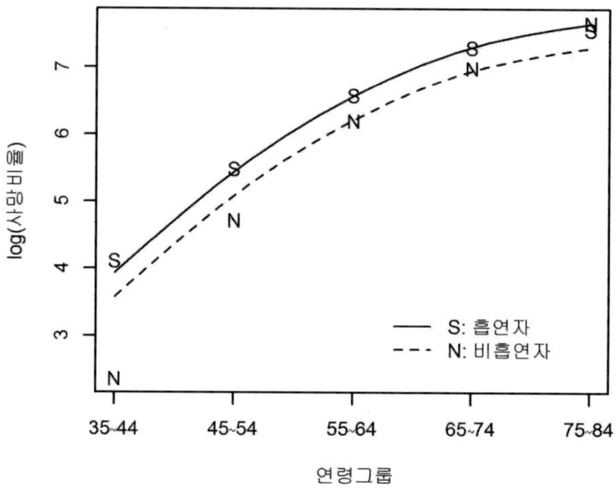

〈그림 4.3〉 모형 (4.17)의 추정회귀선

3. 모형의 적합성 판단

식 (4.1)에 의하여 모형에 포함시킬 수 있는 모든 모수를 포함한 모수 벡터 $\underline{\beta}_{\max} \equiv \underline{\theta}$가 된다. 로그 우도함수 (4.11)로부터 다음과 같은 θ_i, $i = 1, 2, \cdots, n$의 스코어 함수를 구할 수 있다.

$$
\begin{aligned}
U_i &= \frac{\partial l}{\partial \theta_i} \\
&= \frac{\partial l_i}{\partial \theta_i} \cdot \frac{\partial \theta_i}{\partial \lambda_i} \\
&= \left(\frac{y_i}{\theta_i} - n_i \right) \cdot \frac{1}{n_i}.
\end{aligned}
$$

그러므로 포화모형의 θ_i에 대한 최우추정값 $\hat{\theta}_i = y_i$인 것을 쉽게 보일 수

있다. 이 최우추정값에 의한 로그 우도함수값은

$$l(\underline{b}_{\max};\underline{y}) = \sum_{i=1}^{n} y_i \log y_i - \sum_{i=1}^{n} n_i y_i + \sum_{i=1}^{n} y_i \log n_i - \sum_{i=1}^{n} \log y_i!$$

와 같이 구할 수 있다. 그리고 모형 (4.4)의 최우추정값 벡터 $\underline{b}$로부터 구할 수 있는 $\hat{\lambda}_i$에 의한 로그 우도함수값은

$$l(\underline{b};\underline{y}) = \sum_{i=1}^{n} y_i \log \hat{\lambda}_i - \sum_{i=1}^{n} \hat{\lambda}_i - \sum_{i=1}^{n} \log y_i!$$

으로 나타낼 수 있으므로, 모형 (4.4)의 적합성을 판단하기 위한 이탈도는 식 (3.26)에 의하여

$$\begin{aligned} D &= 2\left[l(\underline{b}_{\max};\underline{y}) - l(\underline{b};\underline{y}) \right] \\ &= 2\left[\sum_{i=1}^{n} y_i \log (y_i/\hat{\lambda}_i) - \sum_{i=1}^{n} (y_i - \hat{\lambda}_i) \right] \end{aligned} \tag{4.19}$$

가 된다. 모형에 포함된 모수의 수가 p라면 이탈도 D는 자유도 $(n-p)$인 χ^2-분포를 따르게 된다.

【예 4.2】 흡연유무와 관동맥성 심장병 자료 - 계속

우선 포화모형의 로그 우도함수값은 $l(\underline{b}_{\max};\underline{y}) = -27.5340$이다. 그리고 <표 4.2>의 추정 결과로부터 얻은 $\underline{b}$에 의하여 $l(\underline{b};\underline{y}) = -33.6217$이다. 이 값으로부터 모형 (4.17)의 적합성을 판단하기 위한 식 (4.19)의 이탈도는 12.1755로 계산된다. 모형 (4.17)의 자유도는 모수의 수가 4이므로 $(n-p) = (10-4) = 6$이며, 이탈도의 p-값은 0.0582가 된다. 그러므로 모형 (4.17)은 <표 4.1>의 자료에 비교적 잘 적합하는 것으로 판단할 수 있다. ■

식 (4.19)의 이탈도는 다음과 같은 가설을 검정하기 위한 검정통계량이다.

$$H_0 : \lambda_i = n_i e^{\underline{x}_i^T \beta},$$
$$H_1 : \lambda_i = n_i \theta_i. \tag{4.20}$$

귀무가설은 분석을 위해 가정한 모형이고, 대립가설은 포화모형을 나타낸다. 따라서 귀무가설을 기각할 수 없다면 포화모형에 비하여 모수의 수가 적은 모형이 자료 설명을 위해 충분한 정보를 가지고 있는 것으로 판단하게 된다.

반면에 다음과 같은 가설을 고려할 수 있다.

$$H_0 : \lambda_i = n_i e^{\beta_1},$$
$$H_1 : \lambda_i = n_i e^{\underline{x}_i^T \beta}. \tag{4.21}$$

위 가설 중에서 귀무가설의 모형은 공변량의 영향 없이 β_1만을 포함하고 있다. 이렇듯 고려할 수 있는 모형 중에서 가장 적은 수의 모수를 포함하고 있는 모형을 최소모형(minimal model)이라고 부르며, 위 가설을 통해서 β_1을 제외한 나머지 모수들이 모두 $\beta_2 = \beta_3 = \cdots = \beta_p = 0$인가의 여부를 판단하게 된다.

귀무가설 하의 최소모형에 속해 있는 β_1의 최우추정량을 위한 로그 우도함수는 다음과 같이 유도할 수 있다. $\log \lambda_i = \log n_i + \beta_1$이므로

$$l = \sum_{i=1}^{n} l_i = \sum_{i=1}^{n} y_i(\log n_i + \beta_1) - \sum_{i=1}^{n} n_i e^{\beta_1} - \log y_i!.$$

그러므로 다음과 같은 β_1의 스코어 함수를 얻을 수 있고,

$$U_1 = \sum_{i=1}^{n} y_i - e^{\beta_1} \sum_{i=1}^{n} n_i. \tag{4.22}$$

$U_1(b_1) = 0$인 β_1의 최우추정량은

$$b_1 = \log\left(\sum_{i=1}^{n} y_i \bigg/ \sum_{i=1}^{n} n_i\right) \tag{4.23}$$

와 같이 얻게 된다.

$b_{\min} \equiv b_1$이라 하고, $b_{\min}$에 의한 로그 우도함수를 $l(b_{\min};\underline{y})$라고 하면 가설 (4.21)을 검정하기 위하여 (4.19)와 유사한 다음의 이탈도를 고려할 수 있다.

$$D = 2\left[\, l(\underline{b};\underline{y}) - l(b_{\min};\underline{y})\right]. \tag{4.24}$$

최소모형의 자유도는 $(n-1)$이고 대립가설 하의 모형의 자유도는 $(n-p)$이므로 위 이탈도는 자유도 $(p-1)$인 χ^2-분포를 따르게 된다.

최소모형의 로그 우도함수 $l(b_{\min};\underline{y})$로부터 다음과 같은 유사 결정계수 (pseudo-coefficient of determination)를 정의할 수 있다.

$$R^2_{pseudo} = \frac{l(b_{\min};\underline{y}) - l(\underline{b};\underline{y})}{l(b_{\min};\underline{y})}. \tag{4.25}$$

유사 결정계수 R^2_{pseudo}는 회귀분석의 결정계수와 같이 적합된 모형이 자료를 얼마나 설명하고 있는지를 요약하기 위한 측도로 사용된다. 따라서 1에 가까울수록 적합된 모형이 주어진 자료를 설명하기 위해 좋은 모형이라는 해석이 가능하다.

【예 4.3】 흡연유무와 관동맥성 심장병 자료 - 계속

<표 4.1> 자료에 대한 최소모형의 추정계수 $b_{\min} = -5.5144$와 같이 계산된다. 이 추정값에 의하여 $l(b_{\min};\underline{y}) = -495.0676$을 얻을 수 있다. 【예 4.2】에서 $l(\underline{b};\underline{y}) = -33.6217$이므로 $\beta_2 = \beta_3 = \beta_4 = 0$인 가설 (4.21)의 이탈도값은

$D = 992.8918$과 같이 구할 수 있다. 그런데 모형 (4.17)의 자유도는 $p=4$이고 이탈도의 자유도는 귀무가설 하의 최소모형은 한 개의 모수를 포함하고 있으므로 $(p-1)=3$이 된다. 자유도에 비하여 이탈도값이 매우 크므로 $\beta_1=\beta_2=\beta_3=0$이라는 귀무가설에 대한 p-값은 거의 0에 가깝게 된다. 따라서 귀무가설은 기각되고 모형 (4.17)은 자료에 잘 적합하는 것으로 판단할 수 있다. 또한 (4.25)에 의하여 $R^2_{pseudo}=0.9321$로 구해져 모형 (4.17)은 자료를 약 93.2% 정도 설명하는 것으로 해석할 수 있다. ■

4. 잔차에 의한 모형의 점검

모형의 적합도를 판단하기 위한 이탈도는 관찰값과 모형에 의한 추정값과의 차이를 요약한 값으로 생각할 수 있다. 관찰값과 추정값과의 차이는 잔차(residual)라고 부르며, 모형이 개별 관찰값을 잘 설명하고 있는지 점검할 수 있는 값으로 이용될 수 있다.

포아송 분포는 $Var(Y_i)=\lambda_i$이므로 λ_i의 추정값에 의한 표준오차는 $s.e.(\hat{\lambda}_i)=\sqrt{\hat{\lambda}_i}$이다. 이를 이용하여 다음과 같이 Peason 잔차(Pearson residual)를 고려할 수 있다.

$$r_i = \frac{y_i - \hat{\lambda}_i}{\sqrt{\hat{\lambda}_i}}. \tag{4.26}$$

식 (4.26)의 잔차는 이탈도와 같이 추정값의 관찰값에 대한 적합성을 판단하기 위한 Pearson 통계량과 다음과 같은 관계를 갖는다.

$$X^2 = \sum_{i=1}^{n} r_i^2 = \sum_{i=1}^{n} \frac{(y_i - \hat{\lambda}_i)^2}{\hat{\lambda}_i}. \tag{4.27}$$

이와 유사하게 이탈도 (4.19)로부터 다음과 같은 이탈도 잔차(deviance residual) 역시 정의할 수 있다.

$$d_i = \text{sign}(y_i - \hat{\lambda}_i)\sqrt{2[y_i \log(y_i/\hat{\lambda}_i) - (y_i - \hat{\lambda}_i)]}. \tag{4.28}$$

여기서 $\text{sign}(a-b)$은 $a \geq b$이면 '+'이고 $a < b$이면 '-' 부호를 갖게 해 주는 함수를 나타낸다. Pearson 잔차와 X^2 통계량과의 관계와 유사하게 이탈도는 $D = \sum_{i=1}^{n} d_i$와 같이 나타낼 수 있다.

Pearson 통계량과 이탈도는 서로 밀접한 관계를 가지고 있다. 이탈도의 근삿값은 X^2이 된다. 확인을 위하여 제3장의 최우추정량의 표본분포를 위해 이용한 테일러 급수를 이용해 보기로 한다. $f(y) = y\log(y/\hat{\lambda})$라고 하고 $\hat{\lambda}$가 y에 매우 가까운 값이라고 하면, 이차 미분한 함수까지만 고려한 다음과 같은 근사식을 유도할 수 있다.

$$y \log\left(\frac{y}{\hat{\lambda}}\right) = (y-\hat{\lambda}) + \frac{1}{2}\frac{(y-\hat{\lambda})^2}{\hat{\lambda}} + \cdots.$$

이 근사식을 (4.19)의 이탈도에 대입하면

$$\begin{aligned} D &= 2\sum_{i=1}^{n}\left[(y_i-\hat{\lambda}_i) + \frac{1}{2}\frac{(y_i-\hat{\lambda}_i)^2}{\hat{\lambda}_i} - (y_i - \hat{\lambda}_i)\right] \\ &= \sum_{i=1}^{n}\frac{(y_i - \hat{\lambda}_i)^2}{\hat{\lambda}_i} = X^2. \end{aligned}$$

【예 4.4】 흡연유무와 관동맥성 심장병 자료 - 계속

모형 (4.17)의 최우추정값 b_j에 의한 추정값 $\hat{\lambda}_i$와 Pearson 잔차 그리고 이탈도 잔차의 계산 결과를 <표 4.3>에서 볼 수 있다. 우선 흡연자의 Pearson 잔차와 이탈도 잔차의 크기는 대체로 작은 값인 것을 알 수 있다. 그러나 비흡연자의 경우에 35~44세와 75~84세인 연령그룹에서는 두 잔차가 모두 큰 값을 가지고 있는 것을 알 수 있다. <그림 4.3>을 통해 이러한 사실을 시각적으로 확인할 수 있다.

〈표 4.3〉 모형 (4.17)의 Pearson 잔차와 이탈도 잔차

흡연유무	연령그룹	사망자 수	추정값	r_i	d_i
1	1	32	26.7808	1.0085	0.9782
1	2	104	100.1992	0.3797	0.3773
1	3	206	203.7388	0.1584	0.1581
1	4	186	187.8680	-0.1363	-0.1365
1	5	102	111.4132	-0.8918	-0.9048
0	1	2	6.7359	-1.8247	-2.1481
0	2	12	17.3468	-1.2837	-1.3600
0	3	28	28.5230	-0.0979	-0.0982
0	4	28	26.9036	0.2114	0.2100
0	5	31	21.4907	2.0513	1.9220

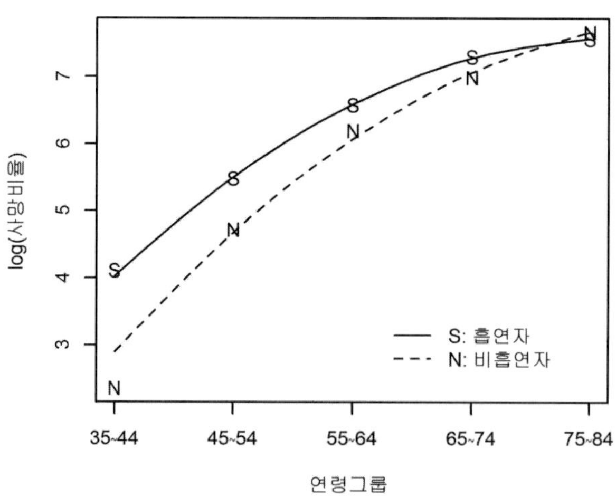

〈그림 4.4〉 모형 (4.29)의 추정회귀선

〈표 4.4〉 교호작용항 $x_1 x_2$를 포함한 모형의 추정 결과

변수	$\underline{b}$	$s.e.(\underline{b})$	z	p-값	비율 비
절편	-10.7918	0.4501	-23.9780	<0.001	-
x_1: 흡연유무	1.4410	0.3722	3.8720	<0.001	4.2248
x_2: 연령그룹	2.3764	0.2079	11.4280	<0.001	10.7669
x_2^2	-0.1977	0.0274	-7.2230	<0.001	0.8206
$x_1 x_2$	-0.3075	0.0970	-3.1690	0.0015	0.7352

두 연령그룹에서 나타난 잔차의 괴리 현상을 보완하기 위하여 흡연유무와 연령그룹의 교호작용항을 포함한 다음의 모형을 고려해 보기로 한다.

$$\log y_i = \log n_i + \beta_1 + \beta_2 x_{i1} + \beta_3 x_{i2} + \beta_4 x_{i2}^2 + \beta_5 x_{i1} x_{i2}. \tag{4.29}$$

여기서 $x_1 x_2$는 흡연유무와 연령그룹의 곱인 교호작용항을 나타낸다. 따라서 흡연자들은 1, 2, 3, 4, 5의 값을 갖게 되고, 비흡연자들은 모두 0의 값을 갖게 된다.

<표 4.4>에 모형 (4.29)의 최우추정 결과가 정리되어 있다. 교호작용항 $x_1 x_2$를 위한 β_5의 추정 결과 역시 p-값이 상당히 작기 때문에 유의한 것으로 판단할 수 있다. 특히, 추정 결과에 따른 추정회귀선을 보여 주는 <그림 4.4>에서 비흡연자들의 적합성이 크게 개선된 것을 알 수 있다. 그리고 <표 4.5>의 Pearson 잔차와 이탈도 잔차로부터 모형 (4.17)과는 달리 두 연령그룹인 35~44세와 75~84세인 연령그룹의 잔차의 크기가 상당히 줄어든 것을 확인할 수 있다.

교호작용항이 포함된 모형 (4.29)의 가설 (4.20)을 검정하기 위한 이탈도 $D = 1.6354$이며, 자유도는 모형 (4.17)에 비하여 한 개의 모수를 더 포함하고 있으므로 5가 된다. 또 다른 적합도 검정통계량인 $X^2 = 1.5502$가 되고 자유도 역시 5이다. 두 검정통계량 모두 0.9 이상의 p-값을 갖기 때문에 모형 (4.29)는 자료에 매우 잘 적합하는 것으로 판단할 수 있다.

이와 유사하게 최소모형과의 비교를 위한 가설 (4.21)에 대한 이탈도 $D = 932.4320$으로 자유도 4에 비하여 매우 크기 때문에 모형 (4.29)는 매우 유의한 적합 결과를 갖는다는 것을 다시 한 번 확인할 수 있다. 모형 (4.29)의

$R^2_{pseudo} = 0.9427$로 자료에 대한 모형의 설명력이 역시 개선된 것을 확인할 수 있다.

〈표 4.5〉 교호작용항 $x_1 x_2$를 포함한 모형의 잔차

흡연유무	연령그룹	사망자 수	추정값	r_i	d_i
1	1	32	29.5847	0.4440	0.4382
1	2	104	106.8120	-0.2720	-0.2733
1	3	206	208.1986	-0.1524	-0.1526
1	4	186	182.8279	0.2346	0.2339
1	5	102	102.5768	-0.0569	-0.0570
0	1	2	3.4148	-0.7656	-0.8305
0	2	12	11.5416	0.1349	0.1340
0	3	28	24.7434	0.6547	0.6411
0	4	28	30.2291	-0.4054	-0.4106
0	5	31	31.0710	-0.0127	-0.0127

<표 4.4>의 비율 비에서 <표 4.2>와는 달리 흡연유무에 대한 비율 비가 $e^{0.3545} = 1.4255$에서 $e^{1.4410} = 4.2248$로 크게 증가한 것을 알 수 있다. 이 결과에 의하면 흡연자의 관동맥성 심장병 사망비율이 비흡연자에 비하여 약 4배 이상 높게 나타난다는 것이다. 그러나 비흡연자의 경우에는 교호작용항이 모두 '0'의 값을 가지므로 흡연에 의한 영향보다는 연령이 높아질수록 사망비율이 증가하는 경향을 보이는 것으로 해석할 수 있다. ■

5. 모형의 비교

앞의 예제에서 고려되었던 두 모형을 비교하기 위하여 다음과 같은 가설을 고려해 보기로 한다.

$$H_0 : \log y_i = \log n_i + \beta_1 + \beta_2 x_{i1} + \beta_3 x_{i2} + \beta_4 x_{i2}^2,$$
$$H_1 : \log y_i = \log n_i + \beta_1 + \beta_2 x_{i1} + \beta_3 x_{i2} + \beta_4 x_{i2}^2 + \beta_5 x_{i1} x_{i2}. \quad (4.30)$$

이 가설은 마치 가설 (4.20), 가설 (4.21)과 같이 귀무가설 모형에 비하여 대립가설 모형의 모수의 수가 적은 것을 알 수 있다. 귀무가설 하의 모형을 M_0 그리고 대립가설 하의 모형을 M_1이라고 하자. 두 모형의 모수의 수를 각각 q와 p, $q < p < n$이라고 하자. 가설 (4.30)을 위해 (4.19)의 이탈도로부터 다음과 같은 검정통계량을 유도할 수 있다.

$$\begin{aligned} D(M_0, M_1) &= D(M_0) - D(M_1) \\ &= 2\left[l(\underline{b}_{\max}; \underline{y}) - l(\underline{b}_{M_0}; \underline{y}) \right] - 2\left[l(\underline{b}_{\max}; \underline{y}) - l(\underline{b}_{M_1}; \underline{y}) \right] \\ &= 2\left[l(\underline{b}_{M_1}; \underline{y}) - l(\underline{b}_{M_0}; \underline{y}) \right]. \end{aligned} \quad (4.31)$$

여기서 $\underline{b}_{M_0}$과 $\underline{b}_{M_1}$은 각각 모형 M_0과 M_1의 모수 벡터 $\underline{\beta}_{M_0}$과 $\underline{\beta}_{M_1}$의 최우추정값들에 의한 추정 벡터를 나타낸다. 두 모형이 자료에 잘 적합된다면, $D(M_0) \sim \chi^2_{(n-q)}$ 그리고 $D(M_1) \sim \chi^2_{(n-p)}$이므로 $D(M_0, M_1)$은 자유도 $(p-q)$인 χ^2-분포를 따르게 된다.

가설 (4.30)을 검정하기 위한 검정통계량 (4.31)에서 만일 귀무가설 하의 모형 M_0이 자료에 잘 적합된다면 $D(M_0)$은 작은 값을 가지게 되고, $D(M_0) > D(M_1)$과 같은 관계를 가지지만 $D(M_1)$ 역시 크지 않을 것으로 예상할 수 있다. 따라서 $D(M_0, M_1)$ 역시 큰 값이 아닐 것이며, p-값이 작게 나타날 것이다. 따라서 M_0이 M_1에 비하여 모수의 수가 작은 단순한 모형이므로 자료 분석을 위해 좋은 모형인 것으로 판단하게 된다.

반면에 $D(M_0)$이 크고, M_1에 추가된 모수에 의해 자료의 적합성이 개선된다면, 다시 말해 $D(M_1)$이 작다면 $D(M_0, M_1)$은 큰 값으로 계산될 것이다. 이 경우에 p-값은 커질 것이므로 대립가설 하의 모형 M_1이 자료에 더 적절한 모형이라고 판단할 수 있다.

【예 4.5】 흡연유무와 관동맥성 심장병 자료 - 계속

앞의 예제를 통해 가설 (4.20)의 $D(M_0) = 12.1755$이며 자유도는 6인 것을 알 수 있다. $D(M_1) = 1.6354$이고 자유도는 5이므로 $D(M_0, M_1) = 10.5402$이며 자유도는 1이 된다. 이 값의 p-값은 0.0012로 작기 때문에 교호작용항에 의한 모형의 적합성이 개선된 것으로 판단할 수 있다. 이러한 사실은 교호작용항이 포함된 모형의 추정회귀선을 나타낸 <그림 4.4>를 통해 확인할 수 있다. ■

6. 가법 포아송 회귀모형

포아송 회귀모형은 평균 발생 도수 λ 또는 사건비율 θ를 지수함수에 의한 선형 결합으로 나타낸 모형이라고 생각할 수 있다. 이와는 달리 θ를 단순히 예측변수에 의한 선형모형으로 표현한 가법 포아송 회귀모형(additive Poisson regression model) 역시 고려할 수 있다. 가법 포아송 회귀모형은 포아송 회귀모형과는 달리 추정된 계수의 해석이 비율 비(rate ratio)가 아닌 비율의 차이(rate difference)로 해석되어 추정 결과에 대한 직관적인 해석이 용이하다는 장점을 갖게 된다.

그러나 가법 포아송 회귀모형은 로그 사건비율을 모형화한 포아송 회귀모형의 최우추정 방법을 적용할 경우에 λ의 추정값이 0보다 작은 상황이 발생할 수도 있다. 이러한 현상은 특히 모형에 포함된 $\underline{\beta}$의 추정값이 0에 가까운 경우에 발생할 수 있으며, 추정계수 $\underline{b}$의 표준오차 역시 왜곡되어 신뢰구간을 포함한 추론에 큰 문제를 발생시킬 수 있다.

6.1. 재모수화에 의한 가법 포아송 회귀모형

평균 발생 도수 $E(Y_i) = \lambda_i = n_i \theta_i$의 사건비율 θ_i를 위한 다음과 같은 모형을 정의하기로 한다.

$$\theta_i = \underline{x}_i^T \underline{\beta} = \beta_1 + \sum_{j=2}^{p} \sum_{l=1}^{C_j} \beta_{j(l)} x_{ij(l)}. \tag{4.32}$$

여기서 j번째 예측변수가 C_j개 범주를 갖는 범주형 변수인 경우에 $x_{ij(l)}$은 l번째 범주에 속하는 것을 나타낸다. 그리고 만일 j번째 예측변수가 연속형 변수라면 $C_j \equiv 1$로 $x_{ij(l)} \equiv x_{ij}$ 그리고 $\beta_{j(l)} \equiv \beta_j$임을 의미한다.

모형 (4.32)는 가법 포아송 회귀모형이라고 부르며, 포아송 회귀모형에서와 마찬가지로 범주형 변수에는 모수의 추정을 위한 제약조건이 부여되어야 한다. 즉, $\beta_{ij(1)} \equiv 0$과 같은 제약조건이 부여되어야 한다. $\beta_{ij(1)} \equiv 0$이면 $x_{ij(1)} \equiv 0$이므로 $x_{ij(1)}$은 제외되어도 되기 때문에 모형 (4.32)에 포함된 j번째 범주형 변수는 $(C_j - 1)$개의 $\beta_{j(l)}$이 포함되게 된다. 이러한 제약조건을 기준점(corner point) 조건이라고 부르며, 반복가중최소제곱법에 필요한 정보행렬의 역행렬이 존재하기 위한 조건이 된다.

범주형 변수를 위한 기준점 조건과 유사하게 연속형 변수에도 기준점 조건을 부여할 수 있다. j번째 연속형 변수의 최솟값을 $x_{j(1)}$ 그리고 최댓값을 $x_{j(2)}$로 나타내기로 한다. 이들 두 기준점에 의하여 $x_{ij(1)} = x_{ij} - x_{j(1)}$ 그리고 $x_{ij(2)} = x_{j(2)} - x_{ij}$와 같이 표현하기로 한다. 이들 중에서 만일 $x_{j(1)}$에 의한 조건을 부여한다면 $\beta_j x_{ij} = \beta_j (x_{ij} - x_{j(1)}) = \beta_j x_{ij} - \beta_j x_{j(1)}$이 된다. 그런데 $x_{j(1)}$은 고정된 상수이므로 모형 (4.32)의 $\beta_1 = \beta_1 - \beta_j x_{j(1)}$이 되어야 한다. 마찬가지로 기준점이 $x_{j(2)}$이면 $\beta_j x_{ij} = \beta_j (x_{j(2)} - x_{ij}) = \beta_j x_{j(2)} - \beta_j x_{ij}$이므로 $\beta_1 = \beta_1 + \beta_j x_{j(1)}$이 되어야 한다. 두 번째 경우인 $x_{j(2)}$가 기준점인 경우에 $\beta_j = -\beta_j$가 된다.

이들 조건 이외에 모형 (4.32)에 포함된 β_j의 추정을 위해 반영되어야 하는 제약조건은 없다. 그렇기 때문에 $\beta_j < 0$일 수 있고, $\beta_j < 0$인 경우에도 반드시 $\theta_i \geqq 0$인 조건은 만족되어야 한다.

모형 (4.32)에 포함된 절편을 제외한 $(p-1)$개 예측변수 중에서 p_1개는 범주형 변수이고 연속형 변수는 p_2개가 포함되었다고 가정하자. 이러한 가정 하에서 모형 (4.32)의 추정을 위해 다음과 같은 모형을 고려해 보기로 한다.

$$\theta_i = \sum_{j=1}^{p_1} \sum_{l=1}^{C_j} \theta_{j(l)} x_{ij(l)} + \sum_{k=1}^{p_2} \sum_{l=1}^{2} \theta_{k(l)} x_{ik(l)}. \tag{4.33}$$

위 모형에는 가법 포아송 회귀모형과는 달리 추정을 위한 기준점 조건을 부여하지 않는다. 그러나 $\theta_{j(l)} > 0$과 $\theta_{k(l)} > 0$이라는 조건이 부여된다. 그리고 p_1개 범주형 변수에는 모든 범주에 해당되는 모수를 포함하고 있고, 각각 C_j개의 모수 $\theta_{j(l)}$이 포함된다. 마찬가지로 p_2개 연속형 변수에는 모두 최솟값과 최댓값에 의한 모수 $\theta_{k(1)}$과 $\theta_{k(2)}$가 포함되게 된다. 모형 (4.33)은 범주형 변수와 연속형 변수에 부여할 수 있는 모든 가능한 모수를 포함하고 있으므로 이를 완전모수모형(fully parameterized model)이라고 부르기로 한다.

완전모수모형 (4.33)의 $\theta_{j(l)}$과 $\theta_{k(l)}$은 재모수화(reparameterization)를 통하여 모형 (4.32)로 나타낼 수 있다. 이해를 위하여 x_1은 세 개의 범주를 갖는 범주형 변수이고 x_2는 연속형 변수인 경우에 다음과 같은 가법 포아송 회귀모형을 고려해 보기로 한다. x_1에 대하여 $\beta_{1(1)} \equiv 0$과 같은 기준점 조건을 부여하기로 한다.

$$\theta_i = \beta_1 + \sum_{l=2}^{3} \beta_{1(l)} x_{i1(l)} + \beta_2 x_{i2}. \tag{4.34}$$

위 모형에 대응되는 완전모수모형은 다음과 같이 나타낼 수 있다.

$$\theta_i = \sum_{l=1}^{3} \theta_{1(l)} x_{i1(l)} + \sum_{l=1}^{2} \theta_{2(l)} x_{i2(l)}. \tag{4.35}$$

완전모수모형에 포함된 모수들을 이용하여 모형 (4.34)에 포함된 모수들은

$$
\begin{aligned}
\beta_{1(2)} &= \theta_{1(2)} - \theta_{1(1)}, \\
\beta_{1(3)} &= \theta_{1(3)} - \theta_{1(1)}.
\end{aligned}
\tag{4.36}
$$

그리고

$$
\beta_2 = \theta_{2(1)} - \theta_{2(2)} \tag{4.37}
$$

와 같이 재모수화할 수 있다. 그리고 β_1은 x_2의 최솟값과 최댓값은 각각 $x_{2(1)}$과 $x_{2(2)}$이므로

$$
\beta_1 = \theta_{1(1)} - \theta_{2(1)} x_{2(1)} + \theta_{2(2)} x_{2(2)} \tag{4.38}
$$

가 된다.

가법 포아송 회귀모형의 모수 β에는 기준점 조건 이외에 β에 대한 조건이 없으므로 $\beta < 0$일 수 있다. 다시 말해, 모형 (4.34)에는 β가 반드시 '0'보다 커야 한다는 제약이 없다는 것이다. 완전모수모형에 포함된 모수 $\theta_{1(l)} \geqq 0$이어야 하므로 $\theta_{1(2)} < \theta_{1(1)}$이면 $\beta_{1(2)} < 0$일 수 있다. 마찬가지로 $\beta_{1(3)}$ 그리고 β_2 역시 '0'보다 작은 값을 가질 수 있다. 따라서 만일 모형 (4.34)가 반복가중최소제곱법에 의한 추정에 문제가 있는 경우에는 완전모수모형 (4.35)의 추정을 통해 최우추정이 가능하다는 것이다. 이러한 사실로부터 다음과 같이 가법 포아송 회귀모형을 다시 표현할 수 있다.

$$
\begin{aligned}
\lambda_i &= n_i \left(\beta_1 + \sum_{j=2}^{(p_1+p_2)} \sum_{l=1}^{C_j} \beta_{j(l)} x_{ij(l)} \right) \\
&= n_i \left(\sum_{j=1}^{p} \sum_{k=1}^{C_k} \theta_{j(k)} x_{ij(k)} \right).
\end{aligned}
\tag{4.39}
$$

모형 (4.3)과는 달리 위 모형은 항등연결함수(identity link function)에 의한 일반화 선형모형이 된다. 모형 (4.34)에서 가법 포아송 회귀모형인 경우에 j번째 변수가 연속형 변수이면 $C_j = 1$ 그리고 완전모수모형인 두 번째 모형에서는 연속형 변수이면 $C_k = 2$인 점을 유의하자.

6.2. 반복비율적합을 이용한 최우추정법

앞에서 설명한 것과 같이 완전모수모형의 모수들은 반드시 0보다 커야 한다. 그리고 모수의 추정을 위한 기준점 조건을 부여하지 않는다. 그렇기 때문에 정보행렬의 역행렬이 존재하지 않으므로 반복가중최소제곱법을 적용할 수 없다.

먼저, 완전모수모형의 모수를 위한 로그 우도함수를 고려해 보기로 한다. 식 (4.11)과 모형 (4.39)에 의하여

$$l = \sum_{i=1}^{n}\left[y_i \log\left(n_i \sum_{j=1}^{p}\sum_{l=1}^{C_j}\theta_{j(l)} x_{ij(l)}\right) - n_i \sum_{j=1}^{p}\sum_{l=1}^{C_j}\theta_{j(l)} x_{ij(l)} - \log(y_i!)\right].$$

위 로그 우도함수로부터 $\theta_{j(l)}$에 대한 다음과 같은 스코어 함수를 얻을 수 있다.

$$U_{j(l)} = \frac{\partial l}{\partial \theta_{j(l)}} = \sum_{i=1}^{n}\left(\frac{y_i}{\theta_i}\right)x_{ij(l)} - \sum_{i=1}^{n} n_i x_{ij(l)}.$$

그런데 $\theta_{j(l)}$의 최우추정값 $\hat{\theta}_{j(l)}$은 $U_{j(l)} = 0$이어야 하므로 반드시 다음의 조건이 만족되어야 한다.

$$\sum_{i=1}^{n}\left(\frac{y_i}{\hat{\theta}_i}\right)x_{ij(l)} = \sum_{i=1}^{n} n_i x_{ij(l)}. \tag{4.40}$$

여기서 $\hat{\theta}_i = \sum_{j=1}^{p}\sum_{l=1}^{C_j} \hat{\theta}_{j(l)} x_{ij(l)}$이다. 그렇기 때문에 식 (4.40)을 만족하는 $\hat{\theta}_{j(l)}$을 직접 구할 수 없다.

식 (4.40)은 x_j가 범주형 변수일 경우에 $x_{j(l)}$에 의한 $(y_i/\hat{\theta}_i)$의 주변합(marginal sum)이 반드시 n_i의 주변합과 같아야 하는 것을 의미한다. 또한 연속형 변수이면 가중값 $x_{ij(l)}$에 의한 $(y_i/\hat{\theta}_i)$의 합이 $x_{ij(l)}$에 의한 n_i의 합과 같아야 한다는 것을 의미한다. 다시 말해, 최우추정값 $\hat{\theta}_{j(l)}$은 $x_{ij(l)}$에 의한 주변합 또는 가중합(weighted sum)과 같아야 한다는 조건이 필요하게 된다.

이러한 사실로부터 다음과 같은 식을 유도할 수 있다.

$$\frac{\sum_{i=1}^{n} (y_i/\hat{\theta}_i) x_{ij(l)}}{\sum_{i=1}^{n} n_i x_{ij(l)}} = 1. \tag{4.41}$$

식 (4.41)은 $\hat{\theta}_{j(l)}$은 분자의 주변합 또는 가중합과 분모의 주변합 또는 가중합의 비율이 같아야 한다는 조건으로, 반복비율적합(iterative proportional fitting, IPF)에 의한 다음과 같은 반복계산 방법을 고려할 수 있게 해 준다.

반복계산은 모든 j에 대하여 $\hat{\theta}_{j(l)}^{(0)} > 0$인 적절한 초기값과 첫 번째 반복인 $m=1$에서

$$\hat{\theta}_{j(l)}^{(m)} = \hat{\theta}_{j(l)}^{(m-1)} \cdot \frac{\sum_{i=1}^{n} (y_i/\hat{\theta}_i^{(m-1)}) x_{ij(l)}}{\sum_{i=1}^{n} n_i x_{ij(l)}} \tag{4.42}$$

과 같은 잠정추정값을 얻고 $m = 1, 2, \cdots$인 반복을 수행한다. 여기서 $\hat{\theta}_{j(l)}^{(m)}$은 m번째 잠정추정값이며, $\hat{\theta}_i^{(m)} = \sum_{i=1}^{p}\sum_{l=1}^{C_j} \hat{\theta}_{j(l)}^{(m)} x_{ij(l)}$과 같이 계산된다. 반복계산은 적절한 허용오차 ϵ에 대하여 다음의 조건을 만족할 때 멈추게 된다.

$$\min\left\{\left|\frac{\sum_{i=1}^{n}(y_i/\hat{\theta}_i^{(m-1)})x_{ij(l)}}{\sum_{i=1}^{n}n_i x_{ij(l)}}-1\right|,\ j=1,2,\cdots,p,\ l=1,2,\cdots,C_j\right\}<\epsilon$$

.

허용오차 ϵ에 의한 위 조건을 만족하는 m번째 반복에서의 추정값들은 최우추정값이 된다. 즉, $\hat{\theta}_{j(l)} \equiv \hat{\theta}_{j(l)}^{(m)}$이라고 하면, 완전모수모형을 통해 θ_i의 최우추정값은 $\hat{\theta}_i \equiv \hat{\theta}_i^{(m)}$과 같이 구할 수 있게 된다. 그리고 모형 (4.32)의 β에 대한 최우추정값 b 역시 식 (4.36)~(4.38)과 같은 재모수화를 통해 얻을 수 있다.

식 (4.42)를 통한 반복계산은 $\hat{\theta}_{j(l)}^{(0)} > 0$과 같은 초기값으로 계산이 수행되므로 $\sum_{i=1}^{n}(y_i/\hat{\theta}_i)x_{ij(l)}$은 항상 '0'보다 크다. 그리고 $\sum_{i=1}^{n}n_i x_{ij(l)}$은 연속형 변수에 대해서도 최솟값과 최댓값에 의한 기준점을 부여한 두 변수가 모두 포함되었으므로 항상 '0'보다 큰 값을 갖게 된다. 따라서 식 (4.42)에 의해 수렴된 최우추정값 $\hat{\theta}_{j(l)}$은 완전모수모형에 부여된 조건을 항상 만족하는 것을 알 수 있다.

가법 포아송 회귀모형에 의한 평균 발생 도수 λ에 대한 추정값은 $\hat{\lambda}_i = n_i\hat{\theta}_i$와 같이 얻을 수 있다. 가법 포아송 회귀모형에서도 포화모형은 $\lambda_i = n_i\theta_i$이므로 포아송 회귀모형에서와 같이 로그 우도함수값 $l(\underline{b};\underline{y})$와 $l(\underline{b}_{\max};\underline{y})$를 통해 이탈도를 이용한 적합도 검정이 가능하다. 마찬가지로 $\hat{\lambda}_i$를 통한 Pearson 통계량에 의한 적합도 검정 역시 수행할 수도 있다. 두 검정통계량 모두 모형 (4.32)와 포아송 회귀모형의 자유도는 같다는 점에 유의하자. 또한 최소모형의 최우추정값은 포아송 회귀모형과 가법 포아송 회귀모형 모두 같은 값이므로 $l(b_{\min};\underline{y})$ 역시 같다. 따라서 가설 (4.21)에 대한 검정 역시 수행할 수 있고 유사 결정계수를 통해 모형의 설명력을 측정할 수 있게 된다. 마찬가지로 모형의 비교를 위한 (4.31)을 통한 검정 역시 포아송 회귀모형과 동일하게 수행할 수 있게 된다.

6.3. 예

<표 4.1>의 관동맥성 심장병 자료에 모형 <4.17>과 동일한 모수를 가진 가법 포아송 회귀모형을 적합시켜 보기로 하자. 먼저 가법 포아송 회귀모형과 완전모수모형 적합을 위한 예측변수 또는 공변량(covariate)을 <표 4.6>과 같이 정리할 수 있다.

<표 4.6>에서 모형 <4.17>에서와 같이 연령 x_2는 연속형 변수인 것으로 가정하였으므로 $x_{2(1)} = 1$과 $x_{2(2)} = 5$가 된다. 마찬가지로 연령의 이차함수 특징을 반영한 x_2^2 역시 $x_{2(1)}^2 = 1$ 그리고 $x_{2(2)}^2 = 25$가 된다. 여기서 가법 포아송 회귀모형을 위해 $\beta_{1(1)} \equiv 0$과 같은 기준점 조건을 반영하면 $x_1 \equiv x_{1(2)}$가 될 것이다. 이로부터 모형 (4.17)에 대응되는 다음과 같은 가법 포아송 회귀모형을 정의할 수 있다.

$$\theta_i = \beta_1 + \beta_2 x_{i1} + \beta_3 x_{i2} + \beta_4 x_{i2}^2,\ i = 1, 2, \cdots, 10. \tag{4.43}$$

〈표 4.6〉 가법 포아송 회귀모형과 완전모수모형의 공변량값

흡연유무		연령			연령^2		
아니오	예	x_2	최솟값	최댓값	x_2^2	최솟값	최댓값
$x_{1(1)}$	$x_{1(2)}$		$x_2 - x_{2(1)}$	$x_{2(2)} - x_2$		$x_2^2 - x_{2(1)}^2$	$x_2^2 - x_2^2$
0	1	1	0	-4	1	0	-24
0	1	2	1	-3	4	3	-21
0	1	3	2	-2	9	8	-15
0	1	4	3	-1	16	15	-9
0	1	5	4	0	25	24	0
1	0	1	0	-4	1	0	-24
1	0	2	1	-3	4	3	-21
1	0	3	2	-2	6	8	-15
1	0	4	3	-1	16	15	-9
1	0	5	4	0	25	24	0

그리고 이에 대응되는 다음과 같은 완전모수모형 역시 정의할 수 있다.

$$\theta_i = \sum_{l=1}^{2} \theta_{1(l)} x_{1(l)} + \sum_{l=1}^{2} \theta_{2(l)} x_{2(l)} + \sum_{l=1}^{2} \theta_{3(l)} x_{2(l)}^2, \quad i = 1, 2, \cdots, 10.$$

<표 4.7>에 반복비율적합에 의한 추정 결과를 정리하였다. 먼저, 완전모수모형의 추정값으로부터 재모수화를 통해 $b_2 = \hat{\theta}_{1(2)} - \hat{\theta}_{1(1)} = 0.0005$와 같은 추정값을 얻을 수 있다. 그리고 연령에 대한 $b_3 = \hat{\theta}_{2(1)} - \hat{\theta}_{2(2)} = 0.0000$이 된다. 마찬가지로 $b_4 = \hat{\theta}_{3(1)} - \hat{\theta}_{3(2)} = 0.0008$과 같이 추정할 수 있다. 마지막으로 $b_1 = \hat{\theta}_{1(1)} - \hat{\theta}_{3(1)} x_{2(1)} + \hat{\theta}_{4(1)} x_{2(2)}^2 = -0.0007$을 얻게 된다.

추정 결과에서 b_j의 값들이 매우 작은 값으로 추정된 것을 볼 수 있다. 특히, 연령에 대한 b_3가 거의 '0'에 가깝게 추정되어 β_3는 β_3가 가질 수 있는 모수공간의 경계점(boundary point)에 매우 가깝게 위치하고 있는 것을 알 수 있다. β_3를 제외한 나머지 추정값 역시 상당히 작은 값으로 추정되었다. 즉, β_1, β_2, β_4 역시 모수공간의 경계점에 상당히 가깝게 위치하고 있는 것으로 판단할 수 있다.

〈표 4.7〉 반복비율적합에 의한 추정 결과

완전모수모형		가법 포아송 회귀모형	
-		b_1	-0.0007
$\hat{\theta}_{1(1)}$	0.0000	b_2	0.0005
$\hat{\theta}_{1(2)}$	0.0005		
$\hat{\theta}_{2(1)}$	0.0000	b_3	0.0000
$\hat{\theta}_{2(2)}$	0.0000		
$\hat{\theta}_{3(1)}$	0.0008	b_4	0.0008
$\hat{\theta}_{3(2)}$	0.0000		

또 다른 추정 결과의 특징으로는 연령 x_2의 변화는 $b_3 = 0$이므로 사망비율에 영향을 미치지 않고 있는 것으로 판단할 수 있다. 이차함수 특성을 반영한

x_2^2에 대한 $b_4 = 0.0008$로 추정되어 사망비율의 변화는 이차함수로 설명되어야 한다는 것이다.

흡연유무에 관한 추정값 $b_2 = 0.0005$는 흡연자인 경우에 비흡연자에 비하여 사망비율이 0.05% 높다는 것으로 해석할 수 있다. 예를 들어, 흡연자이면서 연령이 35~44세인 그룹에 대한 $\hat{\theta}_1 = b_1 + b_2 + b_3 + b_4 = 0.0006$이고 비흡연자인 경우에는 $\hat{\theta}_6 = b_1 + b_3 + b_4 = 0.0001$과 같은 추정값을 얻을 수 있다. 두 연령그룹에 대한 사건비율의 차이인 $\hat{\theta}_1 - \hat{\theta}_6 = 0.0005$이므로, 흡연자와 비흡연자의 사망비율의 차이는 약 0.05%인 것으로 추정할 수 있다. 그런데 $n_1 = 52,407$이므로 $\hat{\lambda}_1 - \hat{\lambda}_6 = 28.4766$이 된다. 다시 말해, 연령이 35~44세인 흡연자는 52,407명 중에서 사망자 수가 약 28명이 높게 나타난다는 것이다.

조사대상자 수는 흡연유무와 연령그룹에 따라 차이가 나므로 노출단위 100,000명으로 표준화하여 환산하면 $(\hat{\theta}_1 - \hat{\theta}_6) \times 100,000 = 50$이 된다. 이 값은 연령이 35~44세인 흡연자는 비흡연자에 비하여 100,000명 당 사망자 수가 50명 높게 나타난다는 것으로 해석할 수 있다.

연령에 따른 사망자 비율의 차이의 해석을 위하여 비흡연자인 경우에 연령 35~44세 그룹과 45~54세 그룹을 비교해 보기로 한다. 앞에서와 같은 방법의 계산을 통하여 $(\hat{\theta}_7 - \hat{\theta}_6) \times 100,000 = 23$을 얻을 수 있다. 같은 해석을 적용하면 45~54세인 그룹이 35~44세인 그룹보다 100,000명 당 약 23명 정도 사망자 수가 높게 나타난다는 것이다. 그런데 이러한 연령그룹의 변화에 따른 차이는 연령이 높아질수록 β_4의 영향에 의하여 가파르게 증가하는 것을 알 수 있다. 즉, $(\hat{\theta}_8 - \hat{\theta}_7) \times 100,000 = 39$이며, $(\hat{\theta}_9 - \hat{\theta}_8) \times 100,000 = 55$로 이전 연령그룹의 변화에 비하여 높아지고, $(\hat{\theta}_{10} - \hat{\theta}_9) \times 100,000 = 71$과 같이 사망자 수에서 상당히 많은 차이를 보이는 것을 알 수 있다. 이러한 현상은 흡연자인 경우에도 매우 유사한 결과를 보이게 된다. <그림 4.5>는 모형 (4.43)의 적합에 따른 추정회귀선을 보여 주고 있다. 그림을 통해 사망비율은 흡연유무에 상관없이 모두 이차함수의 형태로 나타나는 것을 쉽게 볼 수 있다. 흡연유무와 연령그룹에 따른 비율 차이에 대한 해석은 θ_i와 λ_i의 추정 결과가 정리된 <표 4.8>을 통해 알 수 있다. 표에서 $\hat{\lambda}_i = n_i \hat{\theta}_i$와 같이 계산된다는 점을 유의하자.

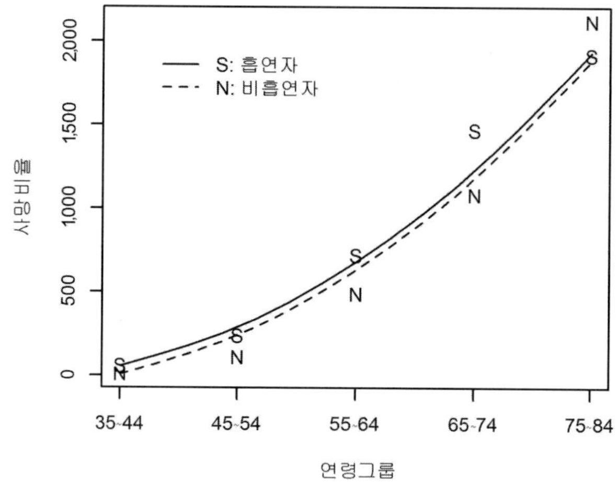

〈그림 4.5〉 모형 (4.43)의 추정회귀선

〈표 4.8〉 모형 (4.43)의 예측값

흡연유무	연령그룹	y_i	n_i	$\hat{\theta}_i$	$\hat{\lambda}_i$
1	35~44	32	52,407	0.0006	30.0105
1	45~54	104	43,248	0.0029	125.8171
1	55~64	206	28,612	0.0068	195.0499
1	65~74	186	12,663	0.0123	155.7073
1	75~84	102	5,317	0.0193	102.8666
0	35~44	2	18,790	0.0001	1.5339
0	45~54	12	10,673	0.0024	25.8094
0	55~64	28	5,710	0.0063	36.1218
0	65~74	28	2,585	0.0118	30.5165
0	75~84	31	1,462	0.0189	27.5671

분석에 사용된 모형의 적합성 판단을 위하여 다음과 같은 가설에 대한 적합도 검정을 수행하기로 한다.

$$H_0 : \lambda_i = n_i(\beta_1 + \beta_2 x_{i1} + \beta_3 x_{i2} + \beta_4 x_{i2}^2),$$

$$H_1 : \lambda_i = n_i \theta_i.$$

대립가설 하의 포화모형에 대한 로그 우도함수는 모형 (4.17)과 같은 값을 이용할 수 있다. 즉, $l(\underline{b}_{\max}; \underline{y}) = -27.5340$이다. 그리고 모형 (4.43)에 의한 로그 우도함수값은 $l(\underline{b}; \underline{y}) = -38.6742$를 얻을 수 있다. 그러므로 이탈도 $D = 22.2805$가 된다. 모형 (4.43)의 자유도는 모형 (4.17)과 같이 6이며, 이때의 p-값은 0.0011로 귀무가설 하의 모형이 유의하지 않은 것으로 판단할 수 있다.

이 결과는 <그림 4.5>에서 볼 수 있듯이 흡연자이면서 65~74세 연령그룹이 추정회귀선과 큰 차이를 보이고, 비흡연자의 경우 45~54세 연령그룹의 차이를 통해서도 예상할 수 있다. 또한 모형 (4.43)의 적합에 의해 얻은 Pearson 잔차와 이탈도 잔차를 정리한 <표 4.9>에서 비교적 큰 잔차값이 다수 나타나고 있는 것으로 다시 한 번 예상할 수 있다.

〈표 4.9〉 모형 (4.43)의 Pearson 잔차와 이탈도 잔차

흡연유무	연령그룹	y_i	$\hat{\lambda}_i$	r_i	d_i
1	35~44	32	30.0105	0.3632	0.3593
1	45~54	104	125.8171	-1.9450	-2.0057
1	55~64	206	195.0499	0.7841	0.7769
1	65~74	186	155.7073	2.4276	2.3547
1	75~84	102	102.8666	-0.0854	-0.0856
0	35~44	2	1.5339	0.3763	0.3593
0	45~54	12	25.8094	-2.7182	-3.0395
0	55~64	28	36.1218	-1.3513	-1.4074
0	65~74	28	30.5165	-0.4555	-0.4620
0	75~84	31	27.5671	0.6538	0.6409

모형 (4.43)은 모형 (4.17)과의 비교를 위하여 연령그룹을 연속형 변수인 것으로 간주하였다. 그런데 연령그룹은 등간격의 급간 범위를 갖는 범주형 변수로 생각할 수도 있다. 연령그룹을 범주형 변수로 취급하면 흡연유무와 연령그룹을 위한 공변량값들은 <표 4.10>과 같이 정리할 수 있다.

〈표 4.10〉 모형 (4.44)의 공변량값

흡연유무		연령그룹				
아니오	예	35~44	45~54	55~64	65~74	75~84
$x_{1(1)}$	$x_{1(2)}$	$x_{2(1)}$	$x_{2(2)}$	$x_{2(3)}$	$x_{2(4)}$	$x_{2(5)}$
0	1	1	0	0	0	0
0	1	0	1	0	0	0
0	1	0	0	1	0	0
0	1	0	0	0	1	0
0	1	0	0	0	0	1
1	0	1	0	0	0	0
1	0	0	1	0	0	0
1	0	0	0	1	0	0
1	0	0	0	0	1	0
1	0	0	0	0	0	1

모형 (4.43)과는 달리 연령그룹이 범주형 변수라고 가정하면 다음과 같은 가법 포아송 회귀모형을 고려할 수 있다.

$$\begin{aligned}\theta_i &= \beta_1 + \sum_{p=2}^{3}\sum_{l=1}^{C_j}\beta_{j(l)}x_{ij(l)} \\ &= \beta_1 + \beta_2 x_{(2)} + \sum_{l=2}^{5}\beta_{3(l)}x_{2(l)},\ i=1,2,\cdots,10. \qquad (4.44)\end{aligned}$$

여기서 흡연유무에 대한 $\beta_{2(1)} \equiv 0$ 그리고 연령그룹에는 $\beta_{3(1)} \equiv 0$과 같은 기준점 조건을 부여하였다. 이에 대응되는 완전모수모형은 다음과 같다.

$$\theta_i = \sum_{l=1}^{2}\theta_{1(l)}x_{1(l)} + \sum_{l=1}^{5}\theta_{2(l)}x_{2(l)},\ i=1,2,\cdots,10.$$

완전모수모형의 추정값을 이용한 모형의 추정 결과인 <표 4.11>에서 흡연효과를 나타내는 모수의 추정값이 커진 것을 확인할 수 있다. $b_2 = 0.0006$은 노출단위 100,000명 당 비흡연자에 비하여 약 60여 명 정도 사망자 수가 많다는 것을 의미한다. 연령그룹에 대해서는 35~44세 그룹에 비하여 45~54세 그룹에서 사망자 수가 약 16명 정도 많으나, 45~54세 그룹에 비하여 55~65세 그룹에서 사망자 수가 약 46명으로 급격히 많아진다는 것을 직관적으로 해석할 수 있다. 이러한 추세는 연령그룹이 높아질수록 심화되는 해석 또한 가능하게 된다. <표 4.11>의 추정 결과에 의한 추정회귀선을 보여 주고 있는 <그림 4.6>에서 이러한 현상을 쉽게 알 수 있다.

〈표 4.11〉 반복비율적합에 의한 추정 결과

<table>
<tr><th colspan="2">완전모수모형</th><th colspan="2">가법 포아송 회귀모형</th></tr>
<tr><td colspan="2">-</td><td>b_1</td><td>0.0001</td></tr>
<tr><td>$\hat{\theta}_{1(1)}$</td><td>0.0001</td><td rowspan="2">$b_{2(2)}$</td><td rowspan="2">0.0006</td></tr>
<tr><td>$\hat{\theta}_{1(2)}$</td><td>0.0007</td></tr>
<tr><td>$\hat{\theta}_{2(1)}$</td><td>0.0000</td><td colspan="2">-</td></tr>
<tr><td>$\hat{\theta}_{2(2)}$</td><td>0.0016</td><td>$b_{3(2)}$</td><td>0.0016</td></tr>
<tr><td>$\hat{\theta}_{2(3)}$</td><td>0.0062</td><td>$b_{3(3)}$</td><td>0.0062</td></tr>
<tr><td>$\hat{\theta}_{2(4)}$</td><td>0.0134</td><td>$b_{3(4)}$</td><td>0.0134</td></tr>
<tr><td>$\hat{\theta}_{2(5)}$</td><td>0.0191</td><td>$b_{3(5)}$</td><td>0.0191</td></tr>
</table>

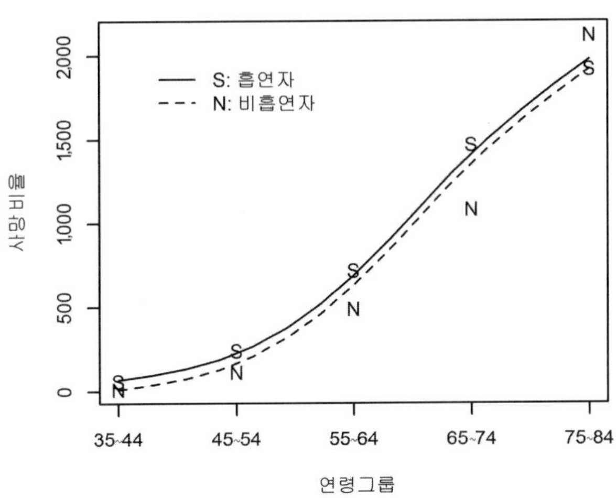

〈그림 4.6〉 모형 (4.44)의 추정회귀선

모형 (4.44)의 적합도를 판단하기 위한 $l(\underline{b};\underline{y}) = -31.2505$이며 이탈도 $D = 7.4330$으로 구해진다. 모형의 자유도는 모수의 수가 6이므로 4이며, p-값은 0.1147이다. 따라서 모형 (4.44)는 자료에 잘 적합된다는 판단을 할 수 있다.

<표 4.12>의 잔차를 통해 모형 (4.43)에 비하여 모형이 적합된 것을 확인할 수 있다. 또한 $l(\underline{b}_{\min};\underline{y}) = -495.0676$이므로 $R^2_{pseudo} = 0.9369$이며 모형 (4.44)는 자료를 약 94% 정도 설명하고 있다고 판단할 수 있다.

〈표 4.12〉 모형 (4.44)의 Pearson 잔차와 이탈도 잔차

흡연유무	연령그룹	y_i	$\hat{\lambda}_i$	r_i	d_i
1	35~44	32	35.3651	-0.5659	-0.5752
1	45~54	104	96.5044	0.7630	0.7534
1	55~64	206	197.2578	0.6224	0.6179
1	65~74	186	178.7361	0.5433	0.5397
1	75~84	102	105.0656	-0.2991	-0.3006
0	35~44	2	1.5805	0.3336	0.3203
0	45~54	12	17.5114	-1.3170	-1.3972
0	55~64	28	35.9932	-1.3323	-1.3869
0	65~74	28	34.9599	-1.1771	-1.2198
0	75~84	31	28.0260	0.5618	0.5523

모형 (4.43)과 모형 (4.44)의 비교를 위한 $D(M_0, M_1) = 14.8475$이며, 자유도는 2이다. 이때의 p-값은 0.0006이므로 모형 (4.44)가 모형 (4.43)에 비하여 우수한 모형이라는 판단 역시 할 수 있다. ■

R-Code

■ 예 4.1 ~ 4.2

```
# agecat : Age categories
# smoker : Smoker
# deaths : Number of deaths
# personyears : Total number of person-years

agecat <- c(1,2,3,4,5,1,2,3,4,5)
smoker <- c(rep("Smokers",5), rep("Non-smokers",5))
deaths <- c(32,104,206,186,102,2,12,28,28,31)
personyears <- c(52407, 43248, 28612, 12663, 5317,
                 18790, 10673, 5710, 2585, 1462)
deathrate <- (deaths/personyears)*100000
smoke <- c(1,1,1,1,1,0,0,0,0,0)
agesq <- agecat**2
smkage <- smoke*agecat

res.britdoc <- glm(deaths ~ smoke + agecat + agesq
                   + offset(log(personyears)), family=poisson)
summary(res.britdoc)
pred <- exp(predict(res.britdoc))
D1 <- 2*sum(dpois(deaths,deaths,log=TRUE)
            - dpois(deaths,pred,log=TRUE))
1 - pchisq(D1, 6)

P1 <- sum(((deaths - pred)^2)/pred)
1 - pchisq(P1, 6)
```

■ 예 4.3

```
res.min <- glm(deaths ~ offset(log(personyears)), family=poisson)
summary(res.min)
pred.min <- exp(predict(res.min))
l.min <- sum(dpois(deaths,pred.min,log=TRUE))

res.britdoc <- glm(deaths ~ smoke + agecat + agesq
```

```
                              + offset(log(personyears)), family=poisson)
summary(res.britdoc)
pred <- exp(predict(res.britdoc))
l <- sum(dpois(deaths,pred,log=TRUE))
D2 <- 2*(l - l.min)

R.pseudo <- (l.min - l)/l.min

Pearson.X2 <- sum(((deaths - pred)**2)/pred)
```

■ 예 4.4 ~ 4.5

```
res.min <- glm(deaths ~ offset(log(personyears)), family=poisson)
summary(res.min)
pred.min <- exp(predict(res.min))
l.min <- sum(dpois(deaths,pred.min,log=TRUE))

res.britdoc1 <- glm(deaths ~ smoke + agecat + agesq
                              + offset(log(personyears)), family=poisson)
summary(res.britdoc1)
pred <- exp(predict(res.britdoc1))
D1 <- 2*sum(dpois(deaths,deaths,log=TRUE)
                                        - dpois(deaths,pred,log=TRUE))

res.britdoc2 <- glm(deaths ~ smoke + smkage + agecat + agesq
                              + offset(log(personyears)), family=poisson)
summary(res.britdoc2)
round(exp(coefficients(res.britdoc2)), 4)

pred <- exp(predict(res.britdoc2))
D2 <- 2*sum(dpois(deaths,deaths,log=TRUE)
                                        - dpois(deaths,pred,log=TRUE))
1 - pchisq(D2, 5)

l <- sum(dpois(deaths,pred,log=TRUE))
2*(l - l.min)

pearson.resid <- (deaths - pred)/sqrt(pred)
deviance.resid <- sign(deaths - pred)*(sqrt(2*(deaths*log(deaths/pred)
                                                  - (deaths - pred))))
cbind(agecat, smoke, deaths, pred, pearson.resid, deviance.resid)
```

```
R.pseudo <- (l.min - l)/l.min

D1 - D2
1 - pchisq(D1 - D2, 1)

P2 <- sum(((deaths - pred)^2)/pred)
1 - pchisq(P2, 5)
```

■ 6.3 예(1)

```
IPF_IPoisson <- function(y, X, N, TOL) {

  p <- ncol(X)
  a0 <- rep(1,p)
  h <- X%*%a0
    adj <- c()
  iter <- 0; CRIT <- 1; KT <- c()
  while(CRIT > TOL) {
    adj <- colSums(c(y/h)*X)/colSums(N*X)
    adj[which(is.nan(adj))] <- 0
    a0 <- a0*adj
    h <- X%*%a0
    dev <- 2*sum(y*log(ifelse(y == 0, 1, y/(N*h))) - (y - N*h))
    CRIT <- min(abs(adj - 1))
    iter <- iter + 1
  }
  KT <- ifelse((1 - adj)**2 < TOL, TRUE, FALSE)
  l <- sum(y*log(N*h) - N*h)

  rst <- list(coef=a0,  pred=N*h, likelihood=l, dev=dev,
              adj=adj, KT=KT, iter=iter)
  return(rst)
}

s0 <- as.numeric(smoke == 0)
s1 <- as.numeric(smoke == 1)

age.min <- agecat - 1
age.max <- 5 - agecat

agesq <- agecat**2
agesq.min <- agesq - 1
```

```
agesq.max <- 25 - agesq

X <- cbind(s0,s1,age.min,age.max, agesq.min, agesq.max)
rst <- IPF_IPoisson(deaths, X, personyears, 1E-10)
round(cbind(rst$coef,rst$adj),4)
rst
b <- c()
b[1] <- rst$coef[1] - rst$coef[3]*1 + rst$coef[4]*5
                    - rst$coef[5]*1 + rst$coef[6]*25
b[2] <- rst$coef[2] - rst$coef[1]
b[3] <- rst$coef[3] - rst$coef[4]
b[4] <- rst$coef[5] - rst$coef[6]
round(b,4)

Xb <- cbind(rep(1,10),s1,agecat,agesq)
bp <- personyears*Xb%*%b

round(cbind(deaths, personyears, Xb%*%b, bp),4)
cbind(rst$pred,bp)

l.max <- sum(dpois(deaths,deaths,log=TRUE))
l <- sum(dpois(deaths,rst$pred,log=TRUE))
2*sum(dpois(deaths,deaths,log=TRUE)                                       -
dpois(deaths,rst$pred,log=TRUE))

X.min <- cbind(rep(1,10))
rst.min <- IPF_IPoisson(deaths, X.min, personyears, 1E-10)
round(cbind(rst.min$coef,rst.min$adj),4)
l.min <- sum(dpois(deaths,rst.min$pred,log=TRUE))
2*sum(dpois(deaths,rst$pred,log=TRUE)                                     -
dpois(deaths,rst.min$pred,log=TRUE))
(l.min - l)/l.min

pearson.X <- sum(((deaths-rst$pred)**2)/rst$pred)

pearson.resid <- (deaths - rst$pred)/sqrt(rst$pred)
deviance.resid <- sign(deaths - rst$pred)
                              *(sqrt(2*(deaths*log(deaths/rst$pred)
                                               - (deaths - rst$pred))))
round(cbind(agecat, smoke, deaths, rst$pred,
                              pearson.resid, deviance.resid), 4)
```

■ 6.3 예(2)

```
a1 <- as.numeric(agecat == 1)
a2 <- as.numeric(agecat == 2)
a3 <- as.numeric(agecat == 3)
a4 <- as.numeric(agecat == 4)
a5 <- as.numeric(agecat == 5)

X <- cbind(s0,s1,a1,a2,a3,a4,a5)
rst <- IPF_IPoisson(deaths, X, personyears, 1E-10)
round(cbind(rst$coef,rst$adj),4)

b <- c()
b[1] <- rst$coef[1] + rst$coef[3]
b[2] <- rst$coef[2] - rst$coef[1]
b[3] <- rst$coef[4] - rst$coef[3]
b[4] <- rst$coef[5] - rst$coef[3]
b[5] <- rst$coef[6] - rst$coef[3]
b[6] <- rst$coef[7] - rst$coef[3]
round(b,4)

l.max <- sum(dpois(deaths,deaths,log=TRUE))
l <- sum(dpois(deaths,rst$pred,log=TRUE))
2*sum(dpois(deaths,deaths,log=TRUE) - dpois(deaths,rst$pred,log=TRUE))

X.min <- cbind(rep(1,10))
rst.min <- IPF_IPoisson(deaths, X.min, personyears, 1E-10)
round(cbind(rst.min$coef,rst.min$adj),4)
l.min <- sum(dpois(deaths,rst.min$pred,log=TRUE))
2*sum(dpois(deaths,rst$pred,log=TRUE)                                    -
dpois(deaths,rst.min$pred,log=TRUE))
(l.min - l)/l.min

pearson.X <- sum(((deaths-rst$pred)**2)/rst$pred)

pearson.resid <- (deaths - rst$pred)/sqrt(rst$pred)
deviance.resid <- sign(deaths - rst$pred)
                        *(sqrt(2*(deaths*log(deaths/rst$pred)
                                   - (deaths - rst$pred))))
cbind(agecat, smoke, deaths, rst$pred, pearson.resid, deviance.resid)
```

연습 문제

1. 모형 (4.4)가 일반화 선형모형이 갖추어야 할 조건을 만족하고 있다는 사실을 설명하여라.

2. 모형 (4.3)을 이용하여 비율 비는 식 (4.5)임을 보여라.

3. 정보행렬 $\mathfrak{I}$의 j번째 행과 k번째 열의 원소가 식 (4.14)임을 보여라.

4. 서로 독립인 n개의 확률변수 Y_1, Y_2, $\cdots$, Y_n이 모수 λ_i를 갖는 포아송 분포를 따른다고 하자. 이때 $\log\lambda_i = \beta_1 + \sum_{j=2}^{p} \beta_j x_{ij},\ i = 1, 2, \cdots, n$과 같은 포아송 회귀모형을 가정하기로 한다.

   1) β_1의 스토어 통계량 $U_1 = \sum_{i=1}^{n} (Y_i - \lambda_i)$임을 보여라.

   2) 최우추정값 $\hat{\lambda}_i$에 대하여 $\sum_{i=1}^{n} y_i = \sum_{i=1}^{n} \hat{\lambda}_i$임을 보여라.

   3) 적합성 검정을 위한 이탈도인 $D = 2\sum_{i=1}^{n} y_i \log(y_i/\hat{\lambda}_i)$임을 보여라.

5. <표 4.2>의 비율 비에 대한 95% 신뢰구간을 구하여라.

6. 최소모형을 이용한 가설 (4.21)을 검정하기 위한 이탈도를 이용하여 모형의 비교를 위한 이탈도인 (4.24)를 유도하여라.

7. 가법 포아송 회귀모형이 일반화 선형모형이 갖추어야 할 조건을 만족하고 있

다는 것을 설명하여라.

8. 재모수화를 통하여 식 (4.34)의 가법 포아송 회귀모형과 완전모수모형이 동일한 사건비율 θ_i를 나타내고 있다는 것을 보여라.

9. 서로 독립인 n개의 확률변수 $Y_1,\ Y_2,\ \cdots,\ Y_n$이 모수 λ_i를 갖는 포아송 분포를 따른다고 하자. 이때 $\lambda_i = \beta_1 + \sum_{j=2}^{p} \beta_j x_{ij},\ i = 1, 2, \cdots, n$과 같은 가법 포아송 회귀모형을 가정하기로 한다.

   1) 가법 포아송 회귀모형의 포화모형에 대한 $\hat{\lambda}_i$가 포아송 회귀모형의 포화모형의 $\hat{\lambda}_i$와 같음을 보여라.

   2) 가법 포아송 회귀모형의 최소모형, 즉 $\beta_j = 0,\ j=2,\ \cdots, p$인 모형의 β_1의 최우추정값과 포아송 회귀모형의 최우추정값이 같음을 보여라.

Chapter 5

로그 선형모형

1. 다항분포
2. 이차원 분할표의 독립성 검정과 동질성 검정
3. 이차원 분할표를 위한 로그 선형모형
4. 다차원 분할표를 위한 로그 선형모형

R-Code

연습 문제

제5장

로그 선형모형

여러 범주형 변수들의 범주들을 교차분류하고 분류된 범주에 관찰된 도수를 기록한 표를 분할표(contingency table)라고 한다. 분할표 자료에서의 주된 관심은 범주형 변수들 사이의 확률적인 의존성을 파악하는 것이다. 이를 위하여 로그 선형모형이 가장 널리 이용되고 있으며, 공변량이 모두 범주형 변수인 포아송 회귀모형의 특수한 경우로 생각할 수 있다.

분할표를 구성하는 각 칸의 도수들은 표본 설계에서 가정한 표본추출모형(sampling model)에 따라 세 가지 확률분포를 고려할 수 있다. 먼저, 전체 총 표본 수를 고정시킨 상태에서 각 칸의 도수를 얻은 경우에 칸 도수는 다항분포를 따르는 것으로 가정한다. 이와는 달리 한 개 이상의 변수의 각 범주에 대한 표본 수를 고정시킨 경우에는 적다항분포를 가정하게 된다. 각 범주는 서로 배반이며 독립인 것으로 가정하기 때문에 적다항분포는 다항분포의 곱으로 표현된다. 마지막으로, 표본 수가 고정되어 있지 않은 관찰에 의한 결과로 분할표가 얻어진 경우에는 포아송 분포를 가정한다.

다항분포와 적다항분포는 총 표본 수 또는 범주에 해당되는 표본 수가 주어진 포아송 분포의 조건부 분포이기 때문에 분할표 분석을 위해서 포아송 분포를 가정한 분석이 가장 일반적인 방법이 된다. 그렇기 때문에 분할표 분석을 위한 로그 선형모형은 공변량이 모두 범주형 변수인 포아송 회귀모형의 특수한 경우로 간주되기도 한다.

로그 선형모형에 포함된 모수들은 교차적비(cross product ratio)의 함수로 나타낼 수 있다. 모형에 포함된 모수는 연관항(association term)이라 부르며, 분할표를 구성하는 변수들 사이의 확률적인 관계는 연관항을 통해 설명할 수 있다. 따라서 로그 선형모형은 연관항의 추정값보다는 모형에 어떤 연관항이 포함되었는지가 분석에서 더욱 중요한 요소가 된다.

1. 다항분포

J개 범주를 갖는 범주형 확률변수 Y에 대하여 $\pi_1,\ \pi_2,\ \cdots,\ \pi_J$를 각 범주의 확률로 나타내기로 한다. 서로 독립인 n번의 실험 또는 관찰에 의하여 얻어진 j번째 범주에 속한 도수 또는 관찰값은 각각 $y_j,\ j=1,2,\ \cdots, J$로 나타내기로 한다. 따라서 $\sum_{j=1}^{J} y_j = n$이 될 것이다. 이러한 상황에서 다항분포는 다음과 같이 정의된다.

$$P(Y_1 = y_1, Y_2 = y_2,\ \cdots, Y_J = y_J) = \frac{n!}{y_1! y_2! \cdots y_J!}\, \pi_1^{y_1} \pi_2^{y_2} \cdots \pi_J^{y_J}. \tag{5.1}$$

만일 $J=2$라면 $\pi_2 = 1-\pi_1$ 그리고 $y_2 = n - y_1$과 같이 나타낼 수 있으므로 식 (5.1)은 이항분포가 된다.

J개 범주 중에서 특정 j범주에만 관심을 갖는다고 하자. 다시 말해, j번째 범주를 성공에 해당하는 범주라고 가정하면 j번째 범주를 제외한 나머지 범주는 실패에 해당하는 범주라고 할 수 있다. 이러한 가정 하에서 Y_j는 이항 확률변수이며, 주변확률분포는 $B(n, \pi_j)$가 된다. 그러므로 $j=1,2,\ \cdots, J$에 대하여 기댓값과 분산은 각각

$$E(Y_j) = n\pi_j,\ \ Var(Y_j) = n\pi_j(1-\pi_j)$$

가 된다. 이와 유사하게 $Y_j + Y_k$의 분포는 $B(n, \pi_j + \pi_k)$인 점에 유의하자. 따라서 $Var(Y_j, Y_k) = n(\pi_j + \pi_k)(1 - \pi_j - \pi_k)$인 것을 알 수 있다. 그런데

$$Var(Y_j + Y_k) = Var(Y_j) + Var(Y_k) + 2\,Cov(Y_j,\ Y_k)$$

이므로,

$$Cov(Y_j, Y_k) = -n\pi_j\pi_k$$

와 같이 공분산을 쉽게 얻을 수 있다.

한 가지 주의할 점은 (5.1)의 다항분포는 지수족의 조건을 만족하지 않는다는 것이다. 그러나 다음에서 설명하게 될 포아송 분포와의 관련성 때문에 반응변수가 다항분포인 경우에 이항분포와 마찬가지로 일반화 선형모형의 구조를 만족하게 된다.

$Y_1, Y_2, \cdots, Y_J$를 서로 독립인 포아송 분포를 따른다고 가정하자. 즉, $Y_j \sim Poisson(\lambda_j)$라고 가정하기로 한다. $n = Y_1 + Y_2 + \cdots Y_J$라고 하면 확률변수 n 역시 모수 $\sum_{j=1}^{J}\lambda_j$인 포아송 분포를 따르게 된다. 이제 n이 주어졌다고 하면 조건부 분포(conditional distribution)는

$$\begin{aligned}
f(\underline{y}|n) &= P(Y_1 = y_1, Y_2 = y_2, \cdots, Y_J = y_J \,|\, n = \sum_{j=1}^{J} Y_j) \\
&= \frac{P(Y_1 = y_1, Y_2 = y_2, \cdots, Y_J = y_J)}{P(n = \sum_{j=1}^{J} Y_j)} \\
&= \frac{\prod_{j=1}^{J} e^{-\lambda_j}\lambda_j^{y_j}}{y_j!} \Bigg/ \frac{e^{-\sum_{j=1}^{J}\lambda_j}\left(\sum_{j=1}^{J}\lambda_j\right)^n}{n!} \\
&= \frac{n!}{y_1!y_2!\cdots y_J!}\left(\frac{\lambda_1}{\sum_{j=1}^{J}\lambda_j}\right)^{y_1}\left(\frac{\lambda_2}{\sum_{j=1}^{J}\lambda_j}\right)^{y_2}\cdots\left(\frac{\lambda_J}{\sum_{j=1}^{J}\lambda_j}\right)^{y_J} \qquad (5.2)
\end{aligned}$$

가 되어 식 (5.2)는 $\pi_j = \left(\lambda_j / \sum_{j=1}^{J}\lambda_j\right)^{y_j}$인 다항분포인 것을 알 수 있다. 그리고 다

항분포의 조건인 $\sum_{j=1}^{J}\pi_j = \sum_{j=1}^{J}\left(\lambda_j/\sum_{j=1}^{j}\lambda_j\right) = 1$ 역시 충족하는 것을 알 수 있다. 결국 다항분포는 총합 n이 주어진 포아송 분포의 조건부 확률분포인 것으로 생각할 수 있다. 이러한 사실은 포아송 분포는 지수족에 속하므로, 다항 반응변수에 대하여 일반화 선형모형을 적용할 수 있는 이론적 근거가 된다.

【예 5.1】 다항분포의 최우추정

식 (5.1)의 다항분포에서 $\sum_{j=1}^{J}\pi_j = 1$이므로 J번째 범주의 비율 $\pi_J = 1 - (\pi_1 + \pi_2 + \cdots + \pi_{(J-1)})$과 같이 나타낼 수 있다. 그러므로 다음과 같은 로그 우도함수를 유도할 수 있다.

$$
\begin{aligned}
l(\underline{\pi}\,;\underline{y}) &= \sum_{j=1}^{J} y_j \log\pi_j + \log(n!) - \sum_{j=1}^{J}\log(y_j!) \\
&= \sum_{j=1}^{(J-1)} y_j \log\pi_j + y_J \log\left(1 - \sum_{j=1}^{(J-1)}\pi_j\right) + \log(n!) - \sum_{j=1}^{J}\log(y_j!).
\end{aligned}
$$

그런데 $\partial\pi_J/\partial\pi_j = \partial(1-\pi_1-\pi_2\cdots-\pi_{(J-1)})/\partial\pi_j = -1$이고,

$$
\frac{\partial\log\pi_J}{\partial\pi_j} = \frac{\partial\log\pi_J}{\partial\pi_J}\cdot\frac{\partial\pi_J}{\partial\pi_j} = -\frac{1}{\pi_J}
$$

이므로 다음과 같은 스코어 함수 또는 우도방정식(likelihood equation)을 얻게 된다.

$$
\frac{\partial l(\underline{\pi}\,;\underline{y})}{\partial\pi_j} = \frac{y_i}{\pi_i} - \frac{y_J}{\pi_J} = 0,\ j = 1, 2, \cdots, (J-1).
$$

따라서 최우추정량은 $\hat{\pi}_j/\hat{\pi}_J = \hat{y}_j/\hat{y}_J$와 같은 조건을 만족하여야 한다. 그런데

$$\sum_{j=1}^{J}\hat{\pi}_j = \frac{\hat{\pi}_J\left(\sum_{j=1}^{J} y_j\right)}{y_J} = \frac{\hat{\pi}_J n}{y_J} = 1$$

이므로 $\hat{\pi}_J = y_J/n$가 되고, 결국 다음과 같은 π_j의 최우추정량을 얻을 수 있다.

$$\hat{\pi}_j = \frac{y_j}{n},\ j=1,2,\ \cdots, J. \qquad ■$$

각각 동일한 J개 범주를 갖는 서로 독립인 I개 범주형 변수를 고려해 보기로 한다. j번째 범주를 갖는 i번째 변수는 $Y_{ij},\ i = 1,2,\ \cdots, I,\ j = 1,2,\ \cdots, J$와 같이 나타내기로 한다. I개 변수는 각각 고정된 표본 수 n_i번 관찰이 일어난 것으로 가정하고, i번째 변수의 j번째 범주의 도수는 y_{ij}로 나타내기로 한다. i번째 변수의 j번째 범주의 확률을 π_{ij}라고 하면 i번째 변수는 (5.1)과 같이 다음과 같은 다항분포를 따르게 된다.

$$P[Y_{i1} = y_{i1}, Y_{i2} = y_{i2}, \cdots, Y_{iJ} = y_{iJ}] = \frac{n_i!}{y_{i1}!y_{i2}!\cdots y_{iJ}!}\pi_{i1}^{y_{i1}}\pi_{i2}^{y_{i2}}\cdots\pi_{iJ}^{y_{iJ}}.$$

그런데 I개 변수들은 서로 독립인 것을 가정하였으므로 이들의 결합확률분포는 다음과 같게 된다.

$$\begin{aligned}
&P[Y_{11} = y_{11}, Y_{12} = y_{12}, \cdots, Y_{IJ} = y_{IJ}] = \\
&\quad P[Y_{11} = y_{11}, Y_{12} = y_{12}, \cdots, Y_{1J} = y_{1J}] \times \\
&\quad\quad P[Y_{21} = y_{21}, Y_{22} = y_{22}, \cdots, Y_{2J} = y_{2J}] \times \cdots \\
&\quad\quad\quad \times P[Y_{I1} = y_{I1}, Y_{I2} = y_{I2}, \cdots, Y_{IJ} = y_{IJ}] \\
&\quad = \prod_{i=1}^{I}\frac{n_i!}{y_{i1}!y_{i2}!\cdots y_{iJ}!}\pi_{i1}^{y_{i1}}\pi_{i2}^{y_{i2}}\cdots\pi_{iJ}^{y_{iJ}}.
\end{aligned} \qquad (5.3)$$

위 확률분포를 적다항분포라고 하며, 각 I개 변수의 표본크기는 n_i로 고정된 다항분포의 곱으로 표현된다. 따라서 다항분포와 마찬가지로 $E(Y_{ij}) = n_i\pi_{ij}$ 그리고 $Var(Y_{ij}) = n_i\pi_{ij}(1-\pi_{ij})$이다. 그러나 j번째 범주와 k번째 범주의 $Cov(Y_{ij}, Y_{ik}) = -n_i\pi_{ij}\pi_{ik}$임에 반하여 I개 변수들은 서로 독립이므로 i번째 변수와 l번째 변수의 $Cov(Y_{ij}, Y_{lj}) = 0$이 된다.

식 (5.3)의 적다항분포의 최우추정값은 서로 독립이므로 I개 변수 각각의 최우추정을 수행하여 $\hat{\pi}_{ij} = y_{ij}/n_i$를 얻을 수 있다. 그리고 다항분포에서와 마찬가지로 다음과 같은 조건부 분포를 유도할 수 있다.

$$P\left(Y_{i1}=y_{i1}, Y_{i2}=Y_{i2}, \cdots, Y_{iJ}=y_{iJ} \mid n_i = \sum_{j=1}^{J} Y_{ij}\right)$$
$$= \frac{n_i!}{y_{i1}!y_{i2}!\cdots y_{iJ}!}\left(\frac{\lambda_{i1}}{\sum_{j=1}^{J}\lambda_{ij}}\right)^{y_{i1}}\left(\frac{\lambda_{i2}}{\sum_{j=1}^{J}\lambda_{ij}}\right)^{y_{i2}}\cdots\left(\frac{\lambda_{iJ}}{\sum_{j=1}^{J}\lambda_{ij}}\right)^{y_{iJ}}.$$

즉, $\pi_{ij} = \left(\lambda_{ij}/\sum_{j=1}^{J}\lambda_{ij}\right)^{y_{ij}}$인 다항분포이며, $\sum_{j=1}^{J}\pi_{ij} = \sum_{j=1}^{J}\left(\lambda_{ij}/\sum_{j=1}^{J}\lambda_{ij}\right) = 1$인 점에 주의하자. 결국 적다항분포 역시 표본크기 n_i가 주어진 포아송 분포의 조건부 확률분포들의 곱으로 나타낼 수 있게 된다.

2. 이차원 분할표의 독립성 검정과 동질성 검정

각각 I와 J개 범주를 갖는 두 확률변수 Y_1과 Y_2를 고려해 보기로 한다. 두 확률변수가 가질 수 있는 범주가 교차분류된 분할표는 <표 5.1>과 같이 나타낼 수 있다.

〈표 5.1〉 $I \times J$개 칸을 갖는 이차원 분할표

		Y_2			
		1	2	$\cdots$	J
Y_1	1	y_{11}	y_{12}	$\cdots$	y_{1J}
	2	y_{21}	y_{22}	$\cdots$	y_{2J}
	$\vdots$	$\vdots$	$\vdots$	$\ddots$	$\vdots$
	I	y_{I1}	y_{I2}	$\cdots$	y_{IJ}

마찬가지로 칸 확률(cell probability) π_{ij}에 의한 분할표는 <표 5.2>와 같이 나타내기로 한다.

〈표 5.2〉 $I \times J$개 칸을 갖는 이차원 분할표

		Y_2			
		1	2	$\cdots$	J
Y_1	1	π_{11}	π_{12}	$\cdots$	π_{1J}
	2	π_{21}	π_{22}	$\cdots$	π_{2J}
	$\vdots$	$\vdots$	$\vdots$	$\ddots$	$\vdots$
	I	π_{I1}	π_{I2}	$\cdots$	π_{IJ}

Y_1과 Y_2의 범주가 교차분류된 $(i,\ j)$ 칸의 도수(cell count) y_{ij}를 갖는 확률변수를 Y_{ij}라고 하면

$$\begin{aligned}\pi_{ij} &= P(Y_{ij} = y_{ij}) \\ &= P(Y_1 = i,\ Y_2 = j)\end{aligned}$$

를 의미한다. <표 5.1> 또는 <표 5.2>는 두 확률변수에 의한 분할표이므로 이차원 분할표(two dimensional contingency table)라고 부르며, I개 행과 J개 열에 의해 $I \times J$개 칸을 가지고 있기 때문에 $I \times J$ 분할표라고도 부른다.

만일 $n = \sum_{i=1}^{I}\sum_{j=1}^{J} y_{ij}$이면 $\underline{Y}^T = [Y_{11}\ Y_{12}\ \cdots\ Y_{ij}\ \cdots\ Y_{IJ}]$는 다항분포를 따

르므로 $E(Y_{ij}) = n\pi_{ij}$ 그리고 $Var(Y_{ij}) = n\pi_{ij}(1-\pi_{ij})$이다. 그러나 만일 Y_1의 각 i번째 행의 합이 고정되었다면, $n_i = \sum_{j=1}^{J} y_{ij}$이라고 하면 $\underline{Y}^T$는 적다항분포를 따를 것이므로 $E(Y_{ij}) = n_i\pi_{ij}$ 그리고 $Var(Y_{ij}) = n_i\pi_{ij}(1-\pi_{ij})$이 될 것이다.

i번째 칸 확률의 행 주변합(marginal sum)을 $\pi_{i+} = \sum_{j=1}^{J}\pi_{ij}$, j번째 칸 확률의 열 주변합을 $\pi_{+j} = \sum_{i=1}^{I}\pi_{ij}$와 같이 나타내기로 한다.

$$\pi_{i+} = P(Y_1 = i),\ i = 1, 2, \cdots, I$$

이므로 $(\pi_{1+}, \pi_{2+}, \cdots, \pi_{I+})$는 확률변수 Y_1의 확률분포를 의미한다. 분할표에서는 이를 주변분포(marginal distribution)라고 부른다. 마찬가지로

$$\pi_{+j} = P(Y_2 = j),\ j = 1, 2, \cdots, J$$

는 Y_2의 주변분포를 의미하게 된다. 분할표에서 i는 행을 나타내기 때문에 $(\pi_{1+}, \pi_{2+}, \cdots, \pi_{I+})$는 행 주변분포라고 부르며, $(\pi_{+1}, \pi_{+2}, \cdots, \pi_{+J})$는 열 주변분포라고도 부른다.

두 확률변수 Y_1과 Y_2가 서로 확률적으로 독립이라면

$$\begin{aligned}\pi_{ij} &= P(Y_1 = i, Y_2 = j)\\ &= P(Y_1 = i)P(Y_2 = j)\\ &= \pi_{i+}\pi_{+j}\end{aligned}$$

와 같이 나타낼 수 있으므로 결합 확률분포는 행과 열의 주변분포의 곱으로 표현할 수 있게 된다. 이를 달리 말하면 칸 확률은 행 주변확률과 열 주변확률의 곱으로 표현된다는 것이다.

이차원 분할표를 구성하는 두 범주형 변수의 독립 여부를 판단하는 문제를

독립성 검정(independence test)이라고 하며, 다음의 가설을 검정하는 문제를 의미한다.

$$H_0 : \pi_{ij} = \pi_{i+}\pi_{j+}, \ i = 1, 2, \cdots, I; \ j = 1, 2, \cdots, J,$$
$$H_1 : \text{적어도 한 개의 } (i, j) \text{ 칸에서 } \pi_{ij} \neq \pi_{i+}\pi_{+j}. \tag{5.4}$$

만일 귀무가설이 옳으면 두 변수 Y_1과 Y_2는 서로 독립인 것을 의미하며, Y_1이 i번째 범주를 갖는 확률이 Y_2가 어떤 범주를 갖는지에 영향을 미치지 않는 것으로 해석한다. 반대로 Y_2가 j번째 범주를 갖는 확률 역시 Y_1이 갖는 범주의 확률에 영향을 미치지 않는다는 것이다. 또는 귀무가설이 옳으면 결합확률분포가 아니라 행과 열 주변분포만으로 분할표의 확률적인 특성을 설명할 수 있다고 해석할 수 있다. 따라서 이차원 분할표이지만 일차원인 주변분포로의 차원축소(dimension reduction)가 가능하다는 것이다.

총 표본 수 n이 고정되어 관찰되었다면 다항분포이므로 앞 절에서 얻을 결과를 이용하여 칸 확률의 추정값 $\hat{\pi}_{ij} = y_{ij}/n$이 된다. 마찬가지로 행 주변합 n_i가 고정되었다면 $\hat{\pi}_{ij} = y_{ij}/n_i$가 될 것이다. 그런데 만일 귀무가설이 옳다면 행 주변확률 π_{i+}의 최우추정값은 Y_1은 다항분포를 따르므로 $\hat{\pi}_{i+} = y_{i+}/n$이며, Y_2 역시 다항분포를 따르므로 $\hat{\pi}_{+j} = y_{+j}/n$과 같이 구할 수 있다. 여기서 $n = \sum_{i=1}^{I}\sum_{j=1}^{I} y_{ij} = \sum_{i=1}^{I} y_{i+} = \sum_{j=1}^{J} y_{+j}$이므로 (i, j) 칸 확률의 최우추정값은

$$\hat{\pi}_{ij} = \left(\frac{y_{i+}}{n}\right)\left(\frac{y_{+j}}{n}\right) \tag{5.5}$$

과 같이 구할 수 있다.

i번째 주변합 $n_i = \sum_{j=1}^{J} y_{ij}$가 고정된 적다항분포인 경우 역시 $\sum_{i=1}^{I} n_i = n$이므로 $\hat{\pi}_{i+} = y_{i+}/n$ 그리고 $\hat{\pi}_{+j} = y_{+j}/n$이 된다. 그러므로 칸 확률의 추정값은 식 (5.5)와 같게 된다. 즉, 귀무가설이 옳다면 다항분포와 적다항분포의 최우추정값은 같다. 그러나 적다항분포인 경우에는 귀무가설이 맞다면 i번째 행의

변화가 j번째 열 범주에 대한 확률에 영향을 미치지 않기 때문에 가설 (5.4)는 다음과 같이 나타낼 수 있다.

$$H_0 : \pi_{1j} = \pi_{2j} = \cdots = \pi_{Ij},\ j = 1, 2, \cdots, J,$$
$$H_1 : \text{적어도 한 개의 쌍의 } \pi_{ij} \neq \pi_{i'j},\ i \neq i'. \tag{5.6}$$

가설 (5.6)에서 만약 귀무가설이 옳다면 Y_2의 j번째 칸 확률은 i와 상관없이 모두 일정한 확률 π_j를 갖게 된다. 그렇기 때문에 가설 (5.6)을 검정하는 문제는 비율의 동질성 검정(homogeneity test)이라고 하며, <표 5.1>의 이차원 분할표의 확률적인 특징은 Y_2의 확률분포만으로도 충분히 설명될 수 있다고 해석하게 된다.

만일 <표 5.1>의 이차원 분할표의 칸 도수를 총 표본 수에 제한을 주지 않고 관찰하였다면 Y_{ij}는 포아송 분포를 따르게 된다. Y_{ij}의 기댓값을 기대칸값(expected cell value)이라고 하며, $E(Y_{ij}) = \lambda_{ij}$와 같이 나타내기로 한다. 기대칸값은 칸 확률과 $\lambda_{ij} = n\pi_{ij}$와 같은 관계를 가지므로 최우추정값은 $\hat{\lambda}_{ij} = y_{ij}$인 것을 쉽게 알 수 있다. 그러나 만일 귀무가설이 참이라면 식 (5.5)에 의하여

$$\hat{\lambda}_{ij} = \frac{y_{i+}y_{+j}}{n} \tag{5.7}$$

와 같이 얻게 된다. 다항분포 또는 적다항분포 모두 총 표본 수 또는 행 주변합(행 표본 수)이 고정된 경우의 칸 확률의 추정값은 모두 식 (5.5)를 통해 얻을 수 있으므로 기대칸값 역시 식 (5.7)과 같이 얻을 수 있다. 따라서 가설 (5.4)와 가설 (5.5)를 검정하기 위하여 다음과 같은 Pearson 통계량을 이용하여 독립성 또는 동질성 여부를 판단하게 된다.

$$X^2 = \sum_{i=1}^{I}\sum_{j=1}^{J}\frac{(y_{ij} - \hat{\lambda}_{ij})^2}{\hat{\lambda}_{ij}}$$

$$= \sum_{i=1}^{I}\sum_{j=1}^{J} \frac{\left(y_{ij} - \frac{y_{i+}y_{+j}}{n}\right)^2}{\frac{y_{i+}y_{+j}}{n}}. \tag{5.8}$$

위 통계량은 귀무가설 하에서 $n = \sum_{i=1}^{I} y_{i+}$ 또는 $n = \sum_{j=1}^{J} y_{+j}$와 같은 조건을 가지게 되므로 자유도는 $(I-1)(J-1)$이 된다. 혹은 $1 = \sum_{i=1}^{I} \pi_{i+} = \sum_{j=1}^{J} \pi_{+j}$와 같은 조건에 의하여 자유도가 $(I-1)(J-1)$이라는 설명 역시 가능하다. 따라서 만일 자유도 $(I-1)(J-1)$인 χ^2분포로부터 얻은 X^2의 p-값이 적절히 크다면 두 확률변수는 독립이거나 또는 동질인 것으로 판단하게 된다.

대립가설은 칸의 수와 모수의 수가 같은 포화모형이므로 검정을 위해 다음과 같은 이탈도 역시 고려할 수 있다.

$$\begin{aligned} D &= 2\left[l(\hat{\underline{\lambda}}_{\max}; \underline{y}) - l(\hat{\underline{\lambda}}; \underline{y}) \right] \\ &= 2\left[\sum_{i=1}^{I}\sum_{j=1}^{J} y_{ij} \log(y_{ij}/\hat{\lambda}_{ij}) - \sum_{i=1}^{I}\sum_{j=1}^{J} (y_{ij} - \hat{\lambda}_{ij}) \right] \\ &= 2\sum_{i=1}^{I}\sum_{j=1}^{J} y_{ij} \log\left(\frac{y_{ij}}{\hat{\lambda}_{ij}} \right). \end{aligned} \tag{5.9}$$

여기서 $\hat{\underline{\lambda}}_{\max} = (y_{11}\, y_{12} \cdots y_{IJ})^T$, 그리고 식 (5.7)에 의해 $\hat{\underline{\lambda}} = (\hat{\lambda}_{11}\, \hat{\lambda}_{12} \cdots \hat{\lambda}_{IJ})^T$이다. 식 (5.9)의 이탈도 역시 자유도는 $(I-1)(J-1)$이다.

【예 5.2】 성격과 운동습관

<표 5.3>의 자료는 심혈관계 질환을 앓고 있지 않은 3,182명을 대상으로 조사된 자료이다. 자료는 스트레스 진단 결과에 따른 두 가지 성격(1: A형, 2: B형)이 운동습관(1: 정기적, 2: 비정기적)과 연관을 가지고 있는지를 파악하기 위해 수집되었다. 두 가지 성격을 두 가지 운동습관에 따라 교차분류하였으므로 <표 5.3>은

2×2 분할표라고 부른다.

〈표 5.3〉 성격과 운동습관에 의한 2×2 분할표

		운동습관	
		정기적	비정기적
성격	A형	483	1,101
	B형	477	1,121

자료출처: A. Agresti(2002), *Categorical Data Analysis*, 2nd, Wiley.

위 분할표는 3,182명을 대상으로 조사된 자료이므로 다항분포를 따르며 $\pi_{11} + \pi_{12} + \pi_{21} + \pi_{22} = 1$이라는 조건이 부여된다. 표본추출모형은 총 표본 수 n이 고정된 다항분포가 된다. 또한 성격과 운동습관 사이의 확률적인 연관성에 관심이 있으므로, 각 칸 확률이 주변확률의 곱으로 표현될 수 있는지가 주 관심 대상이 된다. 이를 가설로 표현하면 가설 (5.4)와 같이

$$\begin{aligned} &H_0 : \pi_{ij} = \pi_{i+}\pi_{j+}, \ i = 1, 2; \ j = 1, 2, \\ &H_1 : \text{적어도 한 개의 } (i,\ j) \text{ 칸에서 } \pi_{ij} \neq \pi_{i+}\pi_{+j} \end{aligned} \tag{5.10}$$

와 같이 나타낼 수 있다.

귀무가설 하에서 성격은 두 가지 범주만을 가지므로 이항분포 $B(n, \pi_{i+})$를 따르게 된다. 마찬가지로 운동습관 역시 $B(n, \pi_{j+})$를 따르게 된다. 따라서 귀무가설 하에서의 두 주변확률의 최우추정값은

$$\hat{\pi}_{i+} = \frac{y_{i+}}{n}, \ \hat{\pi}_{+j} = \frac{y_{+j}}{n}$$

와 같이 구할 수 있으므로, 귀무가설 하의 칸 기댓값인 $\hat{\lambda}_{ij} = (y_{i+}y_{+j})/n$은 <표 5.4>와 같이 구할 수 있다.

〈표 5.4〉 성격과 운동습관의 기대칸값

		운동습관	
		정기적	비정기적
성격	A형	477.8881	1,106.1119
	B형	482.1119	1,115.8881

귀무가설 (5.10)을 위한 Pearson 통계량 $X^2 = 0.1559$이며, 자유도는 1이므로 p-값 $= 0.6929$이다. 이탈도 $D = 0.1559$이며, 이 자료의 경우에는 두 검정통계량의 값이 같게 나타난다. 그러므로 성격과 운동습관은 서로 독립이라는 귀무가설을 옳은 것으로 판단할 수 있으며, 성격에 따라 운동습관에는 차이가 없고 또는 운동습관에 따른 성격 차이는 없다는 해석이 가능하게 된다. ■

【예 5.3】 흡연과 폐암

흡연유무에 따라 폐암 양성 비율에 차이가 있는지 분석하기 위해 조사된 <표 5.5>의 자료는 폐암에 양성 반응을 보인 709명과 음성 반응을 보인 709명을 흡연유무에 따라 교차분류한 자료이다. 양성과 음성 반응 조사대상자를 고정하여 흡연유무에 따라 분류하였으므로, <표 5.5>의 표본추출모형은 적다항분포가 된다.

〈표 5.5〉 두 변수 흡연과 폐암에 의한 2×2 분할표

		흡연		
		예	아니오	행 주변합
폐암	양성	688	21	709
	음성	650	59	709

자료출처: R. Christensen(1997), *Log-Linear Models and Logistic Regression*, 2nd, Springer.

<표 5.3>과는 다르게 위 자료는 양성과 음성 반응자의 수를 각각 n_1과 n_2라고 하면 양성 반응자의 흡연유무는 $B(n_1, \pi_{11})$ 그리고 음성 반응자에 대해서

는 $B(n_2, \pi_{21})$을 따르게 된다. 따라서 분석의 관심은 $\pi_{11} - \pi_{12} = 0$ 또는 $\pi_{11} = \pi_{21}$과 같이 두 비율을 비교하는 문제가 된다. 한 가지 주목할 점은 만일 흡연자의 비율이 같다면 $(1-\pi_{11}) - (1-\pi_{12}) = \pi_{12} - \pi_{11}$로 비흡연자의 비율 역시 같다는 것이다.

흡연자의 양성과 음성 반응자의 비율에 차이가 있는지의 여부를 판단하기 위하여 다음과 같은 가설을 고려할 수 있다.

$$H_0 : \pi_{11} = \pi_{21} \equiv \pi,$$
$$H_1 : \pi_{11} \neq \pi_{21}. \tag{5.11}$$

가설 (5.11)의 검정은 양성과 음성 반응자의 비율이 같은지를 검정하는 문제이기 때문에 비율의 동질성 검정 문제가 된다. 귀무가설, 즉 비율이 동질인 경우에 행 범주인 양성과 음성의 흡연자 비율은 이항분포를 따르므로 $\hat{\pi} = x_{+1}/(n_1 + n_2)$과 같이 추정할 수 있다. 이 추정량은 합동 추정량(pooled estimator)이라고 하며, 기대칸값은 다음과 같이 추정된다.

$$\hat{\lambda}_{ij} = n_i \left(\frac{x_{+j}}{n_1 + n_2} \right), \ i = 1, 2, \ j = 1, 2. \tag{5.12}$$

추정량 (5.12)는 가설 (5.10)과 같은 독립성 가정에 대한 추정량과 같다. 행 주변합이 고정되었으므로 적다항분포를 가정하면 <표 5.6>과 같은 행 주변합과 열 주변합을 갖는 2×2 분할표를 고려할 수 있다. 만일 폐암과 흡연이 독립이라면 각 칸의 기댓값은 (5.7)에 의하여

$$\hat{\lambda}_{ij} = \left(\frac{n_i \, y_{+j}}{n_1 + n_2} \right), \ i = 1, 2, \ j = 1, 2 \tag{5.13}$$

이므로 두 추정 기대칸값은 서로 같게 된다. 만일 폐암과 흡연이 독립이라면 흡연자 비율은 서로 같다는 것이며, 반대로 두 비율에 차이가 없다면 흡연유무가

폐암의 양성과 음성 반응에 영향을 주지 않으므로 폐암과 흡연은 서로 독립이라고 판단할 수 있다는 것이다. 따라서 독립성과 동질성은 Pearson 통계량 또는 이탈도 D를 이용한 검정을 통해 판단할 수 있게 된다.

〈표 5.6〉 적다항분포에 대한 2×2 분할표

		흡연		
		예	아니오	행 주변합
폐암	양성	y_{11}	y_{12}	n_1
	음성	y_{21}	y_{22}	n_2
열 주변합		y_{+1}	y_{+2}	$n_1 + n_2$

〈표 5.7〉 귀무가설 하의 기대칸값

		흡연		
		예	아니오	행 주변합
폐암	양성	669	40	709
	음성	669	40	709

식 (5.12) 또는 (5.13)에 의해 <표 5.7>과 같은 기대칸값을 얻을 수 있으며, $X^2 = 19.1290$ 그리고 $D = 19.8780$을 얻을 수 있다. 두 통계량 모두 자유도는 1이므로 p-값은 매우 작다는 것을 예상할 수 있다. 따라서 흡연자의 양성과 음성 비율에는 차이가 있고 또는 흡연과 폐암은 독립이 아니고 흡연이 폐암에 영향을 주고 있다고 판단할 수 있다. ■

두 범주형 변수가 서로 독립이 아니라면 두 변수 사이의 연관성을 측정하기 위한 마치 연속형 변수들을 위한 상관계수(correlation)와 유사한 연관성 측도(association measure) 역시 고려할 수 있다. 2×2 분할표의 경우에 π_{11}/π_{12}와 π_{21}/π_{22}와 같은 비율의 비는 odd라고 부르며 두 odd들의 비율인 다음과 같은 odds 비(odds ratio) 또는 교차적비가 가장 대표적인 연관성 측도이다.

$$\alpha = \frac{\pi_{11}/\pi_{21}}{\pi_{12}/\pi_{22}} = \frac{\pi_{11}\pi_{22}}{\pi_{12}\pi_{21}}. \tag{5.14}$$

만일 두 범주형 변수가 독립이라면 교차적비는

$$\alpha = \frac{\pi_{11}\pi_{22}}{\pi_{12}\pi_{21}} = \frac{(\pi_{1+}\pi_{+1})(\pi_{2+}\pi_{+2})}{(\pi_{1+}\pi_{+2})(\pi_{2+}\pi_{+1})} = 1$$

이 된다. 마찬가지로 만일 $\pi_{11} = \pi_{21}$, 즉 동질성을 만족한다면 $\pi_{12} = \pi_{22}$이므로 교차적비

$$\alpha = \frac{\pi_{11}\pi_{12}}{\pi_{11}\pi_{12}} = 1$$

이 된다.

교차적비 α는 두 변수가 독립이 아니라면 0에 가까워지거나 1보다 커지고 구간 $(0, \infty)$의 값을 가질 수 있다. 그런데 1을 중심으로 비대칭이 되기 때문에 로그 변환을 한 로그 교차적비가 더 나은 설명력을 갖게 된다. 또한 로그 교차적비는 다음과 같은 선형대비(linear contrast)로 표현할 수도 있다.

$$\begin{aligned}\log\alpha &= \log\left(\frac{\pi_{11}\pi_{22}}{\pi_{12}\pi_{22}}\right) \\ &= \log\pi_{11} - \log\pi_{12} - \log\pi_{21} + \log\pi_{22}.\end{aligned} \tag{5.15}$$

포아송 분포를 가정하면 로그 교차적비는 $\lambda_{ij} = n\pi_{ij}$이므로 다음과 같이 추정값을 얻을 수 있다.

$$\log\hat{\alpha} = \log\left(\frac{y_{11}y_{22}}{y_{12}y_{21}}\right).$$

또한 $\log\hat{\alpha}$의 표준오차는 다음과 같다.

$$s.e.(\log\hat{\alpha}) = \sqrt{\frac{1}{y_{11}} + \frac{1}{y_{12}} + \frac{1}{y_{21}} + \frac{1}{y_{22}}}\,.$$

독립성을 만족하면 교차적비 $\alpha = 1$이므로 $\log\alpha = 0$이 된다. 따라서 가설 (5.10)은 다음의 가설과 동일한 가설이 된다.

$$H_0 : \log\alpha = 0,$$
$$H_1 : \log\alpha \neq 0. \tag{5.16}$$

귀무가설 하에서

$$z = \frac{\log\hat{\alpha}}{s.e.(\log\hat{\alpha})} \tag{5.17}$$

는 표준정규분포를 따르게 되므로 이 통계량을 통해 가설 (5.16)의 검정을 수행할 수 있다. 그런데 독립성이 만족되면 동질성 역시 만족되므로 위 통계량은 비율의 동질성을 판단하기 위한 가설 (5.11)을 위한 검정통계량으로 이용할 수도 있다.

【예 5.4】 흡연과 폐암 자료

<표 5.5>의 2×2 분할표에서 양성 반응자의 odd는 $\hat{\pi}_{11}/\hat{\pi}_{12} = 32.7619$, 음성 반응자의 odd는 $\hat{\pi}_{21}/\hat{\pi}_{22} = 11.0169$와 같이 구할 수 있다. 이 두 odd에 의해 교차적비는 $\hat{\alpha} = 2.9738$로 추정된다. 이 값은 양성 반응의 odd가 음성 반응의 odd에 비해 약 세 배 정도 높다는 것으로 양성 반응자들의 흡연비율이 높다는 것을 의미한다. 따라서 흡연이 양성 반응에 영향을 미치고 있는 것으로 해석할 수 있다.

$\log(2.9738) = 1.0898$이며, 추정된 로그 교차적비의 표준오차 $s.e.(\log\hat{\alpha}) = 0.2599$이므로 가설 (5.16)을 위한 (5.17)의 검정통계량은 $z = 4.1929$와 같다. 이 값의 p-값은 0에 매우 가까운 값이기 때문에 로그 교차적비를 통한 검정 역시 【예 5.3】과 같은 결론을 얻을 수 있고, 흡연유무가 폐암에 영향을 미치는 것으로 판단할 수 있다. ■

3. 이차원 분할표를 위한 로그 선형모형

이차원 분할표를 구성하게 하는 두 변수가 서로 독립이라면 칸 기댓값은

$$\begin{aligned}\lambda_{ij} &= n\left(\frac{\lambda_{i+}}{n}\right)\left(\frac{\lambda_{+j}}{n}\right) \\ &= \frac{\lambda_{i+}\lambda_{+j}}{n}\end{aligned}$$

로 비선형 구조이다. 그런데 여기에 로그를 취하면

$$\log\lambda_{ij} = -\log(n) + \log(\lambda_{i+}) + \log(\lambda_{+j})$$

와 같이 선형으로 표현할 수 있다. 위 식에서 $\log(n)$에는 첨자가 없고, $\log(\lambda_{i+})$와 $\log(\lambda_{+j})$에는 행과 열을 나타내는 첨자가 포함된 것을 알 수 있다. 다시 말해, 로그 기대칸값은 행과 열에 의한 항과 첨자가 없는 항들에 의한 가법으로 나타낼 수 있다. 이 사실을 이용하여 다음과 같은 로그 선형모형을 정의하기로 한다.

$$\log\lambda_{ij} = u + u_{1(i)} + u_{2(j)}. \tag{5.18}$$

여기서

$$u_{1(i)} = \log\lambda_{i+} - \frac{1}{I}\sum_{i=1}^{J}\log\lambda_{i+},$$

$$u_{2(j)} = \log\lambda_{+j} - \frac{1}{J}\sum_{j=1}^{J}\log\lambda_{+j}$$

는 각각 행효과(row effect)와 열효과(column effect)라고 부르며,

$$u = \log\lambda_{++} - \frac{1}{I}\sum_{i=1}^{I}\log\lambda_{i+} - \frac{1}{J}\sum_{j=1}^{J}\log\lambda_{j+}$$

u는 주효과(main effect)라고 한다. 행과 열 효과는 각각 행과 열 주변합의 편차를 나타내기 때문에 추정을 위해 $\sum_{i=1}^{n} u_{1(i)} = 0$, $\sum_{j=1}^{n} u_{2(j)} = 0$과 같은 제약조건을 부여하여야 한다. 또는 $u_{1(1)} = 0$ 그리고 $u_{2(1)} = 0$과 같은 기준점 조건을 부여할 수도 있다. 그렇기 때문에 모형 (5.18)은 $1 + (I-1) + (J-1)$개의 모수를 가지게 된다.

모형 (5.18)은 행과 열의 주변합을 위한 효과만을 포함하고 있기 때문에 독립성 모형(independence model)이라고 부른다. 즉, 모형의 적합을 통해 얻은 추정 기대칸값은 독립이라는 가정 하에서 얻은 추정값과 같은 것을 의미한다.

모형 (5.18)의 추정을 위해 포아송 분포를 가정하면 다음과 같은 로그 우도 함수를 얻을 수 있다.

$$\begin{aligned} l(\underline{\lambda}; \underline{y}) &= \sum_{i=}^{I}\sum_{j=1}^{J} y_{ij}\log\lambda_{ij} - \sum_{i=1}^{I}\sum_{j=1}^{J}\lambda_{ij} + \sum_{i=1}^{I}\sum_{j=1}^{J}\log(y_j!) \\ &= \sum_{i=1}^{I}\sum_{j=1}^{J} y_{ij}\left(u + u_{1(i)} + u_{2(j)}\right) \\ &\quad - \sum_{i=1}^{I}\sum_{j=1}^{J}\exp(u + u_{1(i)} + u_{2(j)}) + \sum_{i=1}^{I}\sum_{j=1}^{J}\log(y_j!). \end{aligned}$$

이로부터 모형의 모수 u, $u_{1(i)}$와 $u_{2(j)}$에 대한 다음과 같은 스코어 함수 또는 추정방정식을 얻을 수 있다.

$$\frac{\partial l}{\partial u} = \sum_{i=1}^{I}\sum_{j=1}^{J} y_{ij} - \sum_{i=1}^{I}\sum_{j=1}^{J} \lambda_{ij} = y_{++} - \lambda_{++},$$

$$\frac{\partial l}{\partial u_{1(i)}} = \sum_{j=1}^{J} y_{ij} - \sum_{j=1}^{J} \lambda_{ij} = y_{+j} - \lambda_{+j},\ i = 1, 2, \cdots, I,$$

$$\frac{\partial l}{\partial u_{2(j)}} = \sum_{i=1}^{I} y_{ij} - \sum_{i=1}^{I} \lambda_{ij} = y_{i+} - \lambda_{i+},\ j = 1, 2, \cdots, J.$$

따라서 다음과 같은 총합과 주변합의 최우추정량을 얻게 된다.

$$\hat{\lambda}_{++} = y_{++},$$

$$\hat{\lambda}_{+j} = y_{+j},$$

$$\hat{\lambda}_{i+} = y_{i+}. \tag{5.19}$$

이들 추정량은 모수 u, $u_{1(i)}$와 $u_{2(j)}$의 추정을 위한 정보를 전부 가지고 있기 때문에 충분통계량(sufficient statistic)이라 부르며, y_{++}는 y_{i+} 또는 y_{+j}에 의해 구할 수 있으므로 y_{i+}와 y_{+j}는 최소 충분통계량(minimal sufficient statistic)이 된다.

충분통계량 (5.19)는 추정 기대칸값의 총합 그리고 행과 열 주변합이 해당되는 칸 값의 합과 일치하여야 한다는 것을 의미한다. 이 값들에 의하여 주효과와 행과 열 효과는

$$\hat{u} = \log y_{++} - \frac{1}{I}\sum_{i=1}^{I}\log y_{i+} - \frac{1}{J}\sum_{j=1}^{J}\log y_{j+},$$

$$\hat{u}_{1(i)} = \log y_{i+} - \frac{1}{I}\sum_{i=1}^{J}\log y_{i+},$$

$$\hat{u}_{2(j)} = \log y_{+j} - \frac{1}{J}\sum_{j=1}^{J}\log y_{+j} \tag{5.20}$$

와 같이 얻을 수 있다. 또한

$$\lambda_{ij} = \exp(u + u_{1(i)} + u_{2(j)})$$

와 같은 관계를 가지므로 칸 기댓값은 추정된 모형의 u항들로부터 다음과 같이 추정하게 된다.

$$\hat{\lambda}_{ij} = \exp(\hat{u} + \hat{u}_{1(i)} + \hat{u}_{2(j)}).$$

모형 (5.18)과는 달리 두 범주형 변수가 독립이 아니라면 두 변수의 연관을 나타내는 연관항(association term) $u_{12(ij)}$를 포함한 다음과 같은 모형을 정의할 수 있다.

$$\log\lambda_{ij} = u + u_{1(i)} + u_{2(j)} + u_{12(ij)}. \tag{5.21}$$

여기서 $u_{12(ij)}$에는 $\sum_{i=1}^{I} u_{12(ij)} = \sum_{j=1}^{J} u_{12(ij)} = 0$과 같은 조건이 부여된다. 그리고

$$\begin{aligned}
u &= \frac{1}{IJ}\sum_{i=1}^{I}\sum_{j=1}^{J}\log\lambda_{ij}, \\
u_{1(i)} &= \frac{1}{J}\sum_{j=1}^{J}\log\lambda_{ij} - \frac{1}{IJ}\sum_{i=1}^{I}\sum_{j=1}^{J}\log\lambda_{ij}, \\
u_{2(j)} &= \frac{1}{I}\sum_{i=1}^{I}\log\lambda_{ij} - \frac{1}{IJ}\sum_{i=1}^{I}\sum_{j=1}^{J}\log\lambda_{ij}, \\
u_{12(ij)} &= \log\lambda_{ij} - \frac{1}{J}\sum_{j=1}^{J}\log\lambda_{ij} - \frac{1}{I}\sum_{i=1}^{I}\log\lambda_{ij} + \frac{1}{IJ}\sum_{i=1}^{I}\sum_{j=1}^{J}\log\lambda_{ij}
\end{aligned} \tag{5.22}$$

와 같다. 이들 모수의 수는 <표 5.8>과 같이 정리할 수 있으며, 모형 (5.21)은 분할표의 칸 수만큼의 모수를 포함하고 있으므로 포화모형(saturated model)이라고 부른다.

포화모형의 추정을 위하여 로그 우도함수는 최댓값에 영향을 주는 항들만을 포함한 다음과 같은 커널(kernel)로 나타낼 수 있다.

<표 5.8> 포화모형의 모수의 수

u항	모수의 수
u	1
$u_{1(i)}$	$(I-1)$
$u_{2(j)}$	$(J-1)$
$u_{12(ij)}$	$(I-1)(J-1)$
합	IJ

$$l(\underline{\lambda};\underline{y}) \propto \sum_{i=1}^{I}\sum_{j=1}^{J} y_{ij}(u+u_{1(i)}+u_{2(j)}+u_{12(ij)}) - \sum_{i=1}^{I}\sum_{j=1}^{J}\exp(u+u_{1(i)}+u_{2(j)}+u_{12(ij)}).$$

이로부터 다음과 같은 스코어 함수를 얻을 수 있다.

$$\frac{\partial l}{\partial u} = \sum_{i=1}^{I}\sum_{j=1}^{J} y_{ij} - \sum_{i=1}^{I}\sum_{j=1}^{J}\lambda_{ij} = y_{++} - \lambda_{++},$$

$$\frac{\partial l}{\partial u_{1(i)}} = \sum_{j=1}^{J} y_{ij} - \sum_{j=1}^{J}\lambda_{ij} = y_{i+} - \lambda_{i+},\ i=1,2,\cdots,I,$$

$$\frac{\partial l}{\partial u_{2(j)}} = \sum_{i=1}^{I} y_{ij} - \sum_{i=1}^{I}\lambda_{ij} = y_{+j} - \lambda_{+j},\ j=1,2,\cdots,J,$$

$$\frac{\partial l}{\partial u_{12(j)}} = y_{ij} - \lambda_{ij},\ i=1,2,\cdots,I\ ;\ j=1,2,\cdots,J.$$

따라서 (5.19)와 유사하게 포화모형은 다음과 같은 충분통계량을 갖는다.

$$\hat{\lambda}_{++} = y_{++},$$

$$\hat{\lambda}_{i+} = y_{i+},$$

$$\hat{\lambda}_{+j} = y_{+j},$$

$$\hat{\lambda}_{ij} = y_{ij}. \tag{5.23}$$

여기서 y_{++}, y_{i+} 그리고 y_{+j}는 y_{ij}에 의하여 구할 수 있으므로 포화모형의 최소 충분통계량은 y_{ij}가 된다. 이들 최소 충분통계량에 의하여

$$\begin{aligned}
\hat{u} &= \frac{1}{IJ}\sum_{i=1}^{I}\sum_{j=1}^{J}\log y_{ij}, \\
\hat{u}_{1(i)} &= \frac{1}{J}\sum_{j=1}^{J}\log y_{ij} - \frac{1}{IJ}\sum_{i=1}^{I}\sum_{j=1}^{J}\log y_{ij}, \\
\hat{u}_{2(j)} &= \frac{1}{I}\sum_{i=1}^{I}\log y_{ij} - \frac{1}{IJ}\sum_{i=1}^{I}\sum_{j=1}^{J}\log y_{ij}, \\
\hat{u}_{12(ij)} &= \log y_{ij} - \frac{1}{J}\sum_{j=1}^{J}\log y_{ij} - \frac{1}{I}\sum_{i=1}^{I}\log y_{ij} + \frac{1}{IJ}\sum_{i=1}^{I}\sum_{j=1}^{J}\log y_{ij}
\end{aligned} \tag{5.24}$$

와 같이 추정할 수 있고, 칸 기댓값의 추정량은

$$\hat{\lambda}_{ij} = \exp(\hat{u} + \hat{u}_{1(i)} + \hat{u}_{2(j)} + \hat{u}_{12(ij)})$$

와 같이 구할 수 있다. 그런데 (5.24)로부터 위 추정량은 $\hat{\lambda}_{ij} = y_{ij}$인 것을 확인할 수 있고, 이 추정량은 포아송 분포로부터 직접 추정한 최우추정량과 일치한다. 따라서 만일 독립성 모형에서 추정한 추정값들의 벡터를 $\underline{\hat{\lambda}}^{(0)}$ 그리고 포화모형의 추정값 벡터를 $\underline{\hat{\lambda}}_{\max}$라고 하면 가설 (5.4) 또는 다음과 같은 가설

$$\begin{aligned}
H_0 &: \log\lambda_{ij} = u + u_{1(i)} + u_{2(j)}, \\
H_1 &: \log\lambda_{ij} = u + u_{1(i)} + u_{2(j)} + u_{12(ij)}
\end{aligned} \tag{5.25}$$

를 평가하기 위한 이탈도는

$$D = 2\left[l(\hat{\underline{\lambda}}_{\max}; \underline{y}) - l(\hat{\underline{\lambda}}^{(0)}; \underline{y})\right]$$
$$= 2\left[\sum_{i=1}^{I}\sum_{j=1}^{J} y_{ij}\log(y_{ij}/\hat{\lambda}_{ij}^{(0)}) - \sum_{i=1}^{I}\sum_{j=1}^{J}(y_{ji} - \hat{\lambda}_{ij}^{(0)})\right] \quad (5.26)$$

과 같이 구할 수 있다. 마찬가지로

$$X^2 = \sum_{i=1}^{I}\sum_{j=1}^{J}\frac{(y_{ij} - \hat{\lambda}_{ij}^{(0)})^2}{\hat{\lambda}_{ij}^{(0)}}$$

을 검정을 위해 사용할 수 있으며, 두 검정통계량 모두 포화모형은 IJ개 모수를 가지고 있고 독립성 모형은 $1 + (I-1) + (J-1)$개의 모수를 가지고 있으므로 두 값의 차이인 $(I-1)(J-1)$이 자유도가 된다.

이차원 분할표를 위한 독립성 모형과 포화모형의 u항들은 각각 (5.20)과 (5.24)와 같은 식으로부터 직접 구할 수 있다. 이러한 해를 직접해(direct estimates)라고 한다. 그러나 로그 선형모형은 포아송 분포를 가정하면 로그 연결함수에 의한 일반화 선형모형이며, 공변량이 모두 이산형 변수인 포아송 모형의 특수한 경우로 생각할 수 있다. 그렇기 때문에 포아송 모형과 마찬가지로 스코어링 방법 또는 IRWLS 방법에 의한 추정이 가능하다.

독립성 모형 (5.18)을 다음과 같이 행렬로 표현하기로 한다.

$$\log \underline{\lambda} = \boldsymbol{X}\underline{u}.$$

여기서 $\underline{\lambda}$는 기대칸값 벡터이며, $\underline{u}$은 모수 벡터 그리고 $\boldsymbol{X}$는 계획행렬을 나타낸다. 2×2 분할표를 예로 들면,

$$\underline{\lambda} = \begin{bmatrix}\lambda_{11}\\ \lambda_{12}\\ \lambda_{21}\\ \lambda_{22}\end{bmatrix}$$

이며, 제약조건에 의해 $u_{1(2)} = -u_{1(1)}$과 $u_{2(2)} = -u_{2(1)}$이므로

$$\underline{u} = \begin{bmatrix} u \\ u_{1(1)} \\ u_{2(1)} \end{bmatrix}.$$

그리고 계획행렬

$$\boldsymbol{X} = \begin{bmatrix} 1 & 1 & 1 \\ 1 & -1 & -1 \\ -1 & 1 & -1 \\ -1 & -1 & 1 \end{bmatrix}$$

이 된다.

스코어링 방법을 위한 정보행렬은 포아송 모형의 정보행렬 (4.15)와 같이

$$\mathfrak{I} = \boldsymbol{X}^T \boldsymbol{W} \boldsymbol{X}$$

와 같이 나타낼 수 있다. 여기서 $\boldsymbol{W}$는 i번째 대각원소가 $w_{ii} = \lambda_i$인 대각행렬이다.

포아송 모형에서와 유사하게 $\hat{\underline{u}}^{(m-1)}$을 $(m-1)$번째 반복계산에서의 잠정추정값이라고 하면,

$$\hat{z}_i^{(m-1)} = \sum_{k=1}^{p} x_{ik} \hat{u}_k^{(m-1)} + \frac{y_i - \hat{\lambda}_i^{(m-1)}}{\hat{\lambda}_i^{(m-1)}}$$

이 된다. 여기서 $p = 1 + (I-1) + (J-1)$이다. 따라서 (m)번째 반복계산의 잠정추정량은

$$\underline{u}^{(m)} = [\boldsymbol{X}^T \boldsymbol{W}^{(m-1)} \boldsymbol{X}]^{-1} \boldsymbol{X}^T \boldsymbol{W}^{(m-1)} \underline{z}^{(m-1)} \tag{5.27}$$

과 같이 구할 수 있으며, 대각행렬 $W^{(m-1)}$의 대각원소와 $z_i^{(m-1)}$들의 벡터 $\underline{z}^{(m-1)}$은 $\hat{\underline{u}}^{(m-1)}$과 $\hat{\lambda}_i^{(m-1)} = e^{\underline{x}_i^T \hat{\underline{u}}^{(m-1)}}$에 의해 계산되어야 한다.

【예 5.5】 성격과 운동습관

<표 5.3>의 2×2 분할표 자료에 독립성 모형을 적합한 결과가 <표 5.9>에 정리되어 있다. 이들 추정값에 의한 추정 기대칸값은 <표 5.10>과 같이 구할 수 있다.

〈표 5.9〉 독립성 모형의 u항에 대한 추정값

	추정값
$\hat{u}$	6.5934
$\hat{u}_{1(1)}$	-0.0044
$\hat{u}_{2(1)}$	-0.4196

〈표 5.10〉 성격과 운동습관의 기대칸값

		운동습관	
		정기적	비정기적
성격	A형	477.8881	1,106.1119
	B형	482.1119	1,115.8881

같은 분할표의 포화모형에 대한 모수 벡터와 계획행렬은 다음과 같이 나타낼 수 있다.

$$\underline{u} = \begin{bmatrix} u \\ u_{1(1)} \\ u_{2(1)} \\ u_{12(11)} \end{bmatrix}, \ \boldsymbol{X} = \begin{bmatrix} 1 & 1 & 1 & 1 \\ 1 & -1 & -1 & -1 \\ -1 & 1 & -1 & -1 \\ -1 & -1 & 1 & 1 \end{bmatrix}.$$

이를 이용하여 같은 자료에 포화모형을 적합시키면 <표 5.11>과 같은 u항들의 추정값을 얻을 수 있다.

〈표 5.11〉 포화모형의 u항에 대한 추정값

	추정값
$\hat{u}$	6.5934
$\hat{u}_{1(1)}$	-0.0014
$\hat{u}_{2(1)}$	-0.4196
$\hat{u}_{12(11)}$	0.0076

포화모형의 연관항

$$\begin{aligned}\hat{u}_{12(11)} &= \log y_{11} - \frac{1}{2}\sum_{j=1}^{2}\log y_{1j} - \frac{1}{2}\sum_{i=1}^{2}\log y_{i1} + \frac{1}{4}\sum_{i=1}^{2}\sum_{j=1}^{2}\log y_{ij} \\ &= \frac{1}{4}(\log y_{11} - \log y_{12} - \log y_{21} + \log y_{22}) \\ &= \frac{1}{4}\log\left(\frac{y_{11}y_{22}}{y_{12}y_{21}}\right) = \frac{1}{4}\log(\hat{\alpha})\end{aligned}$$

와 같은 관계를 가진다. 다시 말해, 연관항 $u_{12(11)}$은 교차적비의 함수를 의미한다. 교차적비가 두 변수의 독립성 정도를 측도인 것을 상기하면, 연관항 역시 두 변수의 연관성을 측정할 수 있는 모수인 것을 알 수 있다. 이러한 사실로부터 로그 선형모형은 연관항의 포함 여부에 따라 변수들의 독립성을 평가할 수 있게 해 준다는 매우 중요한 이론적인 근거가 된다.

<표 5.3>의 자료에 대한 $\hat{\alpha} = 1.0310$으로 1에 매우 가깝기 때문에 $\hat{u}_{12(11)}$은 적은 값인 것을 예상할 수 있다. $\hat{u}_{12(11)} = (1/4)\log(1.3010) = 0.0076$으로 계산되어 상당히 적은 값인 것을 알 수 있다. 이 결과는 이탈도 $D = 0.1559$이고 자유도는 1이므로 상당히 큰 p-값을 얻을 수 있기 때문에 귀무가설, 즉 독립성 모형이 자료에 매우 잘 적합된다는 판단과 일치한다. ■

독립성 모형인 (5.18)의 u항에는 앞에서 설명하였듯이 기준점 조건 역시 부여될 수 있다. 만일 행 변수의 첫 번째 범주와 열 변수의 두 번째 범주에 대하

여 $u_{1(1)}=0$과 $u_{2(1)}=0$과 같은 제약조건이 부여된다면

$$
\begin{aligned}
u &= \log\lambda_{1+} + \log\lambda_{+1} - \log\lambda_{++}, \\
u_{1(i)} &= \log\lambda_{i+} - \log\lambda_{1+},\ i=2,3,\ \cdots, I, \\
u_{2(j)} &= \log\lambda_{+j} - \log\lambda_{+1},\ j=2,3,\ \cdots, J
\end{aligned}
$$

와 같다. 그런데 기준점 조건이 부여되어도 독립성 모형의 최소 충분통계량은 y_{i+}와 y_{+j}이므로

$$
\begin{aligned}
\hat{u} &= \log y_{1+} + \log y_{+1} - \log y_{++}, \\
\hat{u}_{1(i)} &= \log y_{i+} - \log y_{1+},\ i=2,3,\ \cdots, I, \\
\hat{u}_{2(j)} &= \log y_{+j} - \log y_{+1},\ j=2,3,\ \cdots, J
\end{aligned}
$$

와 같이 추정된다.

기준점 조건이 부여된 포화모형 (5.21)의 u항들은

$$
\begin{aligned}
u &= \log\lambda_{11}, \\
u_{1(i)} &= \log\lambda_{i1} - \log\lambda_{11}, \\
u_{2(j)} &= \log\lambda_{1j} - \log\lambda_{11}, \\
u_{12(ij)} &= \log\lambda_{ij} - \log\lambda_{i1} - \log\lambda_{1j} + \log\lambda_{11}
\end{aligned}
$$

이 된다. 포화모형은 $\hat{\lambda}_{ij}=y_{ij}$이므로 위 u항들은 쉽게 추정될 수 있다. 그러나 기준점 조건이 부여된 모형 역시 IRWLS 방법에 의한 추정 방법이 널리 사용되고 있다. 또한 2×2 분할표를 예로 들면,

$$
\begin{aligned}
u_{12(22)} &= \log\lambda_{22} - \log\lambda_{21} - \log\lambda_{12} - \log\lambda_{11} \\
&= \log\left(\frac{\lambda_{11}\lambda_{22}}{\lambda_{12}\lambda_{21}}\right) = \log\alpha
\end{aligned}
$$

로 기준점 조건이 부여된 $u_{12(ij)}$ 역시 교차적비의 함수인 것을 쉽게 알 수 있다.

【예 5.6】 흡연과 폐암 자료

<표 5.5>의 자료에 대하여 기준점 조건이 부여된 포화모형을 적합시켜 보기로 한다. 기준점 조건이 부여된 모형의 모수 벡터와 계획행렬은 다음과 같이 나타낼 수 있다.

$$\underline{u} = \begin{bmatrix} u \\ u_{1(2)} \\ u_{2(2)} \\ u_{12(22)} \end{bmatrix}, \ \boldsymbol{X} = \begin{bmatrix} 1 & 0 & 0 & 0 \\ 1 & 0 & 1 & 0 \\ 1 & 1 & 0 & 0 \\ 1 & 1 & 1 & 1 \end{bmatrix}.$$

이들을 이용하여 포화모형을 적합시키면 <표 5.12>와 같은 추정값을 얻을 수 있다.

【예 5.4】에서 볼 수 있듯이 $\hat{\alpha} = 2.9738$과 $\log(\hat{\alpha}) = 1.0898$로 추정되었다. 기준점 조건이 부여된 <표 5.12>의 추정 결과에서 $\hat{u}_{12(22)} = \log(\hat{\alpha})$인 것을 확인할 수 있다. ■

〈표 5.12〉 포화모형의 u항에 대한 추정값

	추정값
$\hat{u}$	6.5338
$\hat{u}_{1(2)}$	-0.0568
$\hat{u}_{2(2)}$	-3.4893
$\hat{u}_{12(22)}$	1.0898

4. 다차원 분할표를 위한 로그 선형모형

이차원 분할표에 대한 독립성 모형과 포화모형의 차이는 연관항의 포함 여부이다. 만일 두 변수가 확률적으로 독립이라면 연관항은 모형에 필요하지 않다는 것을 의미하고, 독립이 아니라면 연관항이 모형에 포함되어야 한다는 것이다. 로그 선형모형에서는 연관항의 추정값보다는 포함 여부가 더욱 중요하다는 의미이다. 세 범주형 변수 이상이 교차분류된 다차원 분할표에서도 각 변수들에 의해 고려될 수 있는 연관항에 따라 변수들 사이의 다양한 확률적 해석이 존재하게 된다.

각각 I, J, K개 범주를 갖는 세 범주형 변수 Y_1, Y_2, Y_3에 의한 삼차원 분할표 또는 $I \times J \times K$ 분할표를 고려해 보기로 한다. 칸 확률은 π_{ijk}와 같이 나타내며, 각 변수의 주변확률은 π_{i++}, π_{+j+}, π_{++k}와 같이 나타내기로 한다. 만일 세 변수가 서로 독립이라면

$$P(Y_1 = i, Y_2 = j, Y_3 = k) = P(Y_1 = i)P(Y_2 = j)P(Y_3 = k)$$

와 같이 결합확률은 세 주변확률의 곱으로 표현할 수 있게 된다. 마찬가지로 칸 확률은

$$\pi_{ijk} = \pi_{i++}\,\pi_{+j+}\,\pi_{++k}$$

가 된다. 이러한 경우에 모형 (5.18)과 유사하게 다음과 같은 모형을 정의할 수 있다.

$$\log \lambda_{ijk} = u + u_{1(i)} + u_{2(j)} + u_{3(k)}. \tag{5.28}$$

여기서 각 변수의 효과를 나타내는 u항에는 $\sum_{i=1}^{I} u_{1(i)} = \sum_{j=1}^{J} u_{2(j)} = \sum_{k=1}^{K} u_{3(k)} = 0$과 같은 제약조건이 부여되어야 하며, 모형에는 $1 + (I-1) + (J-1) + (K-1)$개의 모수가 포함된다.

모형 (5.28)은 세 변수가 서로 완전한 독립인 것을 나타내기 때문에 완전 독립성 모형(completely independence model)이라고 부르며, 각 변수를 나타내는 첨자가 분리되어 있으므로 모형을 [1][2][3]과 같이 표현하기로 한다. 이 모형에 대하여 로그 우도함수로부터 다음과 같은 기댓값의 주변합에 대한 최우추정량을 얻을 수 있고, y_{i++}, y_{+j+}, y_{++k}는 최소 충분통계량이 된다.

$$\hat{\lambda}_{i++} = y_{i++},\ i = 1, 2, \cdots, I,$$

$$\hat{\lambda}_{+j+} = y_{+j+},\ j = 1, 2, \cdots, J,$$

$$\hat{\lambda}_{++k} = y_{++k},\ k = 1, 2, \cdots, K.$$

이들 최소 충분통계량에 의해 다음과 같은 기대칸값 λ_{ijk}의 최우추정량을 얻을 수 있다.

$$\begin{aligned}\hat{\lambda}_{ijk} &= n\left(\frac{y_{i++}}{n}\right)\left(\frac{y_{+j+}}{n}\right)\left(\frac{y_{++k}}{n}\right) \\ &= \frac{y_{i++}\, y_{+j+}\, y_{++k}}{n^2}.\end{aligned}$$

이 추정량은 완전 독립성 모형 [1][2][3]의 추정량이므로 $\hat{\lambda}_{ijk}^{[1][2][3]}$과 같이 나타내기로 한다.

완전 독립성 모형에 Y_1과 Y_2의 연관항이 포함된 다음과 같은 모형을 고려해 보기로 한다.

$$\log \lambda_{ijk} = u + u_{1(i)} + u_{2(j)} + u_{3(k)} + u_{12(ij)}. \tag{5.29}$$

여기서 $\sum_{i=1}^{I} u_{12(ij)} = \sum_{j=1}^{J} u_{12(ij)} = 0$과 같은 제약조건이 부여되어야 한다. 모형에는 완전 독립성 모형의 모수의 수에 $(I-1)(J-1)$개 모수가 추가된 것을 알 수 있다.

모형 (5.29)는

$$P(Y_1 = i, Y_2 = j, Y_3 = k) = P(Y_1 = i, Y_2 = j)P(Y_3 = k)$$

와 같은 확률 관계를 나타내는 모형이다. Y_1과 Y_2는 연관을 가지고 있지만, 이들 두 변수는 세 번째 변수 Y_3과는 독립이다. 따라서 Y_1과 Y_2의 결합확률을 π_{ij+}로 나타내기로 하면 세 변수에 대한 삼차원 분할표의 칸 확률은

$$\pi_{ijk} = \pi_{ij+}\,\pi_{++k}$$

와 같이 구할 수 있다는 것이다.

모형 (5.29)는 두 변수가 다른 한 변수와 독립이라는 관계를 나타내는 모형이므로 독립성 모형이라고 부르고, 연관항 $u_{12(ij)}$와 $u_{3(k)}$에 의해 세 변수에 해당되는 첨자를 모두 포함시킬 수 있으므로 [12][3]과 같이 나타내기로 한다. 모형 [12][3]의 기댓값의 주변합에 대한 추정량은

$$\hat{\lambda}_{ij+} = y_{ij+}, \ i = 1, 2, \cdots, I \ ; \ j = 1, 2, \cdots, J,$$
$$\hat{\lambda}_{++k} = y_{++k}, \ k = 1, 2, \cdots, K$$

인 것을 쉽게 알 수 있고, y_{ij+}, y_{++k}는 최소 충분통계량이므로 이들에 의하여 칸 기댓값에 대한

$$\hat{\lambda}_{ijk}^{[12][3]} = \frac{y_{ij+}\,y_{++k}}{n}$$

와 같이 구할 수 있다.

모형 [12][3]과 유사하게 다음과 같은 독립성 모형 [13][2]와 [1][23] 역시 정의할 수 있다.

$$\log\lambda_{ijk} = u + u_{1(i)} + u_{2(j)} + u_{3(k)} + u_{13(ik)}, \quad (5.30)$$

$$\log\lambda_{ijk} = u + u_{1(i)} + u_{2(j)} + u_{3(k)} + u_{23(jk)}. \quad (5.31)$$

여기서 $\sum_{i=1}^{I} u_{13(ik)} = \sum_{k=1}^{K} u_{13(ik)} = 0$ 그리고 $\sum_{j=1}^{J} u_{23(jk)} = \sum_{k=1}^{K} u_{23(jk)} = 0$과 같은 제약조건이 부여되어야 하며, 완전 독립성 모형에 비하여 각각 $(I-1)(K-1)$과 $(J-1)(K-1)$개 모수가 추가된 것을 알 수 있다. 또한 모형 [12][3]에서와 유사하게 각 모형에 대한 최소 충분통계량에 의하여 칸 기댓값은

$$\hat{\lambda}_{ijk}^{[13][2]} = \frac{y_{i+k}\, y_{+j+}}{n},$$

$$\hat{\lambda}_{ijk}^{[1][23]} = \frac{y_{i++}\, y_{+jk}}{n}$$

와 같이 추정할 수 있다.

독립성 모형 (5.29)에 두 변수 Y_1과 Y_3의 연관을 나타내는 $u_{13(ik)}$를 포함하는 다음과 같은 모형을 고려해 보기로 한다.

$$\log\lambda_{ijk} = u + u_{1(i)} + u_{2(j)} + u_{3(k)} + u_{12(ij)} + u_{13(ik)}. \quad (5.32)$$

이 모형은 세 변수 사이에

$$\begin{aligned} P(Y_1 = i, Y_2 = j, Y_3 = k) &= P(Y_1 = i)P(Y_2 = j, Y_3 = k, | Y_1 = i) \\ &= P(Y_1 = i)P(Y_2 = j | Y_1 = i)P(Y_3 = k | Y_1 = i) \end{aligned}$$

와 같은 확률 관계를 설명하기 위한 모형을 나타내며, Y_1이 주어져 있을 때 Y_2와 Y_3이 독립인 조건부 독립을 나타내므로 조건부 독립성 모형(conditional independence model)이라고 부른다. 연관항 $u_{12(ij)}$와 $u_{13(ik)}$가 포함되었으므로 모형 (5.32)는 [12][13]과 같이 나타내기로 한다.

모형 [12][13]의 칸 확률은

$$\pi_{ijk} = \pi_{i++}\left(\frac{\pi_{ij+}}{\pi_{i++}}\right)\left(\frac{\pi_{i+k}}{\pi_{i++}}\right)$$

와 같이 구할 수 있으므로

$$\hat{\lambda}_{ijk}^{[12][13]} = \frac{y_{ij+}\,y_{i+k}}{y_{i++}}$$

와 같은 기대칸값에 대한 추정량을 얻을 수 있다.

모형 [12][13]과 유사하게

$$\log\lambda_{ijk} = u + u_{1(i)} + u_{2(j)} + u_{3(k)} + u_{12(ij)} + u_{23(jk)}, \tag{5.33}$$

$$\log\lambda_{ijk} = u + u_{1(i)} + u_{2(j)} + u_{3(k)} + u_{13(ik)} + u_{23(jk)} \tag{5.34}$$

와 같은 조건부 독립성 모형 역시 고려할 수 있다. 두 모형은 각각 [12][23] 그리고 [13][23]으로 나타내기로 하며,

$$\hat{\lambda}_{ijk}^{[12][23]} = \frac{y_{ij+}\,y_{+jk}}{y_{+j+}},$$

$$\hat{\lambda}_{ijk}^{[13][23]} = \frac{y_{i+k}\,y_{+jk}}{y_{++k}}$$

를 통해 칸 기댓값을 추정할 수 있다.

세 변수로부터 고려할 수 있는 모든 가능한 두 변수의 연관을 나타내는 $u_{12(ij)}$, $u_{13(ik)}$, $u_{23(jk)}$를 포함한 다음의 모형은 부분연관모형(partial association model)이라고 한다.

$$\log\lambda_{ijk} = u + u_{1(i)} + u_{2(j)} + u_{3(k)} + u_{12(ij)} + u_{13(ik)} + u_{23(jk)}. \tag{5.35}$$

다른 모형들과 마찬가지로 부분연관모형은 [12][13][23]과 같이 나타낼 수 있으며, 스코어 함수에 의하여 다음과 같은 추정량을 얻을 수 있다.

$$\hat{\lambda}_{ij+} = y_{ij+},$$
$$\hat{\lambda}_{i+k} = y_{i+k},$$
$$\hat{\lambda}_{+jk} = y_{+jk}.$$

완전 독립성 모형, 독립성 모형 그리고 조건부 독립성 모형과 달리 부분연관 모형은 칸 기댓값을 추정하기 위한 직접해가 존재하지 않는다. 그런데 세 기댓값의 추정량은 최소 충분통계량의 주변합과 같아야 하기 때문에 반드시

$$\left(\frac{y_{ij+}}{\hat{\lambda}_{ij+}}\right) = \left(\frac{y_{i+k}}{\hat{\lambda}_{i+k}}\right) = \left(\frac{y_{+jk}}{\hat{\lambda}_{+jk}}\right) = 1$$

과 같은 관계가 만족되어야 한다. 따라서

$$\hat{\lambda}_{ijk} = \hat{\lambda}_{ijk}\left(\frac{y_{ij+}}{\hat{\lambda}_{ij+}}\right),$$
$$\hat{\lambda}_{ijk} = \hat{\lambda}_{ijk}\left(\frac{y_{i+k}}{\hat{\lambda}_{i+k}}\right),$$
$$\hat{\lambda}_{ijk} = \hat{\lambda}_{ijk}\left(\frac{y_{+jk}}{\hat{\lambda}_{+jk}}\right)$$

와 같은 관계 역시 성립하게 된다. 이를 이용하여 적절한 초기값 $\hat{\lambda}_{ijk}^{(0)} > 0$에 의한 다음과 같은 반복비율적합(iterative proportional fitting) 방법을 이용할 수 있다.

$$\hat{\lambda}_{ijk}^{(3t+1)} = \hat{\lambda}_{ijk}^{(3t)}\left(\frac{y_{ij+}}{\hat{\lambda}_{ij+}^{(3t)}}\right),$$

$$\hat{\lambda}_{ijk}^{(3t+2)} = \hat{\lambda}_{ijk}^{(3t+1)} \left(\frac{y_{i+k}}{\hat{\lambda}_{i+k}^{(3t+1)}} \right),$$

$$\hat{\lambda}_{ijk}^{(3t+3)} = \hat{\lambda}_{ijk}^{(3t+2)} \left(\frac{y_{+jk}}{\hat{\lambda}_{+jk}^{(3t+2)}} \right).$$

위의 반복계산은 모든 칸에 대한 $|\hat{\lambda}_{ijk}^{(3t)} - \hat{\lambda}_{ijk}^{(3t+3)}|$의 최댓값이 적절한 허용오차 ϵ보다 작으면 반복을 멈추고 수렴된 $\hat{\lambda}_{ijk}^{[12][13][23]} = \hat{\lambda}_{ijk}^{(3t+3)}$은 부분연관모형 [12][13][23]에 의한 칸 기댓값의 최우추정값이 된다.

반복비율적합 방법을 통해 추정된 $\hat{\lambda}_{ijk}^{[12][13][23]}$은

$$\hat{\lambda}_{ijk}^{[12][13][23]} = \hat{\lambda}_{ijk}^{[12][13][23]} \left(\frac{y_{ij+}}{\hat{\lambda}_{ij+}^{[12][13][23]}} \right)$$

과 같이 쓸 수 있고, 이에 의하면

$$1 = \left(\frac{y_{ij+}}{\hat{\lambda}_{ij+}^{[12][13][23]}} \right)$$

이어야 하므로 $\hat{\lambda}_{ij+}^{[12][13][23]} = y_{ij+}$와 같은 추정값과 주변합이 같아야 한다는 조건이 만족된다. $\hat{\lambda}_{i+k}^{[12][13][23]} = y_{i+k}$와 $\hat{\lambda}_{+jk}^{[12][13][23]} = y_{+jk}$ 역시 성립하므로 반복비율적합 방법을 통한 $\hat{\lambda}_{ijk}^{[12][13][23]}$은 부분연관모형 [12][13][23]의 최우추정량이라는 것을 확인할 수 있다.

부분연관모형 [12][13][23]에 세 변수의 연관을 나타내는 $u_{123(ijk)}$를 포함한 다음과 같은 모형을 고려해 보기로 한다.

$$\begin{aligned} \log \lambda_{ijk} &= u + u_{1(i)} + u_{2(j)} + u_{3(k)} \\ &\quad + u_{12(ij)} + u_{13(ik)} + u_{23(jk)} + u_{123(ijk)}. \end{aligned} \tag{5.36}$$

여기서 $\sum_{i=1}^{I} u_{123(ijk)} = \sum_{j=1}^{J} u_{123(ijk)} = \sum_{k=1}^{K} u_{123(ijk)} = 0$과 같은 제약조건이 부여되어야 한다. <표 5.13>에서 볼 수 있듯이 모형에 포함된 모수의 합이 분할표의 칸의 수 IJK와 같기 때문에 이 모형은 포화모형이 된다. 포화모형은 $u_{123(ijk)}$를 포함하고 있으므로 [123]과 같이 나타내기로 한다.

〈표 5.13〉 삼차원 분할표에 대한 포화모형의 u항의 수

	추정값
u	1
$u_{1(i)}$	$(I-1)$
$u_{2(j)}$	$(J-1)$
$u_{3(k)}$	$(K-1)$
$u_{12(ij)}$	$(I-1)(J-1)$
$u_{13(ik)}$	$(I-1)(K-1)$
$u_{23(jk)}$	$(J-1)(K-1)$
$u_{123(ijk)}$	$(I-1)(J-1)(K-1)$
합	IJK

포화모형의 최소 충분통계량이 y_{ijk}인 것은 쉽게 유도할 수 있다. 따라서 $\hat{\lambda}_{ijk}^{[123]} = y_{ijk}$가 된다.

삼차원 분할표에서 고려할 수 있는 모든 모형을 <표 5.14>에 정리하였다. <표 5.14>의 각 모형에 포함된 u항들은 모두 (5.20) 또는 (5.22)와 같이 각 모형에 해당되는 최소 충분통계량에 의한 직접 추정이 가능하다. 그러나 가장 일반적인 방법은 식 (5.27)을 이용한 IRWLS 방법을 통해 추정을 수행하는 것이다. 삼차원 이상 고차원 분할표 역시 <표 5.14>의 해석과 같은 다양한 모형들이 존재하며, IRWLS 방법을 통한 추정이 가장 널리 이용되고 있다.

<표 5.11>의 여러 모형 중에서 다음과 같은 모형들을 고려해 보기로 한다.

[1][2][3]

[12][3]

$$[12][13]$$
$$[12][13][23]$$
$$[123] \tag{5.37}$$

〈표 5.14〉 삼차원 분할표에서 고려할 수 있는 모형

모형	해석
[1][2][3]	완전 독립성 모형
[12][3]	독립성 모형
[13][2]	
[1][23]	
[12][13]	조건부 독립성 모형
[12][23]	
[13][23]	
[12][13][23]	부분연관모형
[123]	포화모형

위 모형은 아래로 내려갈수록 모형에 포함된 모수의 수가 증가하는 구조를 가지고 있다. 다시 말하면, 두 번째 모형은 완전 독립성 모형에 $u_{12(ij)}$가 추가된 모형이며, 포화모형에 이를 때까지 $u_{13(ik)}$, $u_{23(jk)}$, $u_{123(ijk)}$가 추가되는 구조를 가지고 있다. 이러한 구조를 계층구조(hierarchical structure)라고 하며, (5.37)과 같은 모형구조를 이루는 로그 선형모형들을 계층적 로그 선형모형(hierarchical log linear model)이라고 부른다.

삼차원 분할표를 위한 모형들인 <표 5.14>에서 고려할 수 있는 계층구조는 매우 다양하며, 다차원 분할표일수록 생성될 수 있는 계층구조의 수는 급격히 늘어나게 된다. 그렇기 때문에 주어진 분할표를 가장 잘 설명하는 모형을 선택하기 위하여 계층구조를 설정하고, 주어진 계층구조에서 모형을 선택하는 과정이 분할표 분석에서는 가장 중요한 문제가 된다.

이차원 분할표의 연관항이 교차적비의 함수인 것과 같이 다차원 분할표를 위한 연관항들 역시 교차적비의 함수로 표현할 수 있다. 예를 들어 $2\times2\times2$ 분할표를 고려하면, 각 u항들은 로그를 취한 기대칸값의 선형대비로 표현할 수

있다. <표 5.15>는 로그 기댓값의 선형대비를 위한 계수들을 정리한 표이다.

〈표 5.15〉 $2\times2\times2$ 분할표를 위한 포화모형의 선형대비들의 계수

칸	u	$u_{1(i)}$	$u_{2(j)}$	$u_{3(k)}$	$u_{12(ij)}$	$u_{13(ik)}$	$u_{23(jk)}$	$u_{123(ijk)}$
(1,1,1)	1	1	1	1	1	1	1	1
(1,1,2)	1	1	1	-1	1	-1	-1	-1
(1,2,1)	1	1	-1	1	-1	1	-1	-1
(1,2,2)	1	1	-1	-1	-1	-1	1	1
(2,1,1)	1	-1	1	1	-1	-1	1	-1
(2,1,2)	1	-1	1	-1	-1	1	-1	1
(2,2,1)	1	-1	-1	1	1	-1	-1	1
(2,2,2)	1	-1	-1	-1	1	1	1	-1

<표 5.15>에서 세 변수의 연관을 나타내는 $u_{123(ijk)}$는 표에 있는 계수에 의해

$$\begin{aligned}
u_{123(ijk)} &= \frac{1}{8}(\log\lambda_{111} - \log\lambda_{112} - \log\lambda_{121} + \log\lambda_{122} \\
&\quad - \log\lambda_{211} + \log\lambda_{212} + \log\lambda_{221} - \log\lambda_{222}) \\
&= \frac{1}{8}\log\left(\left(\frac{\lambda_{111}\lambda_{122}}{\lambda_{112}\lambda_{121}}\right) \Big/ \left(\frac{\lambda_{211}\lambda_{222}}{\lambda_{212}\lambda_{221}}\right)\right) \\
&= \frac{1}{8}\log\left(\frac{\alpha^{(1)}}{\alpha^{(2)}}\right)
\end{aligned}$$

과 같은 두 교차적비의 비율로 표현된다. $\alpha^{(1)}$은 첫 번째 변수 Y_1이 1을 갖는 경우에 Y_2와 Y_3의 교차적비를 나타내며, $\alpha^{(2)}$는 Y_1이 범주 2를 갖는 경우의 교차적비를 의미한다. 이러한 교차적비와의 관계는 $u_{123(ijk)}$ 이외의 다른 연관항에 대해서도 표현 가능하며 사차원 분할표 이상의 다차원 분할표 역시 교차적비의 함수로 표현 가능한 것을 의미한다. 따라서 모형에 포함된 각 u항들의 존재에 의하여 변수들의 연관관계를 설명할 수 있고, 변수들 사이의 확률적 관계에 대한 해석이 가능하게 해 주는 이론적인 근거가 된다.

<표 5.14>의 각 모형들에 대한 적합성 판단을 위한 검정문제를 살펴보기로 한다. 먼저 완전 독립성 모형의 적합성을 판단하기 위하여 다음과 같은 가설을 고려해 보기로 한다.

$$\begin{aligned} H_0 &: \log\lambda_{ijk} = u + u_{1(i)} + u_{2(j)} + u_{3(k)}, \\ H_1 &: \log\lambda_{ijk} = u + u_{1(i)} + u_{2(j)} + u_{3(k)} \\ &\qquad + u_{12(ij)} + u_{13(ik)} + u_{23(jk)} + u_{123(ijk)}. \end{aligned} \tag{5.38}$$

가설 (5.38)은 모형의 표현식에 의하여 다음과 같이 표현할 수도 있다.

$$\begin{aligned} H_0 &: [1][2][3], \\ H_1 &: [123]. \end{aligned} \tag{5.39}$$

위 가설에서 대립가설은 포화모형이므로 가장 많은 모수를 가진 모형이 된다. $\hat{\lambda}_{\max}$를 포화모형의 기대칸값의 추정량 $\hat{\lambda}_{ijk}^{[123]}$에 의한 벡터 그리고 $\underline{\hat{\lambda}}^{[1][2][3]}$은 완전독립성 모형의 $\hat{\lambda}_{ijk}^{[1][2][3]}$에 의한 벡터라고 하면 가설 (5.38) 또는 가설 (5.39)를 평가하기 위하여 다음과 같은 이탈도를 얻을 수 있다.

$$\begin{aligned} D([1][2][3] \mid [123]) &= 2\Big[l(\underline{\hat{\lambda}}_{\max}; \underline{y}) - l(\underline{\hat{\lambda}}^{[1][2][3]}; \underline{y}) \Big] \\ &= 2\sum_{i=1}^{I}\sum_{j=1}^{J}\sum_{k=1}^{K} y_{ij} \log\left(\frac{y_{ijk}}{\hat{\lambda}_{ijk}^{[1][2][3]}} \right). \end{aligned} \tag{5.40}$$

$D([1][2][3] \mid [123])$은 대립가설 하의 모형이 포화모형으로 주어진 완전 독립성 모형 [1][2][3]의 검정통계량이 된다. 귀무가설과 대립가설에 포함된 모수의 수는 모형 [123]은 IJK이고 모형 [1][2][3]은 $1+(I-1)+(J-1)+(K-1)$이기 때문에 이탈도 (5.40)의 자유도는 $IJK - [1+(I-1)+(J-1)+(K-1)]$과 같이 계산된다.

가설 (5.39)와 유사하게 독립성 모형 [12][3]의 적합성을 판단하기 위하여 다음과 같은 가설을 고려할 수 있다.

$$H_0 : [12][3],$$
$$H_1 : [123]. \tag{5.41}$$

위 가설을 평가하기 위한 이탈도는 다음과 같이 구할 수 있다.

$$\begin{aligned} D([12][3] \mid [123]) &= 2\left[l(\hat{\underline{\lambda}}_{\max}; \underline{y}) - l(\hat{\underline{\lambda}}^{[12][3]}; \underline{y}) \right] \\ &= 2\sum_{i=1}^{I}\sum_{j=1}^{J}\sum_{k=1}^{K} y_{ij} \log\left(\frac{y_{ijk}}{\hat{\lambda}_{ijk}^{[12][3]}} \right). \end{aligned} \tag{5.42}$$

여기서 $\hat{\underline{\lambda}}^{[12][3]}$은 모형 [12][3]의 적합을 통해 얻은 $\hat{\lambda}_{ijk}^{[12][3]}$을 원소로 갖는 벡터를 나타낸다. 이탈도 (5.42)의 자유도는 두 모형의 모수의 차이로 계산할 수 있고, 또는 대립가설에서 귀무가설에 포함된 모수를 제외한 모수의 수의 합 $(I-1)(J-1)+(J-1)(K-1)+(I-1)(J-1)(K-1)$과 같이 계산할 수도 있다.

모형 [12][3]은 모형 [1][2][3]에 비하여 $u_{12(ij)}$가 추가된 모형이므로 두 모형은 계층구조를 이루게 된다. 두 모형에 의한 계층구조에 대하여 다음과 같은 가설을 고려할 수 있다.

$$H_0 : [1][2][3],$$
$$H_1 : [12][3]. \tag{5.43}$$

위 가설은 두 모형을 비교하는 문제인 것으로 생각할 수 있기 때문에 각 모형의 적합성을 판단하기 위한 이탈도를 이용하여 다음과 같은 이탈도를 유도할 수 있다.

$$D([1][2][3] \mid [12][3]) = 2\left[l(\hat{\underline{\lambda}}_{\max}; \underline{y}) - l(\hat{\underline{\lambda}}^{[1][2][3]}; \underline{y}) \right]$$

$$
\begin{aligned}
& -2\Big[l(\hat{\underline{\lambda}}_{\max};\underline{y})-l(\hat{\underline{\lambda}}^{[12][3]};\underline{y})\Big] \\
&= 2\Big[l(\hat{\underline{\lambda}}^{[12][3]};\underline{y})-l(\hat{\underline{\lambda}}^{[1][2][3]};\underline{y})\Big] \\
&= 2\sum_{i=1}^{I}\sum_{j=1}^{J}\sum_{k=1}^{K} y_{ijk}\log\left(\frac{\hat{\lambda}_{ijk}^{[12][3]}}{\hat{\lambda}_{ijk}^{[1][2][3]}}\right) \\
&= 2\sum_{i=1}^{I}\sum_{j=1}^{J}\sum_{k=1}^{K} \hat{\lambda}_{ijk}^{[12][3]}\log\left(\frac{\hat{\lambda}_{ijk}^{[12][3]}}{\hat{\lambda}_{ijk}^{[1][2][3]}}\right).
\end{aligned}
\tag{5.44}
$$

모형 [1][2][3]과 [12][3]을 비교하기 위한 이탈도 (5.44)는 독립성 모형에 $u_{12(ij)}$가 추가되었기 때문에 두 모형의 모수의 차이인 $(I-1)(J-1)$이 자유도가 된다. 이와 유사하게 (5.37)의 계층구조에서

$$
\begin{aligned}
& H_0 : [12][3], \\
& H_1 : [12][13]
\end{aligned}
\tag{5.45}
$$

과 같은 모형 [12][3]과 [12][13]의 비교는 이탈도

$$
D([12][3]\,|\,[12][13]) = 2\sum_{i=1}^{I}\sum_{j=1}^{J}\sum_{k=1}^{K} \hat{\lambda}_{ijk}^{[12][13]}\log\left(\frac{\hat{\lambda}_{ijk}^{[12][13]}}{\hat{\lambda}_{ijk}^{[12][3]}}\right)
\tag{5.46}
$$

에 의해 수행하며, 자유도는 대립가설에 추가된 연관항 $u_{13(ik)}$의 제약조건에 의한 $(I-1)(K-1)$이 된다.

가설 (5.43)과 (5.45)와 같이 계층구조 (5.37)에서 고려할 수 있는 상위 모형인 [12][13]과 [12][13][23]의 비교는

$$
\begin{aligned}
& H_0 : [12][13], \\
& H_1 : [12][13][23]
\end{aligned}
\tag{5.47}
$$

과 같은 가설의 검정을 통해 수행할 수 있으며, 이를 위한 이탈도는

$$D([12][13] \mid [12][13][23]) = 2\sum_{i=1}^{I}\sum_{j=1}^{J}\sum_{k=1}^{K}\hat{\lambda}_{ijk}^{[12][13][23]}\log\left(\frac{\hat{\lambda}_{ijk}^{[12][13][23]}}{\hat{\lambda}_{ijk}^{[12][13]}}\right) \tag{5.48}$$

과 같다. 이탈도 $D([12][13] \mid [12][13][23])$의 자유도는 두 모형의 모수 수의 차이인 $(J-1)(K-1)$이다.

마지막으로 부분연관모형과 포화모형의 비교는

$$\begin{aligned} &H_0 : [12][13][23], \\ &H_1 : [123] \end{aligned} \tag{5.49}$$

과 같은 가설을 검정하는 문제이며,

$$\begin{aligned} D([12][13][23] \mid [123]) &= 2\sum_{i=1}^{I}\sum_{j=1}^{J}\sum_{k=1}^{K}\hat{\lambda}_{ijk}^{[123]}\log\left(\frac{\hat{\lambda}_{ijk}^{[123]}}{\hat{\lambda}_{ijk}^{[12][13][23]}}\right) \\ &= 2\sum_{i=1}^{I}\sum_{j=1}^{J}\sum_{k=1}^{K}y_{ijk}\log\left(\frac{y_{ijk}}{\hat{\lambda}_{ijk}^{[12][13][23]}}\right) \end{aligned} \tag{5.50}$$

에 의하여 부분연관모형의 적합성을 판단하는 문제가 된다. 식 (5.50)은 $u_{123(ijk)}$가 $(I-1)(J-1)(K-1)$개의 모수가 추정되어야 하므로 이 값이 자유도가 된다.

【예 5.7】 성격, 콜레스테롤 수준 그리고 최저혈압

<표 5.16>의 자료는 심혈관계 질환을 앓고 있지 않은 2,121명을 대상으로 성격(A형, B형), 콜레스테롤 수준(정상, 높음) 그리고 최저혈압(diastolic blood pressure)의 상태에 따라 교차분류한 2×2×2 분할표이다.

〈표 5.16〉 성격, 콜레스테롤 수준, 최저혈압에 의한 삼차원 분할표

성격	콜레스테롤	최저혈압	
		정상	높음
A형	정상	716	79
	높음	207	25
B형	정상	819	67
	높음	186	22

자료출처: R. Christensen(1997), *Log-Linear Models and Logistic Regression*, 2nd, Springer.

성격을 Y_1, 콜레스테롤 수준을 Y_2 그리고 최저혈압을 Y_3이라고 하자. 세 변수가 서로 독립인 완전 독립성 모형 [1][2][3]을 적합시켜 보기로 한다.

모형 [1][2][3]의 적합에 의해 얻은 추정 기대칸값인 <표 5.17>을 이용하여 이탈도 $D([1][2][3] | [123]) = 8.7229$를 얻을 수 있다. $2 \times 2 \times 2$ 분할표이므로 포화모형 [123]은 8개의 모수를 갖게 되고 완전 독립성 모형 [1][2][3]은 4개의 모수를 가지게 되므로 자유도는 4일 것이다. p-값은 0.0684로 모형 [1][2][3]은 자료에 잘 적합되는 것으로 판단할 수 있다. 즉, 성격과 콜레스테롤 그리고 최저혈압은 서로 완전히 독립이라고 해석할 수 있다.

〈표 5.17〉 완전 독립성 모형의 추정 기대칸값

성격	콜레스테롤	최저혈압	
		정상	높음
A형	정상	739.8844	74.0652
	높음	193.6640	19.3865
B형	정상	788.1534	78.8971
	높음	206.2983	20.6512

비록 완전 독립성 모형이 <표 5.16>의 자료에 잘 적합되지만 분석 결과를 좀더 잘 이해하기 위하여 Pearson 잔차

$$r_{ijk} = \frac{y_{ijk} - \hat{\lambda}_{ijk}^{[1][2][3]}}{\sqrt{\hat{\lambda}_{ijk}^{[1][2][3]}}}$$

를 구해 보기로 한다.

<표 5.18>에서 성격이 A형인 경우에 콜레스테롤 수준이 정상이고 최저혈압이 정상인 사람들에 대한 Pearson 잔차 값은 -0.8781로 다른 잔차에 비하여 상대적으로 적은 값으로 나타난 것을 알 수 있다. 반면에 성격이 B형인 경우에는 콜레스테롤 수준과 최저혈압이 정상인 사람들에 대한 잔차값은 1.0979로 크게 나타난 것을 알 수 있다. 따라서 성격과 콜레스테롤 수준 사이에 연관관계가 존재하는 것으로 생각할 수 있다. 이러한 사실을 확인하기 위하여 연관항 $u_{12(ij)}$를 포함한 독립성 모형 [12][3]을 적합해 보기로 한다.

모형 [12][3]의 적합성을 판단하기 위한 $D([12][3]\,|\,[123]) = 4.6014$와 같이 계산되고, 자유도는 완전 독립성 모형에 $u_{12(ij)}$가 포함되었으므로 3이 된다. p-값은 0.2034로 독립성 모형에 비하여 크게 개선된 것을 알 수 있다.

〈표 5.18〉 완전 독립성 모형 [1][2][3]의 Pearson 잔차

성격	콜레스테롤	최저혈압	
		정상	높음
A형	정상	-0.8781	0.5734
	높음	0.9583	1.2749
B형	정상	1.0988	-1.3394
	높음	-1.4132	0.2968

<표 5.19>의 모형 [12][3]의 적합에 의한 Pearson 잔차 값들에서 성격이 B형인 경우에 콜레스테롤 수준은 정상이지만 최저혈압이 높은 수준에 대한 잔차가 -1.5170으로 상대적으로 적은 값을 가지는 것을 볼 수 있다. 그러나 성격이 A형인 경우에는 다른 값에 비하여 비교적 큰 값인 0.7829를 갖는 것을 알 수 있다. 따라서 모형 [12][3]에 $u_{13(ik)}$가 포함된 모형 [12][13]을 적합시켜 보기로

한다.

〈표 5.19〉 독립성 모형 [12][3]의 Pearson 잔차

성격	콜레스테롤	최저혈압	
		정상	높음
A형	정상	-0.2477	0.7829
	높음	-0.2678	0.8465
B형	정상	0.4800	-1.5170
	높음	-0.2235	0.7064

모형 [12][13]은 성격이 주어진 경우에 콜레스테롤 수준과 최저혈압은 독립인 조건부 독립성 모형을 나타내며, $D([12][13]|[123]) = 2.0626$으로 계산된다. 조건부 독립성 모형 [12][13]에는 6개의 모수가 포함되므로 자유도는 2이며, p-값은 0.3565로 자료에 매우 잘 적합되는 것을 알 수 있다.

<표 5.16>의 삼차원 분할표를 위해서 고려된 세 모형인 [1][2][3], [12][3] 그리고 [12][13]은 모두 자료에 잘 적합되는 것으로 나타났다. 이들 세 모형은 계층구조를 형성하므로 모형 [1][2][3]과 [12][3], 모형 [12][3]과 [12][13]의 비교를 수행해 보기로 한다.

먼저, 모형 [1][2][3]과 [12][3]의 비교를 위한 이탈도

$$D([1][2][3]|[12][3]) = D([1][2][3]|[123]) - D([12][3]|[123])$$

은 4.1216과 같이 계산할 수 있다. 두 모형의 모수의 차이는 1이기 때문에 자유도는 1이며 이때의 p-값은 0.0423과 같은 결과를 얻게 된다. 귀무가설의 모형 [1][2][3]보다는 대립가설의 모형 [12][3]이 더 적절한 모형이라고 판단할 수 있다.

다음으로 모형 [12][3]과 [12][13]의 비교를 위한

$$D([12][3]|[12][13]) = D([12][3]|[123]) - D([12][13]|[123])$$

은 2.5388로 두 모형은 1개의 모수만 차이가 나기 때문에 자유도 1에 대한 p-값 0.1111을 얻을 수 있다. 귀무가설을 옳지 않다고 판단하기 어려운 p-값이므로 모형 [12][13]이 모형 [12][3]에 비하여 더 적합한 모형이라고 판단하기 어렵다. 결국 성격, 콜레스테롤 수준, 최저혈압 사이의 확률적인 관계는 모형 [12][3]이 가장 적합한 모형으로 판단되었으므로 성격과 콜레스테롤은 서로 연관이 있으나 이들 두 변수는 최저혈압과는 독립이라고 설명할 수 있다. ■

【예 5.8】 성별, 사회 · 경제적 지위 그리고 낙태 합법화

각각 두 가지 범주를 갖는 세 요인인 성별, 사회 · 경제적 지위(socioeconomic status) 그리고 낙태 합법화(legalized abortion)의 견해에 따라 교차분류된 <표 5.20>의 $2 \times 2 \times 2$ 분할표를 고려해 보기로 한다.

〈표 5.20〉 성별, 사회 · 경제적 지위, 낙태 합법화에 의한 삼차원 분할표

성별	사회 · 경제적 지위	낙태 합법화		
		찬성	반대	주변합
여성	낮음	171	79	250
	낮지 않음	138	112	250
남성	낮음	152	148	300
	낮지 않음	167	133	300

자료출처: R. Christensen(1997), *Log-Linear Models and Logistic Regression*, 2nd, Springer.

<표 5.20>에서 주변합은 여성이면서 사회 · 경제적 지위가 낮은 250명과 낮지 않은 250명을 대상으로 낙태 합법화에 대한 찬성과 반대 여부를 조사했다는 것을 의미한다. 마찬가지로 남성이면서 사회 · 경제적 지위가 낮은 300명과 낮지 않은 300명에 대한 조사가 수행되었다는 의미이다. 표본추출모형은 적다항분포가 되고 성별을 Y_1, 사회 · 경제적 지위를 Y_2 그리고 낙태 합법화를 Y_3라고 한다면, $n_{12+} = y_{12+}$가 고정되어야 한다는 것을 의미한다. 분석을 위한 모형에는

$$\hat{\lambda}_{ij+} = y_{ij+}$$

와 같은 조건을 만족시키는 모수가 반드시 포함되어야 한다. $u_{12(ij)}$의 최소 충분통계량은 y_{ij+}이기 때문에 <표 5.20>을 분석하기 위해서는 $u_{12(ij)}$가 반드시 포함되어야 한다. 따라서 분석을 위하여 $u_{12(ij)}$가 포함된 다음과 같은 계층구조를 고려해 보기로 한다.

[12][3]
[12][13]
[12][13][23]
[123]

위 모형에 대한 적합도 검정 결과는 <표 5.21>과 같이 정리할 수 있다.

〈표 5.21〉 성별, 사회·경제적 지위, 낙태 합법화에 대한 이탈도

이탈도	값	p-값
$D([12][3] \mid [123])$	19.0903	0.0003
$D([12][13] \mid [123])$	10.7680	0.0046
$D([12][13][23] \mid [123])$	9.5562	0.0020

모형 [12][3]의 이탈도값은 19.0903으로 자유도 4에 비하여 매우 크므로 p-값이 매우 적은 것을 볼 수 있다. 이 모형에 $u_{13(ik)}$가 추가된 모형 [12][13]의 이탈도값은 10.7680이며, 모형 [12][3]과 비교를 위한 이탈도 $D([12][3] \mid [12][13]) = 8.3223$을 얻을 수 있다. 자유도는 1이므로 p-값은 0.0039가 된다. 모형 [12][3]에 비하여 모형 [12][13]은 $u_{13(ik)}$에 의해 적합도가 크게 개선된 것으로 판단할 수 있고 모형 [12][13]이 더 적절한 모형이 된다. 그러나 모형 [12][13]의 적합성 검정의 p-값이 적으므로 모형에 더 많은 모수가 필요하다. 모형 [12][23]은 모형 [12][13]에 비하여 적합성이 떨어지므로 모형 [12][13]에 $u_{23(jk)}$를 포함한

부분연관모형 [12][13][23]의 적합성을 판단하면 이탈도값이 9.5562로 자유도 1에서 상당히 적은 p-값을 얻게 된다. 결국 <표 5.20>의 자료는 포화모형 [123]이 가장 적절한 모형인 것으로 생각할 수 있으며, 세 변수는 서로 모두 연관을 가지고 있는 것으로 해석할 수 있다.

기준점 조건이 부여된 포화모형의 각 u항들의 추정값 중에서 세 변수의 연관을 나타내는 항의 추정값 $\hat{u}_{123(222)} = -0.7644$와 같이 얻을 수 있다. 그런데 기준점 조건이 부여되었으므로 세 변수 모두 첫 번째 범주는 0값을 갖게 되므로 두 번째 범주를 기준으로 교차적비에 의해 표현하면

$$\begin{aligned}\hat{u}_{123(222)} &= \log\left(\frac{\hat{\alpha}_2}{\hat{\alpha}_1}\right) \\ &= \log\left(\frac{(152\times133)}{(148\times167)} \Big/ \frac{(171\times112)}{(79\times138)}\right) = -0.7644\end{aligned}$$

와 같이 구할 수 있다. 여기서 $\hat{\alpha}_2$는 성별이 남성인 경우의 사회·경제적 지위와 낙태 합법화 견해의 교차적비의 추정값을 의미하고, $\hat{\alpha}_1$은 여성인 경우의 교차적비를 나타낸다. 따라서 포화모형의 $u_{123(ijk)}$는 교차적비를 통해 설명할 수 있다는 것을 다시 한 번 확인할 수 있다. ■

R-Code

■ 예제 5.2

```
# Personality: 1(Type A), 2(Type B)
# Exercise: 1(Regular), 2(Other)
# Freq: Cell counts
```

```
personality.data <- data.frame(
      Personality=factor(c(1,1,2,2)),
      Exercise=factor(c(1,2,1,2)),
      Freq=c( 483,1101, 477,1121)
)

attach(personality.data)

n12 <- xtabs(Freq~Personality+Exercise)
prop.table(n12)
h.lambda <- chisq.test(n12)$expected
chisq.test(n12, correct=FALSE)
D <- 2*sum(n12*log(n12/h.lambda))
1-pchisq(D, 1)

detach(personality.data)
```

■ 예제 5.3

```
# Cancer: 1(Cases), 2(Controls)
# Smoker: 1(Yes), 2(No)
# Freq: Cell counts

smoking.data <- data.frame(
  Cancer=factor(c(1,1,2,2)),
  Smoker=factor(c(1,2,1,2)),
  Freq=c(688,21, 650, 59)
)
attach(smoking.data)

n12 <- xtabs(Freq~Cancer+smoker)
margin.table(n12, 2) # Column sums
prop.table(n12, 2) # Column proportions

chisq.test(n12, correct=FALSE)
h.lambda <- chisq.test(n12)$expected

D <- 2*sum(n12*log(n12/h.lambda))
1-pchisq(D, 1)

detach(smoking.data)
```

■ 예제 5.4

```
# Cancer: 1(Cases), 2(Controls)
# Smoker: 1(Yes), 2(No)
# Freq: Cell counts

smoking.data <- data.frame(
  Cancer=factor(c(1,1,2,2)),
  Smoker=factor(c(1,2,1,2)),
  Freq=c(688,21, 650, 59)
)

attach(smoking.data)

n12 <- xtabs(Freq~Cancer+Smoker)
h.alpha <- (n12[1,1]*n12[2,2])/(n12[1,2]*n12[2,1])
h.log.alpha <- log(h.alpha)
se.log.alpha <- sqrt(sum(1/n12))
z <- h.log.alpha/se.log.alpha
1 - pnorm(z)

detach(smoking.data)
```

■ 예제 5.5

```
IRWLS.LogLinear <- function(y, X, TOL) {
    W <- diag(y)
    u0 <- solve(t(X)%*%W%*%X)%*%t(X)%*%W%*%(log(ifelse(y==0, 1, y)))
    CRIT <- 1
    while(CRIT > TOL) {
        hy <- exp(X%*%u0)
        W <- diag(c(hy))
        z <- X%*%u0 + (y-hy)/hy
        a1 <- solve(t(X)%*%W%*%X)%*%t(X)%*%W%*%z
         CRIT <- max(abs(u1 - u0))
         u0 <- u1
     }
     l <- sum(y*log(hy) - hy)
     dev <- 2*sum(y*log(ifelse(y==0, 1, y/hy)))
     rst <- list(u=u0, likelihood=l, deviance=dev, predicted.value=hy)
     return(rst)
}
```

```
# Freq: Cell counts

Freq=c( 483,1101, 477,1121)
ind.X <- cbind(c(1,1,1,1), c(1,1,-1,-1), c(1,-1,1,-1))
sat.X <- cbind(c(1,1,1,1), c(1,1,-1,-1), c(1,-1,1,-1), c(1,-1,-1,1))

ind.rst <- IRWLS.LogLinear(Freq, ind.X, 5E-8)
sat.rst <- IRWLS.LogLinear(Freq, sat.X, 5E-8)

(483*1121)/(1101*477)
0.25*log((483*1121)/(1101*477))
```

■ 예제 5.6

```
# Freq: Cell counts

Freq=c(688, 21, 650, 59)

c.ind.X <- cbind(c(1,1,1,1),c(0,0,1,1), c(0,1,0,1))
c.sat.X <- cbind(c(1,1,1,1),c(0,0,1,1), c(0,1,0,1), c(0,0,0,1))

c.sat.rst <- IRWLS.LogLinear(Freq, c.sat.X, 5E-8)

(688*59)/(21*650)
log((688*59)/(21*650))
```

■ 예제 5.7

```
# Personality: 1(Type A), 2(Type B)
# Colesterol: 1(Normal), 2(High)
# Blood: 1(Normal), 2(High)
# Freq: Cell counts

pcd.data <- data.frame(
  Personality=factor(c(1,1,1,1,2,2,2,2)),
  Colesterol=factor(c(1,1,2,2,1,1,2,2)),
  Blood=factor(c(1,2,1,2,1,2,1,2)),
  Freq=c(716, 79,207, 25,819, 67,186, 22)
)
```

```
attach(pcd.data)

n123 <- xtabs(Freq~Colesterol+Blood+Personality)
rst.n1n2n3 <- glm(Freq~Personality+Colesterol+Blood, family=poisson)
h.n1n2n3 <- exp(predict(rst.n1n2n3))
xtabs(h.n1n2n3~Colesterol+Blood+Personality)

D.n1n2n3 <- 2*sum(Freq*log(Freq/h.n1n2n3))
1-pchisq(D.n1n2n3, 4)

Pearson.resid.n1n2n3 <- (Freq - h.n1n2n3)/sqrt(h.n1n2n3)
xtabs(Pearson.resid.n1n2n3~Colesterol+Blood+Personality)

rst.n12n3 <- glm(Freq~Personality+Colesterol+Blood
                 +Personality*Colesterol, family=poisson)
h.n12n3 <- exp(predict(rst.n12n3))

D.n12n3 <- 2*sum(Freq*log(Freq/h.n12n3))
1-pchisq(D.n12n3, 3)

Pearson.resid.n12n3 <- (Freq - h.n12n3)/sqrt(h.n12n3)
xtabs(Pearson.resid.n12n3~Colesterol+Blood+Personality)

rst.n12n13 <- glm(Freq~Personality+Colesterol+Blood
                 +Personality*Colesterol+Personality*Blood,
                  family=poisson)
h.n12n13 <- exp(predict(rst.n12n13))

D.n12n13 <- 2*sum(Freq*log(Freq/h.n12n13))
1-pchisq(D.n12n13, 2)

D.n1n2n3_n12n3 <- D.n1n2n3 - D.n12n3
1-pchisq(D.n1n2n3_n12n3, 1)

D.n12n3_n12n13 <- D.n12n3 - D.n12n13
1-pchisq(D.n12n3_n12n13, 1)

detach(pcd.data)
```

■ 예 5.8

```
# Gender: 1(Femail), 2(Male)
# Staus: 1(Low), 2(Not Low)
```

```
# Opinion: 1(Support), 2(Do Not Support)
# Freq: Cell counts

gso.data <- data.frame(
  Gender=factor(c(1,1,1,1,2,2,2,2)),
  Status=factor(c(1,1,2,2,1,1,2,2)),
  Opinion=factor(c(1,2,1,2,1,2,1,2)),
  Freq=c(171, 79,138,112,152,148,167,133)
)

attach(gso.data)

n123 <- xtabs(Freq~Status+Opinion+Gender)

rst.n12n3 <- glm(Freq~Gender+Status+Opinion+Gender*Status,
                 family=poisson)
h.n12n3 <- exp(predict(rst.n12n3))
D.n12n3 <- 2*sum(Freq*log(Freq/h.n12n3))
1-pchisq(D.n12n3, 3)

rst.n12n13 <- glm(Freq~Gender+Status+Opinion+Gender*Status
                  +Gender*Opinion, family=poisson)
h.n12n13 <- exp(predict(rst.n12n13))
D.n12n13 <- 2*sum(Freq*log(Freq/h.n12n13))
1-pchisq(D.n12n13, 2)

rst.n12n13n23 <- glm(Freq~Gender+Status+Opinion+Gender*Status
                     +Gender*Opinion+Status*Opinion,
                     family=poisson)
h.n12n13n23 <- exp(predict(rst.n12n13n23))
D.n12n13n23 <- 2*sum(Freq*log(Freq/h.n12n13n23))
1-pchisq(D.n12n13n23, 1)

rst.n123 <- glm(Freq~Gender+Status+Opinion+Gender*Status+
                Gender*Opinion+Status*Opinion+
                Gender*Status*Opinion, family=poisson)
h.n123 <- exp(predict(rst.n123))

D.n12n3_n12n13 <- D.n12n3 - D.n12n13
1-pchisq(D.n12n3_n12n13, 1)

alpha_1 <- (171*112)/(79*138)
alpha_2 <- (152*133)/(148*167)
log(alpha_2/alpha_1)

detach(gso.data)
```

연습 문제

1. $2\times2\times2$ 분할표를 위한 포화모형 [1][2][3]의 $u_{1(1)}$, $u_{12(11)}$을 교차적비의 함수로 나타내시오.

2. $2\times2\times2$ 분할표를 위한 포화모형 [1][2][3]에서 기준점 조건이 부여되었을 때의 $u_{1(2)}$, $u_{12(22)}$를 교차적비의 함수로 나타내시오.

3. 삼차원 분할표에 대한 [12][23]의 최소 충분통계량을 구하고 칸 기댓값의 추정량을 구하시오.

4. 이차원 로그 선형모형에 대한 이탈도 (5.9)에서 $\sum_{i=1}^{I}\sum_{j=1}^{J} y_{ij} = \sum_{i=1}^{I}\sum_{j=1}^{J}\hat{\lambda}_{ij}$의 관계가 성립되는 것을 보이시오.

5. 모형 [12][3]에 대하여

   1) $u_{3(1)} - u_{3(2)}$의 최우추정량이 $\log n_{++1} - \log n_{++2}$임을 보이시오.

   2) $u_{12(ij)}$의 최우추정량들에 의하여 다음이 성립함을 보이시오.

$$\log\left(\frac{\hat{u}_{12(11)}\hat{u}_{12(22)}}{\hat{u}_{12(12)}\hat{u}_{12(21)}}\right) = \log n_{11+} - \log n_{12} - \log n_{21} + \log n_{22}$$

6. 삼차원 분할표에서 모형 [123]과 [12][3]을 비교하기 위한 이탈도인 식 (5.44)

에서 다음과 같은 관계가 성립되는 것을 보이시오.

$$\sum_{i=1}^{I}\sum_{j=1}^{J}\sum_{k=1}^{K} y_{ijk}\log\left(\frac{\hat{\lambda}_{ijk}^{[12][3]}}{\hat{\lambda}_{ijk}^{[1][2][3]}}\right) = \sum_{i=1}^{I}\sum_{j=1}^{J}\sum_{k=1}^{K} \hat{\lambda}_{ijk}^{[12][3]}\log\left(\frac{\hat{\lambda}_{ijk}^{[12][3]}}{\hat{\lambda}_{ijk}^{[1][2][3]}}\right)$$

7. 다음의 자료는 인종과 사형 판결과의 관계를 식별하기 위해 조사된 $2\times2\times2$ 분할표이다. 피의자 인종을 Y_1, 희생자 인종을 Y_2, 사형 판결 여부를 Y_3이라고 하자. 세 변수 간의 확률적 연관성을 식별하기 위한 로그 선형모형을 적절한 계층구조를 이용하여 선택하시오.

피의자	희생자	사형 판결	
		예	아니오
흑인	흑인	6	97
	백인	11	52
백인	흑인	0	9
	백인	19	132

8. 다음 자료는 성별 Y_1, 선호 정당 Y_2에 따라 낙태 합법화 Y_3에 관한 지지 여부를 조사한 $2\times3\times2$ 자료이다. 조사는 여성 500명과 남성 600명을 대상으로 실시되었다.

성별	선호 정당	견해	
		지지	반대
여성	공화당	79	40
	민주당	132	71
	없음	98	80
남성	공화당	65	94
	민주당	141	95
	없음	113	92

1) 표본추출모형을 결정하시오.

2) 표본추출모형에 따라 반드시 포함되어야 하는 모수를 결정하시오.

3) 세 변수 간의 확률적인 관계를 가장 잘 나타내는 로그 선형모형을 선택하시오.

Chapter 6

로지스틱 회귀모형

1. 이항 로지스틱 회귀모형
2. 모형의 추정과 적합성 판단
3. 다항 로지스틱 회귀모형

R-Code

연습 문제

제6장
로지스틱 회귀모형

범주형 변수들 중에서 실험 또는 관찰의 결과가 두 가지 값으로 나타나는 경우를 이항변수(binary variable)라고 부른다. 특정 연도에 건강검진을 받았는지의 여부(예, 아니오), 출퇴근에 이용하는 교통수단이 대중교통인지의 여부 그리고 금융대출에 대한 이자 상환이 연체되었는지의 여부 등을 이항 반응변수의 예로 들 수 있다.

이들 두 가지 결과를 성공 또는 실패라고 부르기로 하자. 성공과 실패의 두 가지 결과를 실험값으로 갖는 확률변수 Z은 베르누이 시행(Bernoulli trial)에 의한 결과를 값으로 갖기 때문에 베르누이 확률변수라고 부르기도 한다. 따라서 성공확률은 $P(Z=1)=\pi$ 그리고 실패확률은 $P(Z=0)=(1-\pi)$와 같이 나타낼 수 있다.

성공확률이 $P(Z_j=1)=\pi,\ j=1,2,\cdots,n$인 서로 독립인 n개의 베르누이 확률변수를 $Z_1,\ Z_2,\ \cdots,\ Z_n$이라고 하자. 이들 n개 확률변수들의 합

$$Y=\sum_{j=1}^{n} Z_j \tag{6.1}$$

는 $B(n,\pi)$를 따르게 된다. 즉,

$$P(Y=y)=\binom{n}{y}\pi^{y}(1-\pi)^{n-y},\ y=0,1,\cdots,n.$$

보다 일반적으로 서로 독립인 N개의 (6.1)과 같은 이항분포를 따르는 이항확률변수 $Y_1,\ Y_2,\ \cdots,\ Y_N$을 고려해 보기로 한다. 즉, $Y_i\sim B(n_i,\pi_i),\ i=1,2,$

$\cdots, N$. 여기서 각 i를 그룹 혹은 층(strata)이라고 하며, 자료는 <표 6.1>과 같이 나타낼 수 있다.

〈표 6.1〉 N개 그룹에 대한 이항확률변수의 자료구조

	그룹			
	1	2	$\cdots$	N
성공	Y_1	Y_2	$\cdots$	Y_N
실패	$n_1 - Y_1$	$n_2 - Y_2$	$\cdots$	$n_N - Y_N$
합	n_1	n_2	$\cdots$	n_N

1. 이항 로지스틱 회귀모형

<표 6.1>의 자료에서 층은 여러 예측변수들의 수준 또는 값에 의하여 서로 배반인 그룹으로 나뉠 수 있다고 가정한다. 이항분포는 지수족에 속하고 $E(Y_i) = \mu_i = n_i \pi_i$이므로 성공확률과 적절한 연결함수 $g(\cdot)$에 의한 일반화 선형모형을 고려할 수 있다.

$$g(\pi_i) = \underline{x}_i^T \underline{\beta}. \tag{6.2}$$

여기서 $\underline{x}_i$는 기울기를 포함한 예측변수들에 의한 계획행렬의 i번째 행 벡터를 나타내며, $\underline{\beta}$는 모수 벡터를 의미한다.

고려할 수 있는 여러 연결함수 중에서 항등연결함수에 의한 모형은 선형 확률모형(linear probability model)이라고 한다.

$$\pi_i = \underline{x}_i^T \underline{\beta}. \tag{6.3}$$

그러나 선형 확률모형은 모형에 의해 추정된 $\hat{\pi}_i$가 예측변수의 값에 따라서

0보다 작거나 또는 1보다 커질 수 있다는 심각한 단점을 가지게 된다. 이러한 단점을 극복하기 위하여 로그 연결함수를 이용한

$$\log(\pi_i) = \underline{x}_i^T \underline{\beta} \tag{6.4}$$

와 같은 모형을 고려할 수도 있다. 그런데 $0 \leqq \pi_i \leqq 1$이므로 모형에 의해 예측된 값은 구간 $-\infty < \log(\pi_i) < 0$의 값을 가져야 한다. 그러나 위 모형 역시 예측변수의 값에 따라 0보다 큰 값이 추정될 수 있는 단점을 가지게 된다.

모형 (6.3)과 유사하게 성공과 실패의 odd가 연결함수인 모형을 고려해 보기로 한다.

$$\frac{\pi_i}{1-\pi_i} = \underline{x}_i^T \underline{\beta}. \tag{6.5}$$

odd는 구간 $0 < \pi_i/(1-\pi_i) < \infty$에서 정의되므로 모형 (6.5) 역시 예측변수의 값에 따라 0보다 적은 추정이 이루어질 수 있다. 그러나 다음과 같은 odd에 로그 변환을 적용한 모형

$$\log\left(\frac{\pi_i}{1-\pi_i}\right) = \underline{x}_i^T \underline{\beta} \tag{6.6}$$

는 로그 odd가 가질 수 있는 값의 구간이 $-\infty < \log(\pi_i/(1-\pi_i)) < \infty$이기 때문에 앞의 모형과는 달리 추정값 범위에 관한 문제는 발생하지 않는다.

이와는 달리 만일 성공확률이 다음과 같은 비선형 함수

$$\pi_i = e^{\underline{x}_i^T \underline{\beta}} \tag{6.7}$$

이거나 또는 odd가

$$\frac{\pi_i}{1-\pi_i} = e^{\underline{x}_i^T \underline{\beta}} \tag{6.8}$$

인 것을 가정하면, 모형 (6.7)은 (6.4)와 같고 모형 (6.8)은 (6.6)과 같은 모형이 된다. 모형 (6.6) 또는 (6.8)은 모형 (6.3), (6.5)와는 달리 성공확률 또는 odd가 지수함수에 의해 설명하는 모형인 것을 알 수 있다.

모형 (6.8)은 로그 변환을 통해 선형구조로 나타낼 수 있고, 로그 odd가 연결함수인 $g(\pi_i) = \log(\pi_i/(1-\pi_i))$에 의한 일반화 선형모형이 된다. 이항분포의 자연모수는 $\log(\pi_i/(1-\pi_i))$임을 상기하자. 이러한 연결함수를 로짓 함수(logit function)라고 부르며, 로짓 함수에 의하여 성공확률은

$$\pi_i = \frac{e^{\underline{x}_i^T \underline{\beta}}}{1+e^{\underline{x}_i^T \underline{\beta}}} \tag{6.9}$$

와 같은 로지스틱 함수(logistic function)로 나타낼 수 있다. 이러한 이유로 로짓 연결함수에 의한 모형 (6.6)은 로지스틱 회귀모형 또는 이항 확률변수에 대한 모형이므로 이항 로지스틱 회귀모형이라고 부른다.

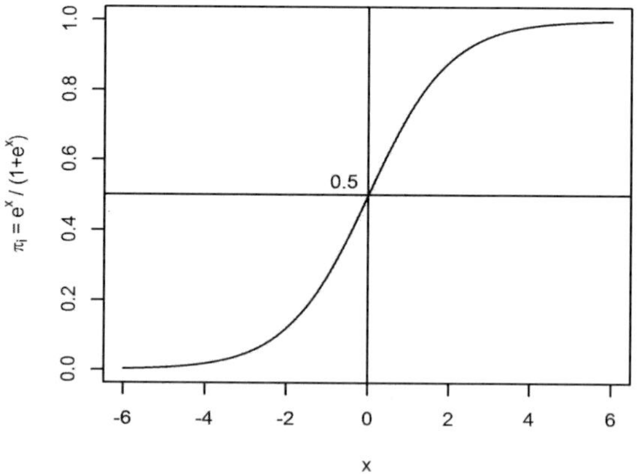

〈그림 6.1〉 로지스틱 함수

로지스틱 함수는 <그림 6.1>과 같이 나타낼 수 있다. 먼저, 로지스틱 함수는 x-축의 값이 0이면 0.5의 값을 가진다. 그리고 x-축의 값이 0보다 커지면 1에 수렴하는 이차함수의 형태이고, x-축의 값이 0보다 적으면 0에 수렴하는 이차함수의 형태를 가지는 것을 볼 수 있다. 마치 누적 분포함수(cumulative distribution function)의 형태와 매우 유사한 형태를 취하는 것을 알 수 있다. 따라서 선형예측항 $\eta_i = \underline{x}_i^T \underline{\beta}$은 항상 0과 1 사이의 값을 취하게 된다.

2. 모형의 추정과 적합성 판단

예측변수들의 값과 수준에 의한 Y_1, Y_2, $\cdots$, Y_N은 서로 독립인 이항분포를 따르므로 다음과 같은 로그 우도함수를 얻을 수 있다.

$$l(\pi_1, \pi_2, \cdots, \pi_N ; y_1, y_2, \cdots, y_N) = \sum_{i=1}^{N}\left[y_i \log\left(\frac{\pi_i}{1-\pi_i}\right) + n_i \log(1-\pi_i) + \log\binom{n_i}{y_i}\right].$$

식 (6.6)에서

$$\log(1-\pi_i) = -\log\left(1+e^{\underline{x}_i^T \underline{\beta}}\right)$$

와 같이 구할 수 있으므로 로그 우도함수는

$$l = \sum_{i=1}^{N}\left[y_i(\underline{x}_i^T \underline{\beta}) - n_i \log\left(1+e^{\underline{x}_i^T \underline{\beta}}\right) + \log\binom{n_i}{y_i}\right] \qquad (6.10)$$

와 같이 다시 쓸 수 있다. 로그 우도함수로부터 기울기를 포함한 p개 모수 β_j의 최우추정을 위하여 다음과 같은 스코어 함수를 얻을 수 있다.

$$U_j = \frac{\partial l}{\partial \beta_j} = \sum_{i=1}^{N}\left\{y_i x_{ij} - n_i x_{ij}\left[\frac{e^{\underline{x}_i^T \underline{\beta}}}{1+e^{\underline{x}_i^T \underline{\beta}}}\right]\right\}$$
$$= \sum_{i=1}^{N} x_{ij}\,(y_i - n_i \pi_i). \tag{6.11}$$

식 (6.11)에서 볼 수 있듯이 스코어 통계량 U_j는 β_j의 비선형 함수이다. 따라서 반복계산 방법 중에서 Newton-Raphson 방법을 이용하여 β_j를 추정하기로 한다.

Hessian 행렬의 (j, k)번째 원소 h_{jk}는 식 (3.13)으로 유도할 수 있다. 또는 (6.11)의 스코어 통계량을 직접 β_k에 대하여 미분하면 다음과 같이 구할 수 있다.

$$\frac{\partial l}{\partial \beta_j \beta_k} = \frac{\partial l}{\partial \beta_k}\sum_{i=1}^{N}\left\{y_i x_{ij} - n_i x_{ij}\left[\frac{e^{\underline{x}_i^T \underline{\beta}}}{1+e^{\underline{x}_i^T \underline{\beta}}}\right]\right\}$$
$$= -\sum_{i=1}^{N}\frac{n_i\left(1+e^{\underline{x}_i^T \underline{\beta}}\right)e^{\underline{x}_i^T \underline{\beta}} x_{ij}x_{ik} - n_i\left(e^{\underline{x}_i^T \underline{\beta}}\right)^2 x_{ij}x_{ik}}{\left(1+e^{\underline{x}_i^T \underline{\beta}}\right)^2}$$
$$= -\sum_{i=1}^{N}\left(n_i x_{ij} x_{ik}\pi_i - n_i x_{ij} x_{ik}\pi_i^2\right)$$
$$= -\sum_{i=1}^{N} x_{ij} x_{ik}\left[n_i \pi_i (1-\pi_i)\right]. \tag{6.12}$$

식 (6.11)과 식 (6.12)에 의해 스코어 벡터와 Hessian 행렬은 각각 다음과 같이 나타낼 수 있다.

$$\underline{U} = \boldsymbol{X}^T(\underline{y} - \underline{\mu}),$$
$$\boldsymbol{H} = -\boldsymbol{X}^T \boldsymbol{W} \boldsymbol{X}.$$

여기서 $\underline{\mu}$는 기댓값 $u_i = n_i \pi_i$에 의한 벡터를 나타내고, $\boldsymbol{W}$는 i번째 대각원소

$w_{ii} = n_i\pi_i(1-\pi_i)$인 $N \times N$ 대각행렬을 나타낸다.

$\underline{b}^{(m-1)}$을 $(m-1)$번째 반복에서의 잠정추정값이라고 하자. $\underline{b}^{(m-1)}$에 의한 $\boldsymbol{W}(\underline{b}^{(m-1)})$과 $\underline{U}(\underline{b}^{(m-1)})$을 이용한 Newton-Raphson 방법의 추정방정식은

$$\underline{b}^{(m)} = \underline{b}^{(m-1)} - \left[-(\boldsymbol{X}^T\boldsymbol{W}(\underline{b}^{(m-1)})\boldsymbol{X})^{-1}\right]\underline{U}(\underline{b}^{(m-1)}) \tag{6.13}$$

과 같다. 여기서 $\underline{\mu}^{(m-1)}$은

$$\hat{\pi}_i^{(m-1)} = \frac{\exp(\underline{x}_i\underline{b}^{(m-1)})}{1+\exp(\underline{x}_i\underline{b}^{(m-1)})} \tag{6.14}$$

을 통해 얻은 기댓값을 나타내며, $w_{ii}^{(m-1)} = n_i\hat{\pi}_i^{(m-1)}(1-\hat{\pi}_i^{(m-1)})$과 같이 계산되어야 한다.

Fisher의 스코어링 방법을 위한 정보행렬 $\mathfrak{I} = -E(\boldsymbol{H})$가 된다. 그러므로 스코어링 방법의 추정방정식 역시 포아송 회귀모형에서와 마찬가지로 (6.13)과 같은 것을 쉽게 밝힐 수 있다.

역행렬의 성질에 의하여 $\mathfrak{I}^{-1}\mathfrak{I}$는 대각 원소가 1인 $N \times N$ 단위행렬(identity matrix)이 되므로 즉,

$$(\boldsymbol{X}^T\boldsymbol{W}(\underline{b}^{(m-1)})\boldsymbol{X})^{-1}(\boldsymbol{X}^T\boldsymbol{W}(\underline{b}^{(m-1)})\boldsymbol{X}) = I$$

이므로 Newton-Rapson 방법 또는 Fisher의 스코어링 방법을 위한 식 (6.13)의 좌변과 우변에 각각 $(\boldsymbol{X}^T\boldsymbol{W}(\underline{b}^{(m-1)})\boldsymbol{X})^{-1}(\boldsymbol{X}^T\boldsymbol{W}(\underline{b}^{(m-1)})\boldsymbol{X})$을 곱해 주면

$$\begin{aligned}\underline{b}^{(m)} &= (\boldsymbol{X}^T\boldsymbol{W}(\underline{b}^{(m-1)})\boldsymbol{X})^{-1}(\boldsymbol{X}^T\boldsymbol{W}(\underline{b}^{(m-1)})\boldsymbol{X})\,\underline{b}^{(m-1)} \\ &\quad + (\boldsymbol{X}^T\boldsymbol{W}(\underline{b}^{(m-1)})\boldsymbol{X})^{-1}\boldsymbol{X}^T(\underline{y} - \hat{\underline{\mu}}^{(m-1)}) \\ &= (\boldsymbol{X}^T\boldsymbol{W}(\underline{b}^{(m-1)})\boldsymbol{X})^{-1}\boldsymbol{X}^T\boldsymbol{W}(\underline{b}^{(m-1)})\big[\boldsymbol{X}\,\underline{b}^{(m-1)}\end{aligned}$$

$$+ \boldsymbol{W}^{-1}(\underline{b}^{(m-1)})(\underline{y} - \hat{\underline{\mu}}^{(m-1)})\Big]$$

$$= (\boldsymbol{X}^T \boldsymbol{W}(\underline{b}^{(m-1)})\boldsymbol{X})^{-1} \boldsymbol{X}^T \boldsymbol{W}(\underline{b}^{(m-1)})\, \underline{z}^{(m-1)}. \tag{6.15}$$

식 (6.15)에서

$$\underline{z}^{(m-1)} = \boldsymbol{X}\underline{b}^{(m-1)} + \boldsymbol{W}^{-1}(\underline{b}^{(m-1)})(\underline{y} - \hat{\underline{\mu}}^{(m-1)}) \tag{6.16}$$

이며, i번째 원소는 식 (4.7)에 의해 유도하거나 또는 (6.16)으로부터

$$z_i^{(m-1)} = \sum_{j=1}^{p} x_{ij} b_j^{(m-1)} + \frac{y_i - n_i \hat{\pi}_i^{(m-1)}}{n_i \hat{\pi}_i^{(m-1)}(1 - \hat{\pi}_i^{(m-1)})} \tag{6.17}$$

인 것을 알 수 있다. 따라서 반복가중최소제곱 방법 또는 IRWLS 방법의 추정방정식 (6.15)는 Newton-Raphson 방법 또는 Fisher의 스코어링 방법으로부터 쉽게 유도할 수 있다.

포화모형은 모든 N개의 그룹에 대한 성공확률인 π_i를 가지고 있는 모형이므로 최우추정량은 $\hat{\underline{\pi}}_i = y_i / n_i$와 같이 추정할 수 있다. 이들 최우추정량에 의해 $\underline{b}_{\max} = [y_1/n_1, y_2/n_2, \cdots, y_N/n_N]^T$와 같이 나타내기로 한다. 로그 우도함수의 최댓값은

$$l(\underline{b}_{\max}; \underline{y}) = \sum_{i=1}^{N}\left[y_i \log\left(\frac{y_i}{n_i}\right) - y_i \log\left(\frac{n_i - y_i}{n_i}\right) + n_i \log\left(\frac{n_i - y_i}{n_i}\right) + \log\binom{n_i}{y_i}\right]$$

가 될 것이다. 모형 (6.6)의 $p < N$개 모수 벡터 $\underline{\beta}$에 최우추정량을 $\underline{b}$라고 하자. $\underline{b}$와 (6.14)를 통해 얻은 π_i의 최우추정량을 $\hat{\pi}_i$라고 하면 $\hat{y}_i = n_i \hat{\pi}_i$와 같이 구할 수 있으므로 다음과 같은 로그 우도함수값을 얻게 된다.

$$l(\underline{b}\,;\underline{y}) = \sum_{i=1}^{N}\left[y_i \log\left(\frac{\hat{y}_i}{n_i}\right) - y_i \log\left(\frac{n_i - \hat{y}_i}{n_i}\right) + n_i \log\left(\frac{n_i - \hat{y}_i}{n_i}\right) + \log\binom{n_i}{y_i}\right].$$

따라서 모형 (6.6)의 적합성을 판단하기 위한 다음과 같은 이탈도를 얻을 수 있다.

$$\begin{aligned} D &= 2[l(\underline{b}_{\max}\,;\underline{y}) - l(\underline{b}\,;\underline{y})] \\ &= 2\sum_{i=1}^{N}\left[y_i \log\left(\frac{y_i}{\hat{y}_i}\right) + (n_i - y_i)\log\left(\frac{n_i - y_i}{n_i - \hat{y}_i}\right)\right]. \end{aligned} \tag{6.18}$$

위 이탈도의 자유도는 N개 그룹에 대하여 p개 모수만을 고려했으므로 $N-p$가 된다.

【예 6.1】 딱정벌레 사망 개체 수 자료

제1장에서 이항 로지스틱 회귀모형의 설명을 위해 소개하였던 여러 농도의 기체 이황화탄소에 노출된 딱정벌레의 사망 개체 수 자료인 <표 1.6>을 분석하기로 한다.

자료를 위한 모형은

$$\pi_i = \frac{\exp(\beta_1 + \beta_2 x_i)}{1 + \exp(\beta_1 + \beta_2 x_i)}.$$

또는

$$\log\left(\frac{\pi_i}{1-\pi_i}\right) = \beta_1 + \beta_2 x_i$$

로, x_i는 $\log_{10}$(농도)을 나타낸다. 또한

$$\log(1-\pi_i) = -\log[1+\exp(\beta_1+\beta_2 x_i)]$$

이므로 다음과 같은 로그 우도함수를 얻을 수 있다.

$$l = \sum_{i=1}^{N}\left[y_i(\beta_1+\beta_2 x_i) - n_i \log[1+\exp(\beta_1+\beta_2 x_i)] + \log\binom{n_i}{y_i}\right].$$

β_1과 β_2의 최우추정을 위한 스코어 함수는 각각

$$\begin{aligned} U_1 = \frac{\partial l}{\partial \beta_1} &= \sum_{i=1}^{N}\left\{y_i - n_i\left[\frac{\exp(\beta_1+\beta_2 x_i)}{1+\exp(\beta_1+\beta_2 x_i)}\right]\right\} \\ &= \sum_{i=1}^{N}(y_i - n_i\pi_i), \\ U_2 = \frac{\partial l}{\partial \beta_2} &= \sum_{i=1}^{N}\left\{y_i x_i - n_i x_i\left[\frac{\exp(\beta_1+\beta_2 x_i)}{1+\exp(\beta_1+\beta_2 x_i)}\right]\right\} \\ &= \sum_{i=1}^{N}(y_i - n_i\pi_i)x_i \end{aligned}$$

와 같이 구할 수 있다.

추정을 위한 정보행렬은 대각원소가 $w_{ii} = n_i\pi_i(1-\pi_i)$인 대각행렬 $\boldsymbol{W}$와 계획행렬 $\boldsymbol{X}$에 의하여

$$\mathfrak{I} = \begin{bmatrix} \sum_{i=1}^{N} n_i\pi_i(1-\pi_i) & \sum_{i=1}^{N} n_i x_i\pi_i(1-\pi_i) \\ \sum_{i=1}^{N} n_i x_i\pi_i(1-\pi_i) & \sum_{i=1}^{N} n_i x_i^2\pi_i(1-\pi_i) \end{bmatrix}$$

가 될 것이다.

식 (6.15)를 이용한 반복계산은 $b_1 = b_2 = 0$과 같은 초기값을 이용하기로 한다. 초기값에 의한 벡터를 $\underline{b}^{(0)}$과 같이 나타내기로 하면, $\underline{b}^{(0)}$에 의한 성공비율

은 $\hat{\pi}_i^{(0)} = 1/2$과 같이 계산된다.

계획행렬은

$$\boldsymbol{X} = \begin{bmatrix} 1 & 1.6907 \\ 1 & 1.7242 \\ 1 & 1.7552 \\ 1 & 1.7842 \\ 1 & 1.8113 \\ 1 & 1.8369 \\ 1 & 1.8610 \\ 1 & 1.8839 \end{bmatrix}$$

와 같고, $\underline{b}^{(0)}$에 의한 대각행렬 $\boldsymbol{W}^{(0)}$의 대각원소는 $w_{ii}^{(0)} = n_i\hat{\pi}_i^{(0)}(1-\hat{\pi}_i^{(0)})$과 같이 구할 수 있다. $\underline{z}^{(0)}$은 식 (6.16)을 통해 구할 수 있으므로 식 (6.15)에 의해 $\underline{b}^{(1)} = [-37.8564, 21.3374]^T$와 같은 첫 번째 반복에서의 잠정추정값을 얻을 수 있다. 이러한 반복계산을 계속하면 <표 6.2>와 같은 추정값들을 얻게 된다.

〈표 6.2〉 반복에 따른 잠정추정값

반복(m)	b_1	b_2	l
0	0	0	-165.8835
1	-37.8564	21.3374	-32.4895
2	-53.8532	30.3835	-19.7541
3	-59.9652	33.8442	-18.7269
4	-60.7078	34.2648	-18.7151
5	-60.7175	34.2703	-18.7151
6	-60.7175	34.2703	-18.7151

다섯 번째 반복과 여섯 번째 반복에서의 추정값들의 차이가 거의 없으므로 여섯 번째 반복에서의 추정값으로부터 최우추정값 $\underline{b} = \underline{b}^{(6)}$과 같이 결정할 수 있다. <표 6.2>에서 $\underline{b}^{(m)}$에 따른 로그 우도함수값 l은 반복이 거듭될수록 커지면서 수렴되는 것을 볼 수 있다. 결국 $l(\underline{b};\underline{y}) = -18.7152$가 된다.

$\underline{\beta}$의 최우추정값 $\underline{b}$의 분산공분산행렬은

$$E[(\underline{b} - \underline{\beta})(\underline{b} - \underline{\beta})^T] = \mathfrak{I}(\underline{b})^{-1} = (\boldsymbol{X}^T \boldsymbol{W}(\underline{b})\, \boldsymbol{X})^{-1}$$

이므로, 주어진 자료에서는

$$\mathfrak{I}(\underline{b})^{-1} = \begin{bmatrix} 26.8398 & -15.0822 \\ -15.0822 & 8.4806 \end{bmatrix}$$

과 같이 구할 수 있다. 분산공분산행렬의 대각원소인 $1/\mathfrak{I}_{jj}$는 b_j의 표준오차 $s.e.(b_j)$이므로 추정된 계수의 유의성을 검정하기 위한 Wald 통계량 값은

$$\frac{b_j}{s.e.(b_j)}$$

를 통해 얻을 수 있다.

<표 6.3>에서 두 추정계수의 Wald 통계량 값이 매우 크므로 두 값은 유의한 추정이 이루어진 것으로 판단할 수 있다. 또한 모형의 적합성을 판단하기 위한 이탈도는 $D = 11.2322$와 같이 계산되며, 자유도는 $N = 8$이고 $p = 2$이기 때문에 6이 된다. p-값은 0.0815를 얻게 되고, 모형은 자료에 비교적 잘 적합되는 것을 알 수 있다.

〈표 6.3〉 추정계수의 유의성 검정

b_j	$s.e.(b)$	Wald
-60.7175	5.1807	-11.7199
34.2703	2.9121	11.7681

모형의 기울기를 나타내는 β_2는 두 번째 관찰값과 첫 번째 관찰값의 차이를 이용하여 다음과 같은 관계를 유도할 수 있다.

$$\beta_2(x_2 - x_1) = \log\left(\frac{\pi_2}{1-\pi_2}\right) - \log\left(\frac{\pi_1}{1-\pi_1}\right)$$

$$= \log\left(\frac{\pi_2/(1-\pi_2)}{\pi_1/(1-\pi_1)}\right). \tag{6.19}$$

또는

$$\exp[\beta_2(x_2 - x_1)] = \frac{\pi_2/(1-\pi_2)}{\pi_1/(1-\pi_1)}$$

과 같이 표현할 수 있다. 만일 $x_2 - x_1 = 1$이라면 β_2는 로그 교차적비 또는 로그 odds 비이며, e^{β_2}는 odds 비가 된다. 따라서 로지스틱 모형의 계수들은 odds의 비율로 해석하여야 한다. 자료로부터

$$\exp[34.2703(1.7242 - 1.6907)] = 3.1521$$

과 같이 계산할 수 있으므로 기체 이황화탄소의 농도를 나타내는 $\log_{10}$(농도)이 $(1.7242 - 1.6907) = 0.0335$만큼 증가하면 딱정벌레의 사망 odd는 약 3.15배 정도 증가하는 것으로 해석할 수 있다.

추정된 모형의 적합성 분석을 위하여 다음과 같은 Pearson 잔차

$$r_i = \frac{y_i - n_i\hat{\pi}_i}{\sqrt{n_i\hat{\pi}_i(1-\hat{\pi}_i)}} \tag{6.20}$$

와 식 (6.18)의 이탈도에 의한 이탈도 잔차

$$d_i = \text{sign}(y_i - n_i\hat{\pi}_i)\sqrt{2\left[y_i\log\left(\frac{y_i}{n_i\hat{\pi}_i}\right) + (n_i - y_i)\log\left(\frac{n_i - y_i}{n_i - n_i\hat{\pi}_i}\right)\right]} \tag{6.21}$$

를 고려할 수 있다. 포아송 회귀모형에서와 마찬가지로 Pearson 잔차는 모형의 적합성을 검정하기 위한 다음의 Pearson 통계량의 구성요소인 것으로 볼 수도 있다.

$$X^2 = \sum_{i=1}^{N} r_i = \sum_{i=1}^{N} \frac{(y_i - n_i\hat{\pi}_i)^2}{n_i\hat{\pi}_i(1-\hat{\pi}_i)}. \tag{6.22}$$

모형의 적합성을 판단하기 위하여 이탈도 (6.18)과 유사한 최소모형과의 비교를 통한 이탈도 역시 정의할 수 있다. 최소모형은

$$\pi_i = \frac{\exp(\beta_1)}{1 + \exp(\beta_1)}$$

과 같이 나타낼 수 있고, 주어진 자료에서는 $b_1 = 0.4263$과 같이 추정된다. 이 값에 의한 성공확률은 $\tilde{\pi} = \left(\sum_{i=1}^{N} y_i\right) / \left(\sum_{i=1}^{N} n_i\right) = 0.6050$과 같이 쉽게 구할 수도 있다. 이제 $b_{\min} = b_1$이라고 하면, $l(b_{\min}; \underline{y}) = -155.2002$와 같이 계산된다. 이 값을 이용하면 최소모형을 이용한 이탈도는 두 모형의 모수의 차이는 1이므로 자유도는 1이 되고 $D = 2[l(\underline{b}; \underline{y}) - l(b_{\min}; \underline{y})] = 272.9702$이므로 p-값이 0에 매우 가까우므로 추정된 모형은 매우 잘 적합되는 것으로 판단하게 된다.

최소모형의 로그 우도함수를 이용하여 포아송 회귀모형에서와 같이 다음과 같은 유사 결정계수를 정의할 수 있다.

$$R^2_{pseudo} = \frac{l(b_{\min}; \underline{y}) - l(\underline{b}; \underline{y})}{l(b_{\min}; \underline{y})}.$$

적합된 모형에 대하여 $R^2_{pseudo} = 0.9605$이며, 적합된 모형은 자료의 약 96% 정도를 설명하는 것으로 해석할 수 있다. ■

3. 다항 로지스틱 회귀모형

셋 이상인 범주를 갖는 범주형 변수를 다항변수(multinomial variable)라고 부른다.

반응변수가 예측변수에 의해 N개 그룹으로 나뉘고, 각 그룹에 대하여 J개 범주를 갖을 때의 자료구조는 <표 6.4>와 같이 나타낼 수 있다.

〈표 6.4〉 N개 그룹에 대한 다항확률변수의 자료구조

그룹	범주				
	1	2	…	J	합
1	Y_{11}	Y_{12}	…	Y_{1J}	n_1
2	Y_{21}	Y_{22}	…	Y_{2J}	n_2
⋮	⋮	⋮	⋱	⋮	⋮
N	Y_{N1}	Y_{N2}	…	Y_{NJ}	n_N

<표 6.4>에서 i번째 그룹에 속하고 j번째 범주를 갖는 변수를 Y_{ij}라고 하면, i번째 그룹에 속하는 확률변수들은 다음과 같은 다항분포를 따르게 된다.

$$P(Y_{i1}=y_{i1}, Y_{i2}=y_{i2}, \cdots, Y_{iJ}=y_{iJ}) = \frac{n_i!}{y_{i1}!y_{i2}!\cdots y_{iJ}!}\pi_{i1}^{y_{i1}}\pi_{i2}^{y_{i2}}\cdots\pi_{iJ}^{y_{iJ}}.$$

여기서 $\pi_{ij} = P(Y_{ij} = y_{ij})$이며, $n_i = \sum_{j=1}^{J} y_{ij}$와 같이 나타내기로 한다. 따라서 전체 자료 수 $n = \sum_{i=1}^{N} n_i$가 된다.

각 그룹은 서로 독립인 것을 가정하므로 <표 6.4>의 자료는 식 (5.3)과 같이 다음과 같은 적다항분포가 표본추출모형인 것으로 생각할 수 있다.

$$P[Y_{11}=y_{11}, Y_{12}=y_{12}, \cdots, Y_{NJ}=y_{NJ}] = \prod_{i=1}^{N}\frac{n_i!}{y_{i1}!y_{i2}!\cdots y_{iJ}!}\pi_{i1}^{y_{i1}}\pi_{i2}^{y_{i2}}\cdots\pi_{iJ}^{y_{iJ}}.$$

$J>2$개 범주를 갖는 반응변수에 대하여 모형 (6.6)과 유사하게 다음과 같은 다항 로지스틱 회귀모형(multinomial logistic regression model)을 정의할 수 있다.

$$\log\left(\frac{\pi_{ij}}{\pi_{i1}}\right) = \log\left(\frac{\pi_{ij}}{1 - \sum_{j=2}^{J}\pi_{ij}}\right) = \underline{x}_i^T\underline{\beta}_j. \tag{6.23}$$

여기서 $i = 1, 2, \cdots, N$, $j = 2, 3, \cdots, J$이며, $\underline{x}_i^T$는 계획행렬의 i번째 행벡터 $\underline{\beta}_j = [\beta_{j1}\ \beta_{j2}\ \cdots\ \beta_{jp}]$는 j번째 범주의 로짓 연결함수에 의한 모수 벡터를 나타낸다. 모형 (6.23)에는 $j = 2, 3, \cdots, J$이므로 $p\times(J-1)$개의 모수가 포함된다.

모형 (6.6)은 성공과 실패의 로그 odd를 선형예측항으로 나타낸 모형이라면 모형 (6.23)은 j번째 범주와 첫 번째 범주의 로그 odd를 선형예측항으로 나타낸 모형이라고 생각할 수 있다. 모형 (6.6)에서의 실패 또는 모형 (6.23)에서의 첫 번째 범주와 같이 odd의 분모가 되는 범주를 기준범주(reference category)라고 한다. 기준범주에 의한 다항 로지스틱 회귀모형은 명목 로지스틱 회귀모형(nominal logistic regression model)이라고 부르기도 한다.

모형 (6.23)은 첫 번째 범주를 기준범주로 선택하였으므로 π_{ij}는 다음과 같은 로지스틱 함수로 나타낼 수 있다.

$$\pi_{i1} = \frac{1}{1 + \sum_{j=2}^{J} e^{\underline{x}_i^T\underline{\beta}_j}},\ j = 1, \tag{6.24}$$

$$\pi_{ij} = \frac{e^{\underline{x}_i^T\underline{\beta}}}{1 + \sum_{j=2}^{J} e^{\underline{x}_i^T\underline{\beta}_j}},\ 2 \leqq j \leqq J. \tag{6.25}$$

모형 (6.23)의 β_{jk}, $k = 1, 2, \cdots, p$의 최우추정을 위한 결합분포함수인 적다항분포는 다음과 같이 나타낼 수 있다.

$$\prod_{i=1}^{N}\left[\frac{n_i!}{\prod_{j=1}^{J} y_{ij}!}\prod_{j=1}^{J}\pi_{ij}^{y_{ij}}\right].$$

따라서 β_{jk}의 추정을 위한 우도함수는 최댓값에 영향을 주는 항들만을 포함한 다음과 같은 커널로 나타낼 수 있다.

$$L(\beta_{11}, \beta_{12}, \cdots, \beta_{Jp}\,; y_{11}, y_{12}, \cdots, y_{NJ}) \propto \prod_{i=1}^{N}\prod_{j=1}^{J} \pi_{ij}^{y_{ij}}. \tag{6.26}$$

기준범주에 대하여 $y_{i1} = n_i - \sum_{j=2}^{J} y_{ij}$이므로 우도함수의 커널은

$$\begin{aligned}
\prod_{i=1}^{N}\prod_{j=2}^{J} \pi_{ij}^{y_{ij}} \cdot \left(\pi_{i1}^{\,n_i - \sum_{j=2}^{J} y_{ij}}\right) &= \prod_{i=1}^{N}\prod_{j=2}^{J} \pi_{ij}^{y_{ij}} \cdot \left(\frac{\pi_{i1}^{n_i}}{\pi_{i1}^{\sum_{j=2}^{J} y_{ij}}}\right) \\
&= \prod_{i=1}^{N}\prod_{j=2}^{J} \pi_{ij}^{y_{ij}} \cdot \left(\frac{\pi_{i1}^{n_i}}{\prod_{j=2}^{J} \pi_{i1}^{y_{ij}}}\right) \\
&= \prod_{i=1}^{N}\prod_{j=2}^{J} \left(\frac{\pi_{ij}}{\pi_{i1}}\right)^{y_{ij}} \cdot \pi_{i1}^{n_i}
\end{aligned}$$

와 같이 정리할 수 있다. 그리고 이 식은 (6.24)와 (6.25)에 의하여

$$\prod_{i=1}^{N}\prod_{j=2}^{J} (e^{\underline{x}_i^T \underline{\beta}_j})^{y_{ij}} \left(\frac{1}{\sum_{j=2}^{J} e^{\underline{x}_i^T \underline{\beta}_j}}\right)^{n_i} = \prod_{i=1}^{N}\prod_{j=2}^{J} \left(e^{\underline{x}_i^T \underline{\beta}_j}\right)^{y_{ij}} \left(1 + \sum_{j=2}^{J} e^{\underline{x}_i^T \underline{\beta}_j}\right)^{-n_i}$$

와 같이 다시 쓸 수 있다. 이 식으로부터 결국 로그 우도함수는

$$l = \sum_{i=1}^{N}\sum_{j=2}^{J} (y_{ij}\, \underline{x}_i^T \underline{\beta}_j) - n_i \log\left(1 + \sum_{j=2}^{J} e^{\underline{x}_i^T \underline{\beta}_j}\right) \tag{6.27}$$

와 같이 구할 수 있다.

모형 (6.23)의 β_{kj}에 대한 스코어 함수는

$$
\begin{aligned}
U_{kj} = \frac{\partial l}{\partial \beta_{kj}} &= \sum_{i=1}^{N} y_{ij} x_{ik} - n_i \cdot \frac{1}{1 + \sum_{j=2}^{J} e^{\underline{x}_i^T \underline{\beta}_j}} \cdot \frac{\partial}{\partial \beta_{kj}} \left(1 + \sum_{j=2}^{J} e^{\underline{x}_i^T \underline{\beta}_j} \right) \\
&= \sum_{i=1}^{N} y_{ij} x_{ik} - n_i \cdot \frac{1}{1 + \sum_{j=2}^{J} e^{\underline{x}_i^T \underline{\beta}_j}} \cdot e^{\underline{x}_i^T \underline{\beta}_j} \cdot \frac{\partial}{\partial \beta_{kj}} \underline{x}_i^T \underline{\beta}_j \\
&= \sum_{i=1}^{N} y_{ij} x_{ik} - n_i \cdot \frac{1}{1 + \sum_{j=2}^{J} e^{\underline{x}_i^T \underline{\beta}_j}} \cdot e^{\underline{x}_i^T \underline{\beta}_j} \cdot \underline{x}_{ik} \\
&= \sum_{i=1}^{N} y_{ij} x_{ik} - n_i \pi_{ij} x_{ik} \\
&= \sum_{i=1}^{N} (y_{ij} - n_i \pi_{ij}) x_{ik} \qquad (6.28)
\end{aligned}
$$

이며, 이항 로지스틱 회귀모형의 스코어 통계량과 매우 유사한 것을 알 수 있다. 또한 반복계산법을 위한 Hessan 행렬의 원소는

$$
\begin{aligned}
\frac{\partial^2 l}{\partial \beta_{kj} \partial \beta_{k'j'}} &= \frac{\partial}{\partial \beta_{k'j'}} \sum_{i=1}^{N} y_{ij} x_{ik} - n_i \pi_{ij} x_{ik} \\
&= \frac{\partial}{\partial \beta_{k'j'}} \sum_{i=1}^{N} - n_i x_{ik} \pi_{ij} \\
&= -\sum_{i=1}^{N} n_i x_{ik} \frac{\partial}{\partial \beta_{k'j'}} \left(\frac{e^{\underline{x}_i^T \underline{\beta}_j}}{1 + \sum_{j=2}^{J} e^{\underline{x}_i^T \underline{\beta}_j}} \right) \qquad (6.29)
\end{aligned}
$$

와 같이 구하여야 한다. 그런데

$$\frac{\partial}{\partial \beta_{k'j'}} e^{\underline{x}_i^T \underline{\beta}_j} = e^{\underline{x}_i^T \underline{\beta}_j}, \ j = j'$$

$$= 0, \ j \neq j'$$

과 같이 j의 값에 따라 달라진다. 따라서 $j = j'$이면

$$\frac{\partial}{\partial \beta_{k'j'}} \left(\frac{e^{\underline{x}_i^T \underline{\beta}_j}}{1 + \sum_{j=2}^{J} e^{\underline{x}_i^T \underline{\beta}_j}} \right) = \frac{\left(1 + \sum_{j=2}^{J} e^{\underline{x}_i^T \underline{\beta}_j}\right) e^{\underline{x}_i^T \underline{\beta}_j} x_{ik'} - e^{\underline{x}_i^T \underline{\beta}_j} e^{\underline{x}_i^T \underline{\beta}_j} x_{ik'}}{\left(1 + \sum_{j=2}^{J} e^{\underline{x}_i^T \underline{\beta}_j}\right)^2}$$

$$= \frac{\left(1 + \sum_{j=2}^{J} e^{\underline{x}_i^T \underline{\beta}_j}\right) e^{\underline{x}_i^T \underline{\beta}_j} x_{ik'}}{\left(1 + \sum_{j=2}^{J} e^{\underline{x}_i^T \underline{\beta}_j}\right)^2} - \frac{\left(e^{\underline{x}_i^T \underline{\beta}_j}\right)^2 x_{ik'}}{\left(1 + \sum_{j=2}^{J} e^{\underline{x}_i^T \underline{\beta}_j}\right)^2}$$

$$= x_{ik'} \pi_{ij} (1 - \pi_{ij})$$

와 같이 구할 수 있고, $j \neq j'$인 경우에는

$$\frac{\partial}{\partial \beta_{k'j'}} \left(\frac{e^{\underline{x}_i^T \underline{\beta}_j}}{1 + \sum_{j=2}^{J} e^{\underline{x}_i^T \underline{\beta}_j}} \right) = \frac{0 - e^{\underline{x}_i^T \underline{\beta}_j} e^{\underline{x}_i^T \underline{\beta}_{j'}} x_{ik'}}{\left(1 + \sum_{j=2}^{J} e^{\underline{x}_i^T \underline{\beta}_j}\right)^2}$$

$$= -x_{ik'} \pi_{ij} \pi_{ij'}$$

와 같다. 그러므로 식 (6.29)의 Hessian 행렬의 원소는 다음과 같이 정리할 수 있다.

$$\frac{\partial^2 l}{\partial \beta_{kj} \partial \beta_{k'j'}} = -\sum_{i=1}^{N} x_{ik} \left[n_i \pi_{ij} (1 - \pi_{ij}) \right] x_{ik'}, \ j = j', \tag{6.30}$$

$$= \sum_{i=1}^{N} x_{ik} [n_i \pi_{ij} \pi_{ij'}] x_{ik'}, \ j \neq j'. \tag{6.31}$$

j번째 범주에 대한 관찰값 벡터는 $\underline{y}_j = [y_{1j}\, y_{2j} \ \cdots \ y_{Nj}]^T$ 그리고 해당되는 확률벡터는 $\underline{\pi}_j$와 같이 나타내기로 한다. 각 그룹에 대하여 첫 번째 범주의 확률은 $\pi_{i1} = 1 - \sum_{j=2}^{J} \pi_{ij}$이므로 모형 (6.23)에 의한 추정값은 $(J-1)$개 확률을 추정하는 문제로 생각할 수 있다. 따라서 첫 번째 범주가 기준범주이므로 $\underline{y}_1$과 $\underline{\pi}_1$을 제외한 나머지 $(J-1)$개 벡터에 의하여

$$\underline{y} = \begin{bmatrix} \underline{y}_2 \\ \underline{y}_3 \\ \vdots \\ \underline{y}_J \end{bmatrix}, \ \underline{\pi} = \begin{bmatrix} \underline{\pi}_2 \\ \underline{\pi}_3 \\ \vdots \\ \underline{\pi}_J \end{bmatrix}$$

와 같이 나타내기로 한다. 두 벡터는 모두 $N \times (J-1)$ 벡터가 될 것이다. 이와 유사하게 $\underline{\beta}_j = [\beta_{j1}\, \beta_{j2} \ \cdots \ \beta_{jp}]$에 대한 $p \times (J-1)$ 모수 벡터는 다음과 같이 나타내기로 한다.

$$\underline{\beta} = \begin{bmatrix} \underline{\beta}_2 \\ \underline{\beta}_3 \\ \vdots \\ \underline{\beta}_J \end{bmatrix}.$$

j번째 범주의 선형예측항은 $N \times p$ 계획행렬 $\boldsymbol{X}$에 대하여 $\underline{\eta}_j = \boldsymbol{X}\underline{\beta}_j$가 된다. 그러므로 모형 (6.23)의 선형예측항은 다음과 같은 행렬로 표현 가능하다.

$$\underline{\eta} = \widetilde{\boldsymbol{X}}\underline{\beta}. \tag{6.32}$$

여기서 $\underline{\eta} = [\underline{\eta}_2^T\, \underline{\eta}_3^T \ \cdots \ \underline{\eta}_J^T]$이며, $\widetilde{\boldsymbol{X}}$는 다음과 같은 $N(J-1) \times p(J-1)$ 행렬

이며, $2 \leqq j \leqq J$에 대하여 해당되는 j번째 범주에만 계획행렬 $\boldsymbol{X}$가 위치하는 $(J-1)$개 계획행렬에 의한 확장된 계획행렬을 나타낸다.

$$\widetilde{X} = \begin{bmatrix} X & 0 & \cdots & 0 \\ 0 & X & \cdots & 0 \\ \vdots & \vdots & \ddots & \vdots \\ 0 & 0 & \cdots & X \end{bmatrix}. \tag{6.33}$$

이제 식 (6.30)과 (6.31)에 의하여 다음과 같은 $N(J-1) \times N(J-1)$ 행렬 $\boldsymbol{W}$를 정의하기로 한다.

$$\boldsymbol{W} = \begin{bmatrix} \boldsymbol{W}_{22} & \boldsymbol{W}_{23} & \cdots & \boldsymbol{W}_{2J} \\ \boldsymbol{W}_{32} & \boldsymbol{W}_{33} & \cdots & \boldsymbol{W}_{3J} \\ \vdots & \vdots & \ddots & \vdots \\ \boldsymbol{W}_{J2} & \boldsymbol{W}_{J3} & \cdots & \boldsymbol{W}_{JJ} \end{bmatrix}. \tag{6.34}$$

여기서 $\boldsymbol{W}_{jj}$는 식 (6.30)이 대각원소인 $N \times N$ 행렬을 나타내고, $\boldsymbol{W}_{jj'}$은 식 (6.31)을 대각원소로 갖는 $N \times N$ 행렬을 의미한다. 이들 벡터와 행렬에 대하여 식 (6.28)을 원소로 갖는 $p \times (J-1)$ 스코어 벡터는 다음과 같이 나타낼 수 있다.

$$\frac{\partial l}{\partial \underline{\beta}} = \widetilde{\boldsymbol{X}}^T (\underline{y} - \underline{\mu}). \tag{6.35}$$

여기서 $\underline{\mu}$는 $E(Y_{ij}) = \mu_{ij} = n_i \pi_{ij}$가 원소인 $N \times (J-1)$ 기댓값 벡터를 나타낸다. 또한 행렬 (6.34)에 의하여 모형 (6.23)을 위한 $p(J-1) \times p(J-1)$ Hessian 행렬 $\boldsymbol{H}$는 다음과 같이

$$\boldsymbol{H} = \frac{\partial^2 l}{\partial \underline{\beta} \partial \underline{\beta}^T} = -\widetilde{\boldsymbol{X}}^T \boldsymbol{W} \widetilde{\boldsymbol{X}} \tag{6.36}$$

를 구할 수 있다.

$(m-1)$번째 반복에서의 잠정추정값을 $\hat{\underline{b}}^{(m-1)}$이라고 하자. $\underline{\beta}$를 추정하기

위한 Newton-Raphson 방법의 추정방정식은 (6.35)와 (6.36)에 의하여 다음과 같이 구할 수 있다.

$$\underline{\hat{b}}^{(m)} = \underline{\hat{b}}^{(m-1)} + (\widetilde{\boldsymbol{X}}^T \boldsymbol{W}(\underline{b}^{(m-1)})\, \widetilde{\boldsymbol{X}})^{-1}\, \widetilde{\boldsymbol{X}}^T (\underline{y} - \underline{\hat{\mu}}^{(m-1)}). \tag{6.37}$$

여기서 $\underline{\hat{\mu}}^{(m-1)}$는 $\underline{b}^{(m-1)}$에 의해 추정된

$$\hat{\pi}_{ij}^{(m-1)} = \frac{e^{\underline{x}_i^T \underline{b}^{(m-1)}}}{1 + \sum_{j=2}^{J} e^{\underline{x}_i^T \underline{b}_j^{(m-1)}}},\ 2 \leqq j \leqq J \tag{6.38}$$

에 의한 $\hat{\mu}_{ij} = n_i \hat{\pi}_{ij}^{(m-1)}$을 원소로 갖는 추정 기댓값 벡터를 의미한다. 그리고 $\boldsymbol{W}(\underline{b}^{(m-1)})$은 $\hat{\pi}_{ij}^{(m-1)}$에 의해 계산된 식 (6.30)과 (6.31)을 원소로 갖는 행렬 (6.34)를 나타낸다.

$N(J-1) \times N(J-1)$ 행렬인 정보행렬 $\mathfrak{I} = -E(\boldsymbol{H})$와 같이 구할 수 있으므로 Fisher의 스코어링 방법을 위한 추정방정식은 (6.37)과 같은 점을 상기하자. 이제 식 (6.15)와 유사한 과정을 거쳐 로짓 함수가 연결함수인 모형 (6.23)의 최우추정을 위한 IRWLS 방법의 추정방정식은

$$\underline{\hat{b}}^{(m)} = \underline{\hat{b}}^{(m-1)} + (\widetilde{\boldsymbol{X}}^T \boldsymbol{W}(\underline{b}^{(m-1)})\, \widetilde{\boldsymbol{X}})^{-1}\, \widetilde{\boldsymbol{X}}^T \boldsymbol{W}(\underline{b}^{(m-1)})\, \underline{z}^{(m-1)} \tag{6.39}$$

과 같이 구할 수 있다.

식 (6.39)에서 $\underline{z}^{(m-1)}$은

$$\underline{z}^{(m-1)} = \widetilde{\boldsymbol{X}} \underline{\hat{\beta}}^{(m-1)} + \left(\boldsymbol{W}^{(m-1)}\right)^{-1} (\underline{y} - \underline{\hat{\mu}}^{(m-1)})$$

이며, (6.17)과 유사하게

$$z_{ij}^{(m-1)} = \sum_{k=1}^{p} x_{ik} b_{kj}^{(m-1)} + \frac{y_{ij} - n_i \hat{\pi}_{ij}^{(m-1)}}{n_i \hat{\pi}_{ij}^{(m-1)} (1 - \hat{\pi}_{ij}^{(m-1)})} \tag{6.40}$$

가 원소인 $[N \times (J-1)] \times 1$ 벡터를 의미한다.

【예 6.2】 자동차 선호도 자료

<표 6.5>는 성별과 연령에 따라서 자동차를 선택할 때 냉방기와 동력 조향 장치의 중요도에 차이가 있는지 분석하기 위하여 조사된 자료이다. 연령은 3개 범주로 구분하였으므로 $N = 6$이며, 중요도(1: 중요하지 않음, 2: 중요함, 3: 매우 중요함)는 3개 범주로 구분되었으므로 $J = 3$이 될 것이다.

〈표 6.5〉 자동차 선호도: 냉방기와 동력 조향 장치의 중요도

성별	연령	i	중요도			n_i
			중요하지 않음	중요함	매우 중요함	
여성	18~23	1	26	12	7	45
	24~40	2	9	21	15	45
	> 40	3	5	14	41	60
남성	18~23	4	40	17	8	65
	24~40	5	17	15	12	44
	> 40	6	8	15	18	41

자료출처: A. J. Dobson(2002), *An Introduction to Generalized Linear Models*, 2nd, Chapman& Hall/CRC.

중요도의 첫 번째 범주인 "중요하지 않음"을 기준범주로 선택하였을 경우에 odd인 π_{i2}/π_{i1}과 π_{i3}/π_{i1}의 성별과 연령에 따른 변화는 <그림 6.2>와 같이 나타낼 수 있다.

먼저 π_{i2}/π_{i1}은 여성의 경우에 연령이 18~23세인 그룹에 비하여 24~40세 그룹의 odd가 급격히 증가하는 것을 알 수 있다. 반면에 40세 이상 그룹에서의 변

화는 크게 줄어드는 것을 볼 수 있다. 이와 달리 남성의 경우에는 18~23세 그룹에서 24~40세 그룹의 odd의 변화는 24~40세 그룹에서 40세 이상 그룹과 비교하면 변화폭이 크게 증가하는 것을 알 수 있다.

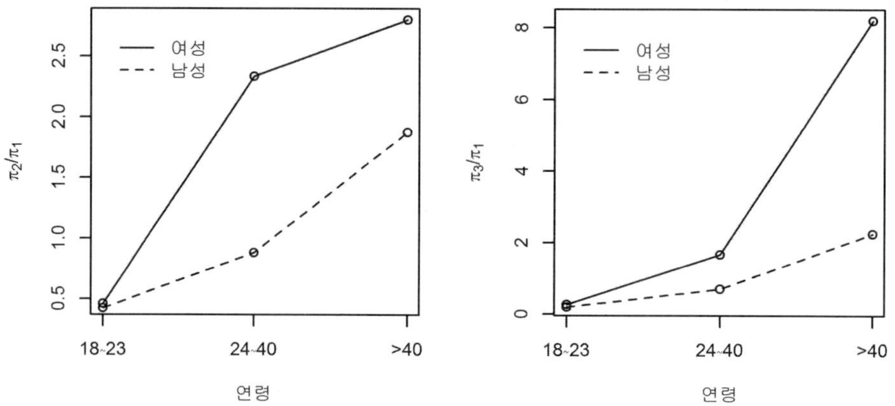

〈그림 6.2〉 연령에 따른 odd의 변화

<그림 6.2>의 오른쪽 그림은 π_{i3}/π_{i1}의 변화를 보여 주고 있다. π_{i2}/π_{i1}에 비하여 π_{i3}/π_{i1}은 연령이 높아질수록 "매우 중요함"의 선택비율이 크게 증가하는 것을 알 수 있고, 남성에 비하여 여성인 경우에 연령이 증가할수록 "매우 중요함"을 선택하는 비율이 "중요하지 않음"의 비율에 비하여 크게 증가하는 경향을 갖는 것을 볼 수 있다.

<그림 6.2>에서 얻은 성별과 연령에 따른 odd의 변화를 기반으로 성별과 연령이 중요도에 미치는 영향을 분석하기 위하여 다음과 같은 다항 로지스틱 회귀모형을 고려하기로 한다.

$$\log\left(\frac{\pi_{ij}}{\pi_{i1}}\right) = \beta_{1j} + \beta_{2j}x_1 + \beta_{3j}x_2 + \beta_{4j}x_3,\ j = 2, 3. \tag{6.41}$$

예측변수인 성별과 연령은 각각 2개와 3개 범주를 가진 범주형 변수이므로 이들 변수에는 기준점 조건을 부여하기로 한다. 모형 (6.41)에서 x_1은 여성이면

0, 남성이면 1의 값을 가지며, x_2는 24~40세 그룹이면 1의 값을 갖고 x_3은 40세 이상이면 1의 값을 갖게 된다. $p=4$이므로 이를 계획행렬로 나타내면 다음과 같은 6×4 행렬이 된다.

$$\boldsymbol{X} = \begin{bmatrix} 1 & 0 & 0 & 0 \\ 1 & 0 & 1 & 0 \\ 1 & 0 & 0 & 1 \\ 1 & 1 & 0 & 0 \\ 1 & 1 & 1 & 0 \\ 1 & 1 & 0 & 1 \end{bmatrix}.$$

중요도의 첫 번째 범주를 기준범주로 하였으므로 모형 (6.41)의 $(4\times2)\times1$ 모수 벡터는 $\underline{\beta} = [\underline{\beta}_2^T\ \underline{\beta}_3^T] = [(\beta_{12}\ \beta_{22}\ \beta_{32}\ \beta_{42})^T\ (\beta_{13}\ \beta_{23}\ \beta_{33}\ \beta_{43})^T]$와 같이 나타내기로 한다. 마찬가지로 첫 번째 범주의 관찰값을 제외한 길이가 $12=6\times2$인 관찰값 벡터 $\underline{y}$와 확률 벡터 $\underline{\pi}$는

$$\underline{y} = \begin{bmatrix} y_{21} \\ y_{22} \\ \vdots \\ y_{26} \\ y_{31} \\ y_{32} \\ \vdots \\ y_{36} \end{bmatrix},\ \underline{\pi} = \begin{bmatrix} \pi_{21} \\ \pi_{22} \\ \vdots \\ \pi_{26} \\ \pi_{31} \\ \pi_{32} \\ \vdots \\ \pi_{36} \end{bmatrix}$$

과 같이 나타낼 수 있다. 그리고 12×8 행렬인

$$\widetilde{\boldsymbol{X}} = \begin{bmatrix} \boldsymbol{X} & 0 \\ 0 & \boldsymbol{X} \end{bmatrix}$$

와 12×12 행렬

$$\boldsymbol{W} = \begin{bmatrix} \boldsymbol{W}_{22} & \boldsymbol{W}_{23} \\ \boldsymbol{W}_{32} & \boldsymbol{W}_{33} \end{bmatrix}$$

이 된다. 여기서 $\boldsymbol{W}_{jj}$는 대각원소가 $n_i\pi_{ij}(1-\pi_{ij})$인 6×6 정방행렬이고, $\boldsymbol{W}_{jj'}$은 대각원소가 $-n_i\pi_{ij}\pi_{ij'}$인 6×6 정방행렬이 될 것이다.

모형 (6.41)의 추정을 위하여 $b_{kj}^{(0)}=0$인 초기값 벡터 $\underline{b}^{(0)}$을 이용한 식 (6.37)의 Newton-Raphson 방법의 추정방정식에 의하여 <표 6.6>과 같은 추정 결과를 얻을 수 있다. 추정된 $\underline{b}$에 의한 $\hat{\underline{\pi}}$에는 $\hat{\underline{\pi}}_1$이 포함되지 않는다는 점을 주의하자. $\hat{\pi}_{i1}$은 식 (6.25)에 의하여 다음과 같이 추정하여야 한다.

$$\hat{\pi}_{i1}=\frac{1}{1+\sum_{j=2}^{J}e^{\underline{x}_i^T\underline{b}_j}}.$$

또는 i번째 그룹에 대하여 $\hat{\pi}_{i1}=\left(1-\sum_{j=2}^{J}\hat{\pi}_{ij}\right)$와 같이 구할 수 있다.

〈표 6.6〉 모형 (6.41)의 추정 결과

	β_{kj}	b_{kj}	$s.e.(b_{kj})$	$e^{b_{kj}}$	(95% 신뢰구간)
$\log\left(\frac{\pi_{ij}}{\pi_{i1}}\right)$	β_{12}	-0.5908	0.2840	0.5539	(0.3175, 0.9664)
	β_{22}	-0.3881	0.3005	0.6783	(0.3764, 1.2225)
	β_{32}	1.1283	0.3416	3.0903	(1.5819, 6.0369)
	β_{42}	1.5877	0.4029	4.8925	(2.2211, 10.7767)
$\log\left(\frac{\pi_{ij}}{\pi_{i2}}\right)$	β_{13}	-1.0391	0.3305	0.3538	(0.1851, 0.6762)
	β_{23}	-0.8130	0.3210	0.4435	(0.2364, 0.8321)
	β_{33}	1.4781	0.4009	4.3846	(1.9983, 9.6207)
	β_{43}	2.9168	0.4229	18.4812	(8.0673, 42.3382)

추정 결과에서 b_{32}에 비하여 b_{42}가 크고 또 b_{33}에 비하여 b_{43}이 큰 값으로 추정된 것을 볼 수 있다. 이 결과는 <그림 6.2>의 odd의 변화와 일치하는 결과이다. 특히, $e^{b_{42}}=4.8925$에 비하여 $e^{b_{43}}=18.4812$가 현저하게 큰 값을 갖는 것을 볼 수 있다. "중요하지 않음"이라는 범주가 기준범주이므로 "매우 중요함"이

라는 범주의 odd가 “중요함”이라는 범주의 odd에 비하여 약 3.5배 이상 높다는 해석이 가능하다. 또한 표준오차와 odd의 신뢰구간으로부터 추정된 모든 추정값들은 매우 유의한 것을 알 수 있다.

모형 (6.41)의 적합성 판단을 위한 이탈도 $D = 3.9387$이며, 자유도는 모수의 수는 $p(J-1) = 8$이므로 4가 된다. p-값은 0.4144로 모형 (4.41)은 자료에 매우 잘 적합되는 것으로 판단할 수 있다.

<표 6.5>에서 고려할 수 있는 최소모형은 절편에 해당되는 β_{12}와 β_{13}만을 가진 모형이 된다. 최소모형에 대한 추정을 수행하면 $b_{12} = -0.1107$, $b_{13} = -0.0388$을 얻는다. 이들 두 추정값에 의한 $\underline{b}_{\min} = [b_{12}\ b_{13}]$이라고 하면, $l(\underline{b}_{\min}) = -329.2720$과 같이 계산된다. 모형의 $l(\underline{b}) = -290.3511$이므로 최소모형과의 비교를 위한 이탈도 $D = 77.8419$와 같이 계산된다. 두 모형의 모수의 차이인 자유도는 6이므로 p-값은 0에 매우 가까운 값이므로 귀무가설인 최소모형에 비하여 모형 (4.41)은 자료에 매우 잘 적합되는 것을 알 수 있다. 그러나 $l(\underline{b}_{\min})$과 $l(\underline{b})$에 의한 $R^2_{pseudo} = 0.1182$로 성별과 연령에 의한 자료의 변동에 관한 설명은 약 11.8%인 것으로 해석할 수 있다.

모형 (4.41)은 연령을 명목형 변수로 간주하고 모형의 영향력을 평가하고자 하였다. 그러나 <그림 6.2>와 추정 결과인 <표 6.6>에서 살펴보았듯이 연령의 증가에 따라 odd는 증가하는 관계를 갖는 것을 알 수 있다. 따라서 연령을 순위형 변수로 가정한 다음의 모형을 고려해 보기로 한다.

$$\log\left(\frac{\pi_{ij}}{\pi_{i1}}\right) = \beta_{1j} + \beta_{2j}x_1 + \beta_{3j}x_2',\ j = 2, 3. \tag{6.42}$$

여기서 x_2'은 기준점 조건인 18~23세 그룹은 0, 24~40세 그룹은 1 그리고 40세 이상의 그룹은 2의 값을 갖는다. 순위형 변수 x_2'에 대한 계획행렬은 다음과 같이 나타낼 수 있다.

$$X = \begin{bmatrix} 1 & 0 & 0 \\ 1 & 0 & 1 \\ 1 & 0 & 2 \\ 1 & 1 & 0 \\ 1 & 1 & 1 \\ 1 & 1 & 2 \end{bmatrix}.$$

모형 (6.42)는 모형 (6.41)에 비하여 모수 수가 2개 적은 모형이며, 모수의 추정 결과는 <표 6.7>과 같다.

〈표 6.7〉 모형 (6.42)의 추정 결과

	β_{kj}	b_{kj}	$s.e.(b_{kj})$	$e^{b_{kj}}$	(95% 신뢰구간)
$\log\left(\frac{\pi_{ij}}{\pi_{i1}}\right)$	β_{12}	-0.5019	0.2697	0.6054	(0.3568, 1.0270)
	β_{22}	-0.3890	0.2991	0.6778	(0.3771, 1.2181)
	β_{32}	0.8304	0.1946	2.2942	(1.5666, 3.3598)
$\log\left(\frac{\pi_{ij}}{\pi_{i2}}\right)$	β_{13}	-1.0923	0.3085	0.3354	(0.1832, 0.6141)
	β_{23}	-0.8130	0.3211	0.4435	(0.2364, 0.8322)
	β_{33}	1.5215	0.2115	4.5789	(3.0252, 6.9303)

모형 (6.41)에서 얻은 결과와 유사하게 b_{32}에 비하여 b_{33}이 큰 값으로 추정된 것을 볼 수 있다. "중요함"의 odd에 비하여 "매우 중요함"의 odd는 약 2배 크게 나타나는 것으로 해석할 수 있다. 특히, "매우 중요함"의 odd는 연령그룹의 값이 1씩 증가할 때 odd는 약 4.5배 증가하는 것으로 해석하게 된다.

모형의 적합도 검정을 위한 이탈도는 $D = 5.3368$이며, 자유도는 6이므로 p-값은 0.4144가 된다. 모형 (6.42) 역시 자료에 잘 적합된다고 판단할 수 있다. 두 모형 모두 자료에 잘 적합되므로 모형의 비교를 위하여 다음과 같은 가설을 고려해 보기로 한다.

$$H_0 : \log\left(\frac{\pi_{ij}}{\pi_{i1}}\right) = \beta_{1j} + \beta_{2j}x_1 + \beta_{3j}x_2',$$

$$H_1 : \log\left(\frac{\pi_{ij}}{\pi_{i1}}\right) = \beta_{1j} + \beta_{2j}x_1 + \beta_{3j}x_2 + \beta_{4j}x_3. \tag{6.43}$$

〈표 6.8〉 추정된 확률과 Pearson 잔차

성별	연령	중요도	y	$\hat{\pi}$	$\hat{y}$	Pearson 잔차
0	0	0	26	0.5153	23.1863	0.5843
0	0	1	12	0.3119	14.0361	-0.5435
0	0	2	7	0.1728	7.7776	-0.2788
0	1	0	9	0.2548	11.4657	-0.7282
0	1	1	21	0.3539	15.9238	1.2721
0	1	2	15	0.3913	17.6105	-0.6221
0	2	0	5	0.0891	5.3480	-0.1505
0	2	1	14	0.2840	17.0401	-0.7365
0	2	2	41	0.6269	37.6119	0.5525
1	0	0	40	0.6414	41.6919	-0.2620
1	0	1	17	0.2632	17.1056	-0.0255
1	0	2	8	0.0954	6.2025	0.7217
1	1	0	17	0.3813	16.7780	0.0542
1	1	1	15	0.3589	15.7928	-0.1995
1	1	2	12	0.2598	11.4292	0.1688
1	2	0	8	0.1593	6.5301	0.5752
1	2	1	15	0.3439	14.1016	0.2392
1	2	2	18	0.4968	20.3683	-0.5248

식 (4.31) 또는 두 모형의 이탈도의 차이에 의하여 가설 (6.43)의 검정을 위한 이탈도 $D = 5.3368 - 3.9387 = 1.3981$을 얻을 수 있다. 두 모형의 모수의 차이는 2이므로 p-값 0.4971을 얻게 된다. 따라서 모형 (6.42)인 귀무가설이 옳지 않다고 판단하기 어려우므로 모수의 수가 적은 모형 (6.42)가 <표 6.5>의 자료를 위해 보다 나은 모형인 것으로 결론지을 수 있다.

<표 6.8>에 모형 (6.42)에 의해 추정된 확률, 추정 도수, Peason 잔차를 정리하였다. 잔차가 모두 비교적 고르게 크지 않고 특별한 경향을 보이지 않으므로 모형 (6.42)는 자료에 잘 적합되는 모형이라는 결론을 재확인할 수 있다. ■

R-Code

■ 예 6.1

```
IRWLS.Binary.Logistic <- function(y, n, X, init.b, tolerance.limit) {
   pi <- y/n
   pi[which(pi == 1)] <- 1 - tolerance.limit
   W <- diag(n*pi*(1-pi))
   b0 <- init.b
   CRIT <- 1
   while(CRIT > tolerance.limit) {
      h.pi <- exp(X%*%b0)/(1+exp(X%*%b0))
      l <- sum(y*log(h.pi) - y*log(1-h.pi) + n*log(1-h.pi) + lchoose(n,y))
      W <- diag(c(n*h.pi*(1-h.pi)))
      z <- X%*%b0 + solve(W)%*%(y-n*h.pi)
      b1 <- solve(t(X)%*%W%*%X)%*%t(X)%*%W%*%z
      CRIT <- max(abs(b1 - b0))
      b0 <- b1
   }
   s.e <- sqrt(diag(solve(t(X)%*%W%*%X)))
   h.y <- n*h.pi
   dev <- 2*sum(y*log(y/h.y), na.rm=TRUE)
                        + 2*sum((n-y)*log((n-y)/(n-h.y)), na.rm=TRUE)
   output <- list(coefficient=b0,
                  standard.error=s.e,
                  predicted.value=h.y,
                  likelihood=l,
                  deviance=dev)
   print(output)
   return(output)
}

# No.killed: Number of killed
# No.beetle: Number of beetle
# Dose10 <- log10(dose level)

No.killed <- c( 6,13,18,28,52,53,61,60)
No.beetles <- c(59,60,62,56,63,59,62,60)
Dose.10 <- c(1.6907,1.7242,1.7552,1.7842,
            1.8113,1.8369,1.8610,1.8839)
```

```
X <- cbind(rep(1,8), Dose.10)

beetle.rst <- IRWLS.Binary.Logistic(No.killed, No.beetles, X, c(0,0), 5E-8)

h.No.killed <- beetle.rst$predicted.value
W <- diag(c(h.No.killed*(1-h.No.killed/No.beetles)))
b.covariance.matrix <- solve(t(X)%*%W%*%X)
Wald.statistic <- beetle.rst$coef/sqrt(diag(b.covariance.matrix))
beetle.rst$deviance
1-pchisq(beetle.rst$deviance, 6)

exp(beetle.rst$coefficient[2]*(Dose.10[2]-Dose.10[1]))
exp(beetle.rst$coefficient[2]*0.032)

Pearson.resid <- (No.killed - h.No.killed)
                            /sqrt(h.No.killed*(1-h.No.killed/No.beetles))
D.resid <- sign(No.killed-h.No.killed)
   *sqrt(2*(No.killed*log(No.killed/h.No.killed) + (No.beetles-No.killed)
                                    *ifelse((No.beetles-No.killed) != 0,
                    log((No.beetles-No.killed)/(No.beetles-h.No.killed)),0)))
cbind(No.killed, h.No.killed, Pearson.resid, D.resid)

beetle.min.rst <- IRWLS.Binary.Logistic(No.killed, No.beetles,
                              matrix(1, length(No.killed), 1), c(0), 5E-8)
R.pseudo <- (beetle.min.rst$deviance
                         - beetle.rst$deviance)/beetle.min.rst$deviance
```

■ 예 6.2

```
NewtonRaphson.multinomial.logistic <- function(Y, X, tolerance.limit) {
  J <- ncol(Y)
  p <- ncol(X)
  N <- nrow(X)
  y <- c(Y[,2:J])
  n.N <- rowSums(Y)
  # Design matrix
  X.J <- kronecker(diag(1, (J-1)), X)
  CRIT <- 1
  b0 <- rep(0, (J-1)*p)
  while(CRIT > tolerance.limit) {
    h.pi <- matrix(exp(X.J%*%b0), N, (J-1))
                /(rep(1+rowSums(matrix(exp(X.J%*%b0), N, (J-1))), (J-1)))
    # Diagonal matrix W
```

```
    W <- c()
    for(i in 1:(J-1)) {
      Wi <- c()
      for(j in 1:(J-1)) {
        if(i == j) {
          Wii <- n.N*diag(h.pi[,i]*(1-h.pi[,i]))
          Wi <- cbind(Wi, Wii)
        } else {
          Wij <- -n.N*diag(h.pi[,i]*h.pi[,j])
          Wi <- cbind(Wi, Wij)
        }
      }
      W <- rbind(W, Wi)
    }
    b1 <- b0 + solve(t(X.J)%*%W%*%X.J)%*%t(X.J)%*%(y-n.N*c(h.pi))
    CRIT <- max(abs(b0-b1))
    b0 <- b1
  }
  s.e <- sqrt(diag(solve(t(X.J)%*%W%*%X.J)))
  h.pi <- cbind(1-rowSums(h.pi), h.pi)
  l.kernel <- sum(Y*log(h.pi))
  h.Y <- n.N*h.pi
  d <- 2*sum(Y*log(Y/h.Y))
  odd <- exp(matrix(b0, p, (J-1)))
  output <- list(coefficients=matrix(b0, p, (J-1)),
                 standard.error=matrix(s.e, p, (J-1)),
                 odd=odd, predicted.value=h.Y,
                 likelihood=l.kernel, Deviance=d)
  print(output)
  return(output)
}

# response variable
y1 <- c(26, 9, 5,40,17, 8) # no.little
y2 <- c(12,21,14,17,15,15) # important
y3 <- c( 7,15,41, 8,12,18) # very.important
Y <- cbind(y1, y2, y3)

# explanatory variables
sex2 <- c(0,0,0,1,1,1) # 0 for woman, 1 for man
age2 <- c(0,1,0,0,1,0) # 1 for 24-40
age3 <- c(0,0,1,0,0,1) # 1 for >40

X <- cbind(rep(1, 6), sex2, age2, age3)
model.rst <- NewtonRaphson.multinomial.logistic(Y, X, 5E-8)
1-pchisq(model.rst$Deviance, 4)
```

```
min.model.rst <- NewtonRaphson.multinomial.logistic(Y, matrix(1,6,1),
                                                                  5E-8)
Deviance.min <- min.model.rst$Deviance - model.rst$Deviance
1-pchisq(Deviance.min, 6)

Wald.statistics <- model.rst$coefficients/model.rst$standard.error
R.pseudo <- (min.model.rst$likelihood -
                     model.rst$likelihood)/(min.model.rst$likelihood)
h.Y <- model.rst$predicted.value
h.pi <-h.Y/sum(Y)
Pearson.residual <- (Y - h.Y)/sqrt(h.Y)

age <- c(0,1,2,0,1,2) # 1 for 24-40, 1 for >40
X <- cbind(rep(1, 6), sex2, age)
new.model.rst <- NewtonRaphson.multinomial.logistic(Y, X, 5E-8)
1-pchisq(model.rst$Deviance, 4)

Deviance.comparison <- 2*(model.rst$likelihood
                                          - new.model.rst$likelihood)
1-pchisq(Deviance.comparison, 2)

R.pseudo <- (min.model.rst$likelihood
                - new.model.rst$likelihood)/(min.model.rst$likelihood)
h.Y <- new.model.rst$predicted.value
h.pi <-h.Y/sum(Y)
Pearson.residual <- (Y - h.Y)/sqrt(h.Y)
```

연습 문제

1. 로지스틱 함수 $F(x) = e^x / (1+e^x)$가 누적 분포함수의 성질을 만족하는지를 보이시오.

2. 음주량과 연령이 식도암(esophageal cancer)에 미치는 영향을 분석하기 위해 수집된 아래 자료에 대하여 다음 질문에 답하시오.

연령	음주량	식도암	
		예	아니오
25~34	높음	1	0
	낮음	0	106
35~44	높음	4	26
	낮음	5	164
45~54	높음	25	29
	낮음	21	138
55~64	높음	42	27
	낮음	34	139
65~74	높음	19	18
	낮음	36	88
75+	높음	5	0
	낮음	8	31

자료출처: R. Christensen(1997), *Log-Linear Models and Logistic Regression*, 2nd, Springer.

1) 식도암 진단 결과가 반응변수인 이항 로지스틱 회귀모형을 적합시키시오.

2) 자료에 포함된 0값이 스코어 통계량과 Hessian 행렬을 계산할 때 어떤 영향을 미치는지 설명하시오.

3) 음주량의 odd를 구하고, 음주량에 따른 식도암 진단 비율이 어떻게 달라지는지 설명하시오.

4) 연령에 따른 odd의 변화에 관하여 설명하시오.

3. $J=2$일 때의 다항 로지스틱 회귀모형의 추정을 위한 Hessian 행렬과 정보행렬을 유도하고, 이항 로지스틱 회귀모형의 결과와 비교하시오.

4. 다항 로지스틱 회귀모형의 최소모형에 대한 모수의 추정량을 다항분포로부터 직접 유도하시오.

5. 아래의 자료는 엘살바도르에서 1985년에 3,165명의 기혼 여성을 대상으로 5개 연령그룹에 대하여 사용하고 있는 피임 방법에 관해 조사된 자료이다.

연령	피임 방법			합
	없음	기타	불임법	
15~19	232	61	3	296
20~24	400	137	80	617
25~29	301	131	216	648
30~34	203	76	268	547
35~39	188	50	197	435
40~44	164	24	150	338
45~49	183	10	90	284

자료출처: Demographic and Health Survey conducted in El Salvador in 1985(FESAL-1985).

1) 연령에 따른 "없음"을 기준범주로 한 "기타"와 "불임법"의 odd를 연령에 따라 계산하시오.

2) 연령이 피임 방법에 미치는 효과를 다항 로지스틱 회귀모형을 통해 분석하시오.

3) 최소모형을 적합시키고, 각 모수에 대한 95% 신뢰구간을 구하시오.

Chapter 7

정규선형모형

제7장
정규선형모형

지수족에 속하는 여러 분포들 중에서 앞 장에서 다루었던 포아송 분포 그리고 이항분포는 기댓값이 항상 0보다 커야 한다는 공통점이 있다. 그런데 두 분포의 자연모수는 기댓값의 로그 연결함수 또는 로짓 연결함수와 같은 것을 알 수 있다. 이를 달리 해석하면, 자연모수와 연결함수는 추정을 위하여 기댓값이 가질 수 있는 값의 범위에 대한 제약을 해소하기 위한 변환인 것으로 이해할 수도 있다.

자연모수에 대한 연결함수가 항등연결함수인 일반화 선형모형의 가장 대표적인 모형을 일반선형모형이라고 부른다. 일반선형모형은 반응변수에 대하여 정규분포를 가정하는 것이 일반적이므로 정규선형모형이라고도 한다. 정규선형모형은 기댓값이 가질 수 있는 값의 범위가 $-\infty < \mu < \infty$이므로 선형예측항에 의한 추정값에 제약이 없다. 다만, 제1장에서 설명하였듯이 모형을 위해 포함된 독립변수 또는 설명변수에 따라 회귀모형, 분산분석 그리고 공분산분석으로 나뉘어진다는 특징을 갖는다.

제3장의 【예 3.6】에서 살펴보았듯이 정규선형모형의 최우추정량은 반복계산 없이 직접해(direct estimator)를 구할 수 있는 직접해가 존재한다. 이 직접해는 정규선형모형을 위해 가장 널리 이용되는 최소제곱법(method of least squares)을 통한 추정량과 같다. 그리고 오차항 분포의 분산이 서로 다른 모형을 위한 추정 방법인 가중 최소제곱법(method of weighted least squares) 역시 직접해를 갖는다. 포아송 회귀모형과 로지스틱 회귀모형의 반응변수의 분산이 서로 다른 점을 상기하자. 두 모형을 위해 고려되었던 IRWLS 방법은 가중 최소제곱법을 이용한 반복계산법이라고 생각할 수 있다. 따라서 여러 일반화 선형모형의 추정 방법과 이탈도를 이용한 모형의 적합성 판단은 정규선형모형에서 제안된 방법이 직접 확장된 것

으로 이해할 수도 있다.

1. 모형의 추정과 검정

$Y_1, Y_2, \cdots, Y_n$이 서로 독립이고 기댓값은 $E(Y_i) = \mu_i$ 그리고 동일한 분산 $Var(Y_i) = \sigma^2$을 갖는 정규분포 $N(\mu_i, \sigma^2)$을 따른다고 하자. 연결함수가 항등함수, 즉 $g(\mu_i) = \mu_i$이므로 일반화 선형모형에 속하는 정규선형모형은 다음과 같이 정의할 수 있다.

$$E(Y_i) = \mu_i = \underline{x}_i^T \underline{\beta}.$$

여기서 $\underline{\beta}$는 $p < n$인 p개 모수에 의한 $p \times 1$ 벡터를 의미한다. 이 모형은 다음과 같이 나타내기도 한다.

$$\underline{y} = \boldsymbol{X}\underline{\beta} + \underline{\epsilon}. \tag{7.1}$$

여기서 $\underline{y}^T = [Y_1\ Y_2\ \cdots\ Y_n]$이며, $\underline{\epsilon}$는 각각 $\epsilon_i \sim N(0, \sigma^2)$을 원소로 갖는 $n \times 1$ 오차항 벡터를 나타낸다. 회귀모형, 분산분석 그리고 공분산분석은 모두 모형 (7.1)과 같이 나타낼 수 있으나 독립변수에 따라 계획행렬 $\boldsymbol{X}$의 원소가 다르다는 차이만을 갖게 된다.

제3장에서 살펴보았듯이 모형 (7.1)의 $\underline{\beta}$의 추정량은 $\boldsymbol{X}^T\boldsymbol{X}$의 역행렬이 존재한다는 조건 하에

$$\underline{b} = (\boldsymbol{X}^T\boldsymbol{X})^{-1}\boldsymbol{X}^T\underline{y}$$

이며, Y_i의 선형결합임을 알 수 있다.

모형 (7.1)의 Hessian 행렬은

$$H = -\frac{1}{\sigma^2} X^T X$$

이며, 정보행렬 $\mathfrak{I} = -E(H)$와 같은 관계를 가지므로

$$\mathfrak{I} = \frac{1}{\sigma^2} X^T X$$

인 것을 알 수 있다. 그러므로 $\underline{b}$의 분산공분산행렬은

$$\mathfrak{I}^{-1} = \sigma^2 (X^T X)^{-1}$$

인 것을 쉽게 알 수 있다. 여기서 장애모수인 σ^2에 대하여는 다음과 같은 불편추정량을 얻을 수 있다.

$$\hat{\sigma}^2 = \frac{1}{n-p}(\underline{y} - X\underline{b})^T(\underline{y} - X\underline{b}). \tag{7.2}$$

위 추정량은 공분산행렬 $\mathfrak{I}^{-1}$의 추정을 위해 사용되며, 추정된 정보행렬의 대각원소는 b_j의 추정분산으로 b_j의 유의성 검정을 위한 통계량에서 이용하게 된다.

앞에서도 언급하였지만 모형 (7.1)의 최우추정량은 $\underline{\beta}$의 최소제곱추정량과 같다. $\underline{\beta}$의 최소제곱추정량은 오차항의 제곱합인 다음의 목적함수(object function)를 최소화하는 추정량을 의미한다.

$$\sum_{i=1}^{n} \epsilon_i^2 = \underline{\epsilon}^T \underline{\epsilon} = (\underline{y} - X\underline{\beta})^T(\underline{y} - X\underline{\beta}). \tag{7.3}$$

식 (7.3)을 최소로 하는 $\underline{b}$는 다음과 같은 정규방정식(normal equation)의 해가 된다.

$$\frac{\partial \underline{\epsilon}^T \underline{\epsilon}}{\partial \underline{\beta}} = -2\boldsymbol{X}^T(\underline{y} - \boldsymbol{X}\underline{\beta}) = \underline{0}.$$

위 정규방정식을 $\underline{\beta}$에 대하여 정리하면

$$(\boldsymbol{X}^T\boldsymbol{X})\underline{\beta} = \boldsymbol{X}^T\underline{y}$$

이므로 $\boldsymbol{X}^T\boldsymbol{X}$의 역행렬이 존재하면 최소제곱추정량은 최우추정량과 동일하게 $\underline{b} = (\boldsymbol{X}^T\boldsymbol{X})^{-1}\boldsymbol{X}^T\underline{y}$인 것을 알 수 있다.

모형 (7.1)에서 $\epsilon_i \sim N(0, \sigma_i^2)$라고 가정하기로 한다. 이러한 상황을 이분산성(heteroscedasticity)이라고 하며, 정보행렬은 다음과 같이 나타낼 수 있다.

$$\mathfrak{I} = \boldsymbol{X}^T\boldsymbol{W}\boldsymbol{X}.$$

여기서 $\boldsymbol{W}$는 i번째 대각원소가 $1/\sigma_i^2$인 $n \times n$ 대각행렬을 의미한다.

목적함수 (7.3)은

$$\underline{\epsilon}^T\underline{\epsilon} = (\underline{y} - \boldsymbol{X}\underline{\beta})^T\boldsymbol{W}(\underline{y} - \boldsymbol{X}\underline{\beta}) \tag{7.4}$$

와 같이 나타낼 수 있고, 다음과 같은 정규방정식을 얻게 된다.

$$\frac{\partial \underline{\epsilon}^T \underline{\epsilon}}{\partial \underline{\beta}} = -2\boldsymbol{X}^T\boldsymbol{W}(\underline{y} - \boldsymbol{X}\underline{\beta}) = \underline{0}.$$

따라서 위 정규방정식의 해는

$$\tilde{\underline{b}} = (\boldsymbol{X}^T\boldsymbol{W}\boldsymbol{X})^{-1}\boldsymbol{X}\boldsymbol{W}\underline{y} \tag{7.5}$$

와 같이 얻을 수 있다.

목적함수 (7.4)를 최소로 하는 추정 방법을 가중 최소제곱법이라고 부르며, (7.5)는 가중 최소제곱추정량이라고 부른다. 한 가지 주목할 점은 식 (7.5)는 포아송 회귀모형의 식 (4.9)와 로지스틱 회귀모형의 추정방정식인 (6.15)와 동일한 형태를 갖는다는 것이다. 이러한 사실은 식 (4.7)에서 연결함수가 항등함수이므로 $\partial \mu_i / \partial \eta_i = 1$이고, $\hat{\mu}_i = \underline{x}_i^T \underline{\tilde{b}}$이므로 $z_i = y_i$인 것으로 확인할 수 있다.

모형 (7.1)의 적합성을 판단하기 위한 이탈도를 유도해 보기로 한다. 우선 정규분포를 가정하였으므로 다음과 같은 로그 우도함수를 얻을 수 있다.

$$l(\underline{\beta}; \underline{y}) = -\frac{1}{2\sigma^2} \sum_{i=1}^{n} (y_i - \mu_i)^2 - \frac{1}{2} n \log(2\pi\sigma^2).$$

여기서 $\underline{\beta}_{\max} = [\mu_1\, \mu_2\, \cdots\, \mu_n]^T$라고 하자. 포화모형의 모수 μ_i의 최우추정량은 $\hat{\mu}_i = y_i$이므로 최우추정량 벡터 $\underline{b}_{\max} = [\hat{\mu}_1\, \hat{\mu}_2\, \cdots\, \hat{\mu}_n]^T$에 의하여 로그 우도함수는 다음과 같이 나타낼 수 있다.

$$l(\underline{b}_{\max}; \underline{y}) = -\frac{1}{2} n \log(2\pi\sigma^2).$$

이와는 달리 모형 (7.1)은 p개 모수를 가지고 있으므로 최우추정량 벡터 $\underline{b}$에 의한 로그 우도함수는 다음과 같을 것이다.

$$l(\underline{b}; \underline{y}) = -\frac{1}{2\sigma^2} \sum_{i=1}^{n} (y_i - \underline{x}_i^T \underline{b})^2 - \frac{1}{2} n \log(2\pi\sigma^2).$$

따라서 두 로그 우도함수에 의하여 모형 (7.1)의 적합성 판단을 위한 이탈도는 다음과 같이 구할 수 있다.

$$\begin{aligned} D(\underline{b}) &= 2\,[\,l(\underline{b}_{\max}; \underline{y}) - l(\underline{b}; \underline{y})\,] \\ &= \frac{1}{\sigma^2} \sum_{i=1}^{n} (y_i - \underline{x}_i^T \underline{b})^2 \end{aligned}$$

$$= \frac{1}{\sigma^2} \sum_{i=1}^{n} (y_i - \hat{\mu}_i)^2. \tag{7.6}$$

여기서 $e_i = (y_i - \hat{\mu}_i)$는 관찰값과 추정값의 차이인 잔차(residual)라고 부르며, 이 탈도는 잔차의 제곱합인 것을 알 수 있다. 또는 잔차 제곱합은

$$\sigma^2 D(\underset{\sim}{b}) = \sum_{i=1}^{n} (y_i - \hat{\mu}_i)^2$$

과 같이 나타내고 이를 척도이탈도(scaled deviance)라고 부른다.

모형 (7.1)에서 절편만을 포함한 모형을 고려해 보기로 한다. 절편 β_1의 최우추정량은 $b_1 = \hat{\mu} = \sum_{i=1}^{n} y_i / n = \bar{y}$이므로 절편만을 가진 최소모형의 이탈도는

$$D(b_1) = \frac{1}{\sigma^2} \sum_{i=1}^{n} (y_i - \bar{y})^2 \tag{7.7}$$

이 될 것이다. 그런데 표본분산(sample variance)

$$S^2 = \frac{1}{n-1} \sum_{i=1}^{n} (y_i - \bar{y})^2 = \frac{\sigma^2 D(b_1)}{n-1} \tag{7.8}$$

과 같이 척도이탈도의 함수로 나타낼 수 있다. $(n-1)S^2/\sigma^2 \sim \chi^2_{(n-1)}$이므로 이탈도 역시 $D(b_1) \sim \chi^2_{(n-1)}$인 것을 알 수 있다. 이러한 사실을 확장하면 모형 (7.1)의 이탈도 역시 귀무가설이 자료에 잘 적합되는 모형, 즉 귀무가설이 참이라면 $D(\underset{\sim}{b}) \sim \chi^2_{(n-p)}$일 것이다.

$n \times 1$ 잔차 벡터 $\underset{\sim}{y} - \boldsymbol{X}\underset{\sim}{b}$는 다음과 같이 나타낼 수 있다.

$$\underset{\sim}{y} - \boldsymbol{X}\underset{\sim}{b} = \underset{\sim}{y} - \boldsymbol{X}(\boldsymbol{X}^T\boldsymbol{X})^{-1}\boldsymbol{X}^T\underset{\sim}{y}$$

$$= [\boldsymbol{I} - \boldsymbol{X}(\boldsymbol{X}^T\boldsymbol{X})^{-1}\boldsymbol{X}^T]\,\underline{y}$$
$$= [\boldsymbol{I} - P_X]\,\underline{y}.$$

여기서 $\boldsymbol{I}$는 $n \times n$ 단위행렬(identity matrix)을 나타내며 사영행렬(projection matrix) 또는 해트행렬(hat matrix)이라고 부르는 $\boldsymbol{P}_X = \boldsymbol{X}(\boldsymbol{X}^T\boldsymbol{X})^{-1}\boldsymbol{X}^T$이다. 사영행렬은 $\boldsymbol{P}_X = \boldsymbol{P}_X^T$ 그리고 $\boldsymbol{P}_X\boldsymbol{P}_X = \boldsymbol{P}_X$와 같은 성질을 갖는 멱등행렬(idempotent matrix)이므로 잔차의 제곱합

$$(\underline{y} - \boldsymbol{X}\underline{b})^T(\underline{y} - \boldsymbol{X}\underline{b}) = [\boldsymbol{I} - \boldsymbol{P}_X\,\underline{y}]^T[\boldsymbol{I} - \boldsymbol{P}_X]\,\underline{y}$$
$$= \underline{y}^T[\boldsymbol{I} - \boldsymbol{P}_X]\,\underline{y}$$

와 같이 나타낼 수 있다. 그런데 $\boldsymbol{I}$는 계수(rank)가 n이고 $\boldsymbol{P}_X$는 $(\boldsymbol{X}^T\boldsymbol{X})^{-1}$이 존재하기 위해서는 계수는 p가 되어야 하므로 역시 계수는 p가 된다. 따라서 $[\boldsymbol{I} - \boldsymbol{P}_X]$의 계수는 $n-p$이며 $[\boldsymbol{I} - \boldsymbol{P}_X]\boldsymbol{X} = \underline{0}$이므로 식 (7.6)의 이탈도는 식 (7.8)에서 얻은 결과를 직접 적용하여 $D(\underline{b}) \sim \chi^2_{(n-p)}$를 따르게 된다. $\chi^2_{(n-p)}$의 기댓값은 $(n-p)$임을 상기하자. 그러므로 결국 만일 모형 (7.1)이 자료에 잘 적합된다면 이탈도 $D(\underline{b})$는 $\chi^2_{(n-p)}$를 따르므로 σ^2은 식 (7.2)에 의하여 추정될 수 있다.

모형의 개별 관찰값에 대한 적합성을 식별하기 위하여 분산 σ^2의 추정값을 이용하여 다음과 같은 Pearson 잔차를 고려할 수 있다.

$$r_i = \frac{y_i - \hat{\mu}_i}{\sqrt{\hat{\sigma}^2}}. \tag{7.9}$$

그런데 다음과 같이 잔차의 제곱합은 이탈도와 매우 유사한 형태를 갖는 것을 알 수 있다.

$$\sum_{i=1}^{n} r_i^2 = \sum_{i=1}^{n} \frac{(y_i - \hat{\mu}_i)^2}{\hat{\sigma}^2}.$$

이러한 관계로부터 만일 모형의 적합성이 우수하다면 대략 $\sum_{i=1}^{n} r_i^2 \approx (n-p)$일 것으로 예상할 수 있다.

식 (7.9)의 잔차는 $\hat{\sigma}^2$에 의해 계산된다. 그런데

$$e_i = y_i - \underline{x}_i^T \underline{\beta} = y_i - \hat{\mu}_i$$

이므로 $\underline{e}$의 공분산행렬

$$\begin{aligned} E(\underline{e}\,\underline{e}^T) &= E[(\underline{y} - \boldsymbol{X}\underline{b})(\underline{y} - \boldsymbol{X}\underline{b})^T] \\ &= E(\underline{y}\,\underline{y}^T) - \boldsymbol{X}E(\underline{b}\,\underline{b}^T)\boldsymbol{X}^T \\ &= \sigma^2[\boldsymbol{I} - \boldsymbol{X}(\boldsymbol{X}^T\boldsymbol{X})^{-1}\boldsymbol{X}^T] \\ &= \sigma^2[\boldsymbol{I} - \boldsymbol{P}_X] \end{aligned}$$

와 같이 구할 수 있다. 식 (7.9)의 분모를 $\hat{\sigma}^2$와 사영행렬 $\boldsymbol{P}_X$의 i번째 대각원소인 p_{ii}를 통해 잔차 e_i의 표준오차로 대체한

$$r_i = \frac{(y_i - \hat{\mu}_i)}{\hat{\sigma}(1 - p_{ii})^{1/2}} \tag{7.10}$$

은 표준화 잔차(standardized residual)라고 한다.

표준화 잔차는 정규선형모형의 적합성을 판단하기 위해 제안된 여러 가지 진단 도구들과 모형의 정규성 가정을 점검하기 위한 기본 값으로 가장 널리 이용되고 있다.

2. 다중회귀모형

<표 7.2>는 30개 부서를 가지고 있는 한 회사에서 부서 관리자들의 성과를 평가하기 위하여 조사된 자료이다. 관리자 성과(supervisor performance) 평가를 위하여 부서의 직원들에게 여섯 가지 설문 항목에 대하여 5점 척도로 조사를 실시하였다. 조사에 포함된 변수에 관한 설명은 <표 7.1>과 같다.

〈표 7.1〉 관리자 성과 평가 자료의 변수들

변수	설명
Y	관리자에 대한 전반적인 평가 점수
X_2	직원의 고충 처리에 관한 점수
X_3	특정 직원에 대한 특별 우대에 관한 점수
X_4	새로운 직무 경험 제공에 관한 점수
X_5	직무 수행에 기반한 진급 제공에 관한 점수
X_6	저조한 업무 수행에 관한 질책에 관한 점수
X_7	회사 내에서 자신의 진로에 대해 느끼는 평가 점수

이 자료의 분석을 위하여 다음과 같은 다중회귀모형을 고려하기로 한다.

$$Y_i = \beta_1 + \beta_2 x_{i2} + \beta_3 x_{i3} + \beta_4 x_{i4} + \beta_5 x_{i5} + \beta_6 x_{i6} + \beta_7 x_{i7} + \epsilon_i. \qquad (7.11)$$

여기서 $i = 1, 2, \cdots, 30$이며 $n = 30$이다. 그리고 절편에 대한 x_1은 모든 i에 대하여 $x_{i1} \equiv 1$의 값을 갖는다.

<그림 7.1>은 종속변수와 각 독립변수들과의 산포도를 보여 주고 있다. 먼저 X_2가 종속변수와 가장 강한 선형 관계를 가지고 있는 것으로 시각적인 평가를 할 수 있다. 그 다음으로는 X_4 역시 값의 증가에 따라 종속변수 역시 커지는 선형 관계를 가질 것으로 예상할 수 있다. 그러나 나머지 변수들에는 기울기를 인지할 수 있는 관계를 예상하기는 어려운 것을 알 수 있다.

〈표 7.2〉 관리자 성과 평가 자료

y	x_1	x_2	x_3	x_4	x_5	x_6	x_7
43	1	51	30	39	61	92	45
63	1	64	51	54	63	73	47
71	1	70	68	69	76	86	48
61	1	63	45	47	54	84	35
81	1	78	56	66	71	83	47
43	1	55	49	44	54	49	34
58	1	67	42	56	66	68	35
71	1	75	50	55	70	66	41
72	1	82	72	67	71	83	31
67	1	61	45	47	62	80	41
64	1	53	53	58	58	67	34
67	1	60	47	39	59	74	41
69	1	62	57	42	55	63	25
68	1	83	83	45	59	77	35
77	1	77	54	72	79	77	46
81	1	90	50	72	60	54	36
74	1	85	64	69	79	79	63
65	1	60	65	75	55	80	60
65	1	70	46	57	75	85	46
50	1	58	68	54	64	78	52
50	1	40	33	34	43	64	33
64	1	61	52	62	66	80	41
53	1	66	52	50	63	80	37
40	1	37	42	58	50	57	49
63	1	54	42	48	66	75	33
66	1	77	66	63	88	76	72
78	1	75	58	74	80	78	49
48	1	57	44	45	51	83	38
85	1	85	71	71	77	74	55
82	1	82	39	59	64	78	39

자료출처: S. Chatterjee and A. S. Hadi(2006), *Regression analysis by Example*, 4th, Wiley.

모형 (7.11)의 행렬 표현을 위한 종속변수 벡터 y와 계획행렬 $\boldsymbol{X}$는 <표 7.2>에서 쉽게 얻을 수 있다. 그리고 7×1 모수 벡터

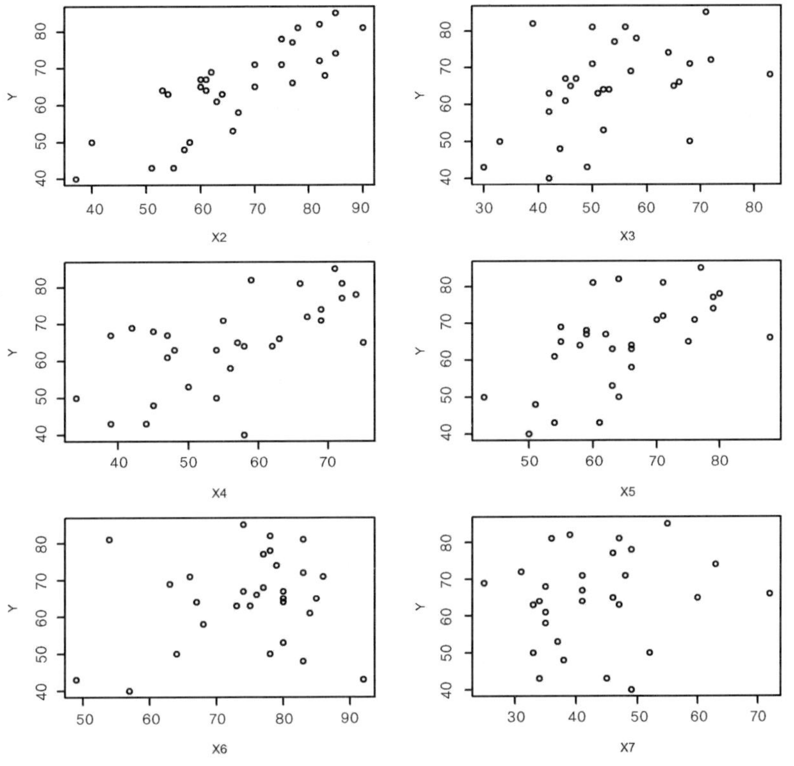

〈그림 7.1〉 종속변수와 각 독립변수와의 산포도

$$\underline{\beta} = [\,\beta_1\,\beta_2\,\cdots\,\beta_7\,]^T$$

와 같다.

$\underline{\beta}$의 최우추정량 또는 최소제곱추정량을 얻기 위한

$$\boldsymbol{X}^T\boldsymbol{X} = \begin{bmatrix} 30 & 1,998 & 1,594 & 1,691 & 1,939 & 2,243 & 1,288 \\ 1,998 & 138,208 & 108,798 & 115,325 & 131,824 & 150,101 & 86,673 \\ 1,594 & 108,798 & 89,036 & 91,903 & 104,669 & 119,695 & 69,689 \\ 1,691 & 115,325 & 91,903 & 99,311 & 111,561 & 126,821 & 74,462 \\ 1,939 & 131,824 & 104,669 & 111,561 & 128,459 & 146,097 & 85,029 \\ 2,243 & 150,101 & 119,695 & 126,821 & 146,097 & 170,541 & 97,136 \\ 1,288 & 86,673 & 69,689 & 74,462 & 85,029 & 97,136 & 58,368 \end{bmatrix}$$

와

$$X^T \underset{\sim}{y} = \begin{bmatrix} 1{,}939 \\ 133{,}017 \\ 104{,}866 \\ 111{,}879 \\ 127{,}490 \\ 145{,}519 \\ 83{,}811 \end{bmatrix}$$

을 얻을 수 있고,

$$(X^T X)^{-1} =$$

$$\begin{bmatrix} 2.6886 & -0.0025 & -0.0036 & -0.0062 & -0.0043 & -0.0227 & 0.0007 \\ -0.0025 & 0.0005 & -0.0002 & -0.0002 & -0.0004 & 0.0000 & 0.0002 \\ -0.0036 & -0.0002 & 0.0004 & -0.0001 & 0.0000 & 0.0000 & -0.0001 \\ -0.0062 & -0.0002 & -0.0001 & 0.0006 & -0.0002 & 0.0001 & -0.0002 \\ -0.0043 & -0.0004 & 0.0000 & -0.0002 & 0.0010 & -0.0002 & -0.0003 \\ -0.0227 & 0.0000 & 0.0000 & 0.0001 & -0.0002 & 0.0004 & -0.0001 \\ 0.0007 & 0.0002 & -0.0001 & -0.0002 & -0.0003 & -0.0001 & 0.0006 \end{bmatrix}$$

이 된다. 그러므로

$$\underset{\sim}{b} = [X^T X]^{-1} X^T \underset{\sim}{y} = \begin{bmatrix} 10.7871 \\ 0.6132 \\ -0.0731 \\ 0.3203 \\ 0.0817 \\ 0.0384 \\ -0.2171 \end{bmatrix}$$

과 같은 추정값을 얻을 수 있다.

이 추정값으로부터 $\hat{\mu}_i = \underset{\sim}{x}_i^T \underset{\sim}{b}$이므로 잔차 제곱합 또는 척도이탈도 $\sigma^2 D(\underset{\sim}{b}) = 1{,}149$가 된다. 모형 (7.11)의 자유도는 $n-p=23$이므로 장애모수인 분산의 추정값 $\hat{\sigma}^2 = 49.9565$를 얻을 수 있다.

추정된 $\hat{\sigma}^2$로 정보행렬의 역행렬인 $\underset{\sim}{b}$의 공분산행렬을 추정할 수 있다. 추정 공분산행렬의 대각원소는 b_j의 분산이므로, 이 값에 의한 b_j의 표준오차를 $s.e.(b_j)$라고 하면 추정계수의 유의성을 검정하기 위한 통계량

$$t = \frac{b_j}{se(b_j)}$$

는 자유도 $n-p$인 t-분포를 따르게 된다.

<표 7.3>에 추정 결과와 추정계수의 유의성 검정 결과가 정리되어 있다. 우선 변수 X_2를 위한 b_2는 매우 유의한 것으로 판단할 수 있다. 그리고 b_4는 대체로 유의한 것으로 판단할 수 있는 것을 알 수 있으며, 이 결과는 <그림 7.1>의 산포도에서 얻은 시각적 판단과 일치하는 것을 알 수 있다.

〈표 7.3〉 모형 (7.11)의 추정계수

	b	$s.e.(b)$	t	p-값
절편	10.7871	11.5893	0.9308	0.3616
X_2	0.6132	0.161	3.8090	0.0009
X_3	-0.0731	0.1357	-0.5382	0.5956
X_4	0.3203	0.1685	1.9009	0.0699
X_5	0.0817	0.2215	0.3690	0.7155
X_6	0.0384	0.147	0.2611	0.7963
X_7	-0.2171	0.1782	-1.218	0.2356

<그림 7.2>는 추정된 모형 (7.11)에 의한 예측값을 각 독립변수와의 산포도에 나타내고 있다. 그림에서 점선은 예측값에 의한 추정회귀선(estimated regression line)을 나타내고 있으며, 실선은 각 독립변수만에 의한 추정회귀선을 나타낸 것이다. 예를 들어, Y와 X_2의 산포도를 살펴보면, X_2만을 독립변수로 가진 모형의 추정회귀선인 실선과 모형 (7.11)의 추정회귀선이 매우 유사한 형태로 증가하고 있는 것을 볼 수 있다. 그리고 X_4와의 산포도 역시 두 추정회귀선이 매우 유사한 형태의 증가세를 보이는 것을 볼 수 있다. X_3와 X_5의 산포도 역시 비슷한 경향을 보이고 있으나, X_2와 X_4는 기울기가 매우 가까운 증가세인 반면에 두 변수에서는 상이한 기울기를 가지고 있는 것을 알 수 있다. 반면에 X_6과 X_7은 기울기가 다를 것이라는 것을 알 수 있다. 이러한 내용은 <표 7.3>의 추

정계수에 대한 유의성 검정 결과와 일치한다고 판단할 수 있다.

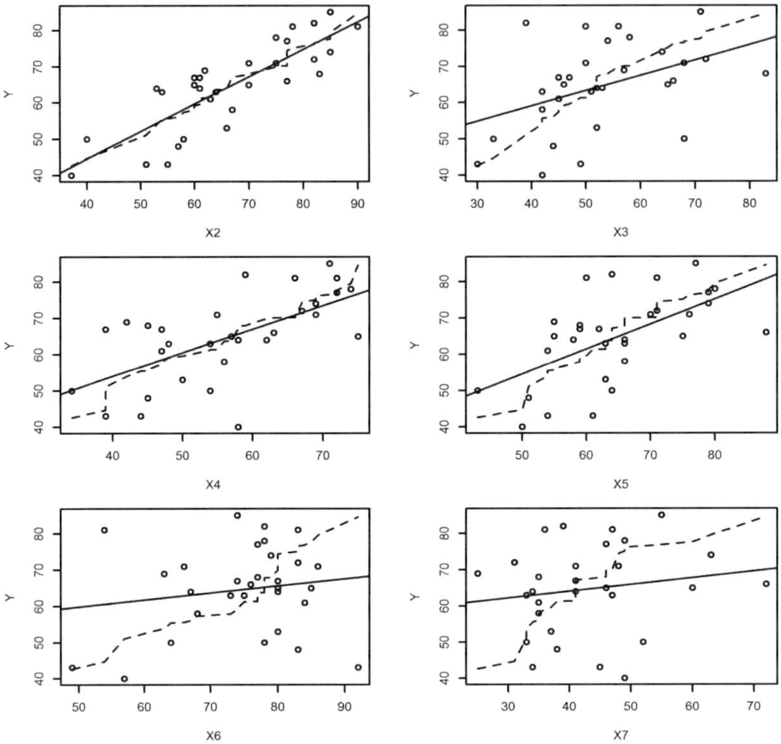

〈그림 7.2〉 각 독립변수의 산포도와 추정회귀선

이상에서 얻은 결과를 이용하여 다른 변수는 제외한 X_2와 X_4만이 독립변수인 다음의 모형을 고려하기로 하자.

$$Y_i = \beta_1 + \beta_2 x_{i2} + \beta_4 x_{i4} + \epsilon_i. \tag{7.12}$$

추정 결과인 <표 7.4>로부터 b_2는 매우 유의한 것을 알 수 있다. 다만, b_4의 유의성은 모형 (7.11)의 추정 결과와 비교하여 다소 떨어지는 것을 볼 수 있다. 그러나 <그림 7.2>와 같이 두 모형의 추정회귀선을 비교한 <그림 7.3>에서 두 모형의 추정회귀선은 매우 유사한 결과를 보이는 것을 알 수 있다. 그림에서 실선은 모형 (7.11)의 추정회귀선을 나타내며, 점선은 모형 (7.12)의 추정회귀선을 각각 나타낸다.

〈표 7.4〉 모형 (7.12)의 추정계수

	b	$s.e.(b)$	t	p-값
절편	9.8709	7.0612	1.3979	0.1735
X_2	0.6435	0.1185	5.4316	0.0000
X_4	0.2112	0.1344	1.5713	0.1278

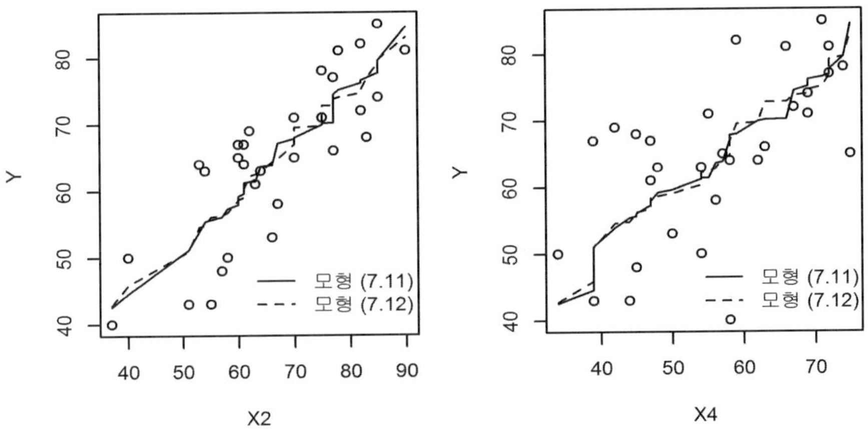

〈그림 7.3〉 두 모형에 의한 추정회귀선

두 모형의 비교를 위한 다음과 같은 가설을 고려해 보기로 하자.

$$H_0 : Y_i = \beta_1 + \beta_2 x_{2i} + \beta_4 x_{4i} + \epsilon_i,$$
$$H_1 : Y_i = \beta_1 + \beta_2 x_{2i} + \beta_3 x_{3i} + \beta_4 x_{4i} + \beta_5 x_{5i} + \beta_6 x_{6i} + \beta_7 x_{7i} + \epsilon_i. \qquad (7.13)$$

위 가설에서 귀무가설모형에 대한 이탈도는 $D(\underline{b}_0)$, 그리고 대립가설의 이탈도는 $D(\underline{b}_1)$과 같이 나타내기로 하자. 두 이탈도에서 얻은 척도이탈도는 각각 $\sigma^2 D(\underline{b}_0)$, $\sigma^2 D(\underline{b}_1)$이므로 두 척도이탈도의 차이는 $\sigma^2[D(\underline{b}_0) - D(\underline{b}_1)]$이 될 것이다. 그런데 (7.8)에서 얻은 결과와 유사하게 두 모형의 자유도로부터

$$\frac{\sigma^2[D(\underline{b}_0) - D(\underline{b}_1)]}{[(n-3) - (n-7)]} \tag{7.14}$$

은 $\chi^2_{[(n-3)-(n-7)]}$-분포를 따르게 된다.

여기서 (7.14)의 척도이탈도의 차이와 대립가설 하의 척도이탈도의 비율인 다음의 통계량을 고려해 보기로 한다.

$$\begin{aligned} F &= \frac{\sigma^2[D(\underline{b}_0) - D(\underline{b}_1)]}{[(n-3) - (n-7)]} \Big/ \frac{\sigma^2[D(\underline{b}_1)]}{(n-7)} \\ &= \frac{[D(\underline{b}_0) - D(\underline{b}_1)]}{[(n-3) - (n-7)]} \Big/ \frac{D(\underline{b}_1)}{(n-7)}. \end{aligned} \tag{7.15}$$

통계량 (7.15)는 이탈도와는 달리 장애모수 σ^2를 포함하고 있지 않은 점에 유의하자. 이 통계량은 분자의 자유도 $[(n-3)-(n-7)]$과 분포의 자유도인 $(n-7)$에 의한 $F_{\{[(n-3)-(n-7)],(n-7)\}}$ 분포를 따르며, 가설 (7.13)을 검정하기 위한 검정통계량이 된다.

<표 7.1>의 자료에 대해서는 $D(\underline{b}_0) = 1{,}254.6490$이므로

$$F = \frac{(1254.6490 - 1149)}{4} \Big/ \frac{1149}{23} = 0.5287$$

이며, $F_{\{4,23\}}$ 분포로부터 p-값은 0.7158을 얻을 수 있다. 따라서 모형 (7.12)에서 제외된 X_3, X_5, X_6, X_7은 모형의 적합성에 크게 영향을 주지 않는 것으로 판단하게 된다.

적합된 모형의 자료에 대한 설명력을 측정하기 위하여 (7.6)과 (7.7)의 비율인 다음과 같은 결정계수(coefficient of determination)를 정의할 수 있다.

$$R^2 = 1 - \frac{D(\underline{b})}{D(b_1)} = 1 - \frac{\sum_{i=1}^{n}(y_i - \hat{\mu}_i)^2}{\sum_{i=1}^{n}(y_i - \bar{y})^2}.$$

<표 7.5> 모형 (7.12)의 예측값과 표준화 잔차

관찰값	예측값	잔차	표준화 잔차
43	50.9268	-7.9268	-1.2349
63	62.4604	0.5396	0.0806
71	69.4893	1.5107	0.2312
61	60.3385	0.6615	0.1000
81	74.0039	6.9961	1.0607
43	54.5568	-11.5568	-1.7625
58	64.8133	-6.8133	-1.0167
71	69.7503	1.2497	0.1891
72	76.7892	-4.7892	-0.7332
67	59.0515	7.9485	1.1998
64	56.2264	7.7736	1.2016
67	56.7184	10.2816	1.6050
69	58.6390	10.3610	1.5959
68	72.7865	-4.7865	-0.8060
77	74.6275	2.3725	0.3657
81	82.9933	-1.9933	-0.3161
74	79.1421	-5.1421	-0.7963
65	64.3213	0.6787	0.1136
65	66.9550	-1.9550	-0.2921
50	58.5993	-8.5993	-1.2939
50	42.7921	7.2079	1.1809
64	62.2193	1.7807	0.2706
53	62.9026	-9.9026	-1.4886
40	45.9302	-5.9302	-1.0540
63	54.7580	8.2420	1.2506
66	72.7268	-6.7268	-1.0151
78	73.7629	4.2371	0.6607
48	56.0550	-8.0550	-1.2232
85	79.5645	5.4355	0.8446
82	75.0996	6.9004	1.0618

그리고 모형에 포함된 모수 수의 영향을 제외하기 위한

$$R_a^2 = 1 - \frac{D(\underline{b})/(n-p)}{D(b_1)/(n-1)} = 1 - \frac{\sum_{i=1}^{n}(y_i - \hat{\mu}_i)^2/(n-p)}{\sum_{i=1}^{n}(y_i - \bar{y})^2/(n-1)}$$

은 조정된 결정계수(adjusted R-squared)라고 하며, 모형의 모수의 수가 다른 두 모형의 적합도(goodness of fit)를 비교하기 위한 도구로 사용된다.

가설 (7.13)의 두 모형을 위한 조정된 결정계수는 대립가설모형인 (7.11)은 $R_a^2 = 0.6628$이며, 귀무가설모형인 (7.12)는 $R_a^2 = 0.6864$로 얻어진다. 따라서 모수 수의 영향을 제외하면 오히려 모형 (7.12)의 적합성이 더 우수한 것으로 결론 내릴 수 있다.

<표 7.5>에 모형 (7.12)의 예측값과 표준화 잔차값을 정리하였다. 앞에서 설명한 바와 같이 모형의 개별 관찰값에 대한 적합은 매우 크거나 작은 잔차가 존재하지 않기 때문에 우수한 것으로 판단할 수 있다.

3. 분산분석

실험 또는 관찰에서 고려된 요인들에 의해 정의된 그룹 또는 처리수준(treatment level)에 따라 측정된 연속형 변수의 값에 대한 평균 차이를 분석하는 통계적 방법을 분산분석이라고 부른다. 처리수준은 범주형 변수이므로 분산분석에서의 계획행렬은 처리수준에 대한 가변수(dummy variable)로 구성될 것이다.

<표 7.6>은 세 가지 처리수준을 가진 요인 A와 두 개의 처리수준을 가진 요인 B에 대하여 각각 두 번의 실험을 반복하여 얻은 가상 자료이다. $3\times2\times2$번의 실험을 수행하였으므로 총 12회 실험이 일어난 것을 알 수 있다.

각 처리수준에 따른 실험값을 y_{ijr}이라고 하면, 요인 A에 대하여 $i=1,2,3$, 요인 B에 대하여 $j=1,2$ 그리고 반복 $r=1,2$이다. 그러므로 자료는 <표 7.7>

과 같이 다시 정리할 수 있다.

〈표 7.6〉 두 번 반복이 있는 두 요인 실험 자료(A)

요인 A	요인 B				합
	B_1		B_2		
	반복		반복		
	1	2	1	2	
A_1	6.8	6.6	5.3	6.1	24.8
A_2	7.5	7.4	7.2	6.5	28.6
A_2	7.8	9.1	8.8	9.1	35.8
합	45.2		43.0		88.2

〈표 7.7〉 두 번 반복이 있는 두 요인 실험 자료(B)

칸	요인 A	요인 B	반복	y_{ijk}
(1,1,1)	1	1	1	6.8
(1,1,2)	1	1	2	6.6
(1,2,1)	1	2	1	5.3
(1,2,2)	1	2	2	6.1
(2,1,1)	2	1	1	7.5
(2,1,2)	2	1	2	7.4
(2,2,1)	2	2	1	7.2
(2,2,2)	2	2	2	6.5
(3,1,1)	3	1	1	7.8
(3,1,2)	3	1	2	9.1
(3,2,1)	3	2	1	8.8
(3,2,2)	3	2	2	9.1

자료 분석의 목적은 요인 A와 요인 B의 처리수준에 따라 평균이 차이가 있는지의 여부가 된다. 이러한 목적에 따라 고려할 수 있는 첫 번째 모형으로 다음과 같이 두 요인의 처리수준의 평균이 차이가 없는 최소모형을 고려할 수 있다.

$$E(Y_{ijr}) = \mu. \tag{7.16}$$

이에 반하여 요인 A의 처리수준에 따른 평균의 차이를 반영한 모형인

$$E(Y_{ijr}) = \mu + \alpha_{(i)} \tag{7.17}$$

와 요인 B의 처리수준에 따른 평균 차이를 반영한 모형

$$E(Y_{ijr}) = \mu + \beta_{(j)} \tag{7.18}$$

의 적합을 고려할 수 있다. 여기서 μ는 주효과(main effect)라고 하며, $\alpha_{(i)}$와 $\beta_{(j)}$는 각각 요인 A와 B의 처리효과(treatment effect)라고 부른다. $\alpha_{(i)}$와 $\beta_{(j)}$에는 추정을 위하여 기준점 조건 또는 처리효과의 합이 0이 되는 제약조건을 부여한다. 만일 기준점 조건을 부여한다면 $\alpha_{(1)} = 0$ 그리고 $\beta_{(1)} = 0$이 될 것이다. 그러므로 요인 A의 처리효과인 $\alpha_{(i)}$는 $(I-1) = (3-1)$개의 모두가 존재하며, $\beta_{(j)}$는 $(J-1) = (2-1)$개의 모수가 존재하게 된다.

이와는 달리 두 요인의 처리수준에 따른 평균 차이를 모두 반영한 다음과 같은 가법모형을 고려할 수 있다.

$$E(Y_{ijr}) = \mu + \alpha_{(i)} + \beta_{(j)}. \tag{7.19}$$

마지막으로 두 요인의 교호작용(interaction effect)을 위한 $\alpha\beta_{(ij)}$를 반영한 다음과 같은 포화모형을 고려할 수 있다.

$$E(Y_{ijr}) = \mu + \alpha_{(i)} + \beta_{(j)} + \alpha\beta_{(ij)}. \tag{7.20}$$

여기서 $\alpha\beta_{(ij)}$에는 요인 A의 첫 번째 수준과 요인 B의 첫 번째 수준에 기준점 조건을 반영하면 $\alpha\beta_{(11)} = \alpha\beta_{(12)} = \alpha\beta_{(21)} = \alpha\beta_{(31)} = 0$이 된다. 따라서 교호작용한 $\alpha\beta_{(ij)}$는 총 $(I-1)(J-1) = (3-1)(2-1)$개의 모수를 추정하여야 한다.

모형 (7.16)은 마치 회귀모형에서의 최소모형인 절편만이 있는 모형과 같은 것을 알 수 있다. 그러므로 주효과 μ의 최우추정량은 $\hat{\mu} = \bar{y}$인 것을 쉽게 알 수 있다. 모형 (7.16)~(7.20)을 각각 M_1, M_2, M_3, M_4, M_5라고 하면 모형 M_1의 척도이탈도는

$$\sigma^2 D(M_1) = \sum_{i=1}^{3}\sum_{j=1}^{2}\sum_{r=1}^{2}(y_{ijr} - \bar{y})^2 = 15.83 \tag{7.21}$$

과 같이 구할 수 있다.

모형 (7.17) 또는 M_2의 계획행렬은

$$\boldsymbol{X} = \begin{bmatrix} 1 & 0 & 0 \\ 1 & 0 & 0 \\ 1 & 0 & 0 \\ 1 & 0 & 0 \\ 1 & 1 & 0 \\ 1 & 1 & 0 \\ 1 & 1 & 0 \\ 1 & 1 & 0 \\ 1 & 0 & 1 \\ 1 & 0 & 1 \\ 1 & 0 & 1 \\ 1 & 0 & 1 \end{bmatrix}$$

과 같이 나타낼 수 있고, 모수 벡터는

$$\underline{\beta} = \begin{bmatrix} \mu \\ \alpha_{(2)} \\ \alpha_{(3)} \end{bmatrix}$$

이 된다.

$$\boldsymbol{X}^T\boldsymbol{X} = \begin{bmatrix} 12 & 4 & 4 \\ 4 & 4 & 0 \\ 4 & 0 & 4 \end{bmatrix}$$

이므로

$$[\boldsymbol{X}^T\boldsymbol{X}]^{-1} = \begin{bmatrix} 0.25 & -0.25 & -0.25 \\ -0.25 & 0.50 & 0.25 \\ -0.25 & 0.25 & 0.50 \end{bmatrix}.$$

그리고

$$\boldsymbol{X}^T\underline{y} = \begin{bmatrix} \sum_{i=1}^{3}\sum_{j=1}^{2}\sum_{r=1}^{2} y_{ijr} \\ \sum_{j=1}^{2}\sum_{r=1}^{2} y_{2jr} \\ \sum_{j=1}^{2}\sum_{r=1}^{2} y_{3jr} \end{bmatrix} = \begin{bmatrix} 88.2 \\ 28.6 \\ 34.8 \end{bmatrix}$$

을 통해

$$\underline{b} = (\boldsymbol{X}^T\boldsymbol{X})^{-1}\boldsymbol{X}^T\underline{y} = \begin{bmatrix} 6.20 \\ 0.95 \\ 2.50 \end{bmatrix}$$

과 같은 최우추정량을 얻을 수 있다.

모형 M_2의 추정값은 $\hat{\underline{\mu}} = \boldsymbol{X}\underline{b}$와 같이 구할 수 있다. 그런데 $\alpha_{(1)} = 0$과 같은 기준점 조건이 부여되었으므로, 예를 들어 $\hat{\mu}_{111} = \hat{\mu}$와 같이 구할 수 있다. 반면에 $\hat{\mu}_{211} = \hat{\mu} + \hat{\alpha}_{(2)}$ 그리고 $\hat{\mu}_{311} = \hat{\mu} + \hat{\alpha}_{(3)}$이 된다. 이들 추정값에 의하여 모형 M_2에 대한 다음의 척도이탈도를 얻을 수 있다.

$$\sigma^2 D(M_2) = \sum_{i=1}^{3}\sum_{j=1}^{2}\sum_{r=1}^{2}(y_{ijr} - \hat{\mu}(M_2)_{ijr})^2 = 3.09. \tag{7.22}$$

여기서 $\hat{\mu}(M_2)_{ijr}$은 모형 M_2에 의한 추정값을 의미한다.

모형 M_3의 추정은

$$X^T X = \begin{bmatrix} 12 & 6 \\ 6 & 6 \end{bmatrix}$$

이므로

$$[X^T X]^{-1} = \begin{bmatrix} 0.1667 & -0.1667 \\ -0.1667 & 0.1667 \end{bmatrix}$$

과

$$X^T \underline{y} = \begin{bmatrix} \sum_{i=1}^{3}\sum_{j=1}^{2}\sum_{r=1}^{2} y_{ijr} \\ \sum_{i=1}^{3}\sum_{r=1}^{2} y_{i2r} \end{bmatrix} = \begin{bmatrix} 88.2 \\ 43.0 \end{bmatrix}$$

을 통해

$$\underline{b} = \begin{bmatrix} 7.5333 \\ -0.3667 \end{bmatrix}$$

을 얻을 수 있다. 이 추정값에 의하여 다음과 같이 모형 M_3에 대한 척도이탈도를 구할 수 있다.

$$\sigma^2 D(M_3) = \sum_{i=1}^{3}\sum_{j=1}^{2}\sum_{r=1}^{2}(y_{ijr} - \hat{\mu}(M_3)_{ijr})^2 = 15.4267. \tag{7.23}$$

마찬가지로 모형 M_4의 계획행렬

$$X = \begin{bmatrix} 1 & 0 & 0 & 0 \\ 1 & 0 & 0 & 0 \\ 1 & 0 & 0 & 1 \\ 1 & 0 & 0 & 1 \\ 1 & 1 & 0 & 0 \\ 1 & 1 & 0 & 0 \\ 1 & 1 & 0 & 1 \\ 1 & 1 & 0 & 1 \\ 1 & 0 & 1 & 0 \\ 1 & 0 & 1 & 0 \\ 1 & 0 & 1 & 1 \\ 1 & 0 & 1 & 1 \end{bmatrix}$$

이므로

$$\underline{b} = \begin{bmatrix} \hat{\mu} \\ \hat{\alpha}_{(2)} \\ \hat{\alpha}_{(3)} \\ \hat{\beta}_{(2)} \end{bmatrix} = \begin{bmatrix} 6.8333 \\ 0.9500 \\ 2.5000 \\ -0.3667 \end{bmatrix}$$

과 같은 결과를 얻을 수 있다. 또한 척도이탈도

$$\sigma^2 D(M_4) = \sum_{i=1}^{3}\sum_{j=1}^{2}\sum_{r=1}^{2}(y_{ijr} - \hat{\mu}(M_4)_{ijr})^2 = 2.6867 \tag{7.24}$$

과 같다.

마지막으로 포화모형인 M_5의 계획행렬

$$X = \begin{bmatrix} 1 & 0 & 0 & 0 & 0 & 0 \\ 1 & 0 & 0 & 0 & 0 & 0 \\ 1 & 0 & 0 & 1 & 0 & 0 \\ 1 & 0 & 0 & 1 & 0 & 0 \\ 1 & 1 & 0 & 0 & 0 & 0 \\ 1 & 1 & 0 & 0 & 0 & 0 \\ 1 & 1 & 0 & 1 & 1 & 0 \\ 1 & 1 & 0 & 1 & 1 & 0 \\ 1 & 0 & 1 & 0 & 0 & 0 \\ 1 & 0 & 1 & 0 & 0 & 0 \\ 1 & 0 & 1 & 1 & 0 & 1 \\ 1 & 0 & 1 & 1 & 0 & 1 \end{bmatrix}$$

이며,

$$\underline{b} = \begin{bmatrix} \hat{\mu} \\ \hat{\alpha}_2 \\ \hat{\alpha}_3 \\ \hat{\beta}_2 \\ \widehat{\alpha\beta}_{22} \\ \widehat{\alpha\beta}_{32} \end{bmatrix} = \begin{bmatrix} 6.70 \\ 0.75 \\ 1.75 \\ -1.00 \\ 0.40 \\ 1.50 \end{bmatrix}.$$

그리고

$$\sigma^2 D(M_5) = \sum_{i=1}^{3}\sum_{j=1}^{2}\sum_{r=1}^{2}(y_{ijr} - \hat{\mu}(M_5)_{ijr})^2 = 1.48 \tag{7.25}$$

로 구할 수 있다.

이상에서 고려한 다섯 모형들 사이의 적합성을 판단하기 위하여, 먼저 다음과 같은 가설을 고려해 보기로 한다.

$$H_0 : E(Y_{ijr}) = \mu \text{ (모형 } M_1\text{)},$$
$$H_1 : E(Y_{ijr}) = \mu + \alpha_{(i)} \text{ (모형 } M_2\text{)}.$$

식 (7.15)에 의하여 위 가설을 검정하기 위한 다음과 같은 검정통계량의 값을 얻을 수 있다.

$$F = \frac{(15.83 - 3.09)}{(12-1) - (12-3)} \Big/ \frac{3.09}{(12-3)} = 18.5534.$$

분자의 자유도는 2, 분모의 자유도는 9인 F 분포로부터 p-값은 0.0006과 같으므로 대립가설의 모형 M_2를 더 우수한 모형이라고 판단할 수 있다. 모형 M_2에는 요인 A의 처리효과 $\alpha_{(i)}$가 포함되어 있으므로 요인 A의 처리수준에 따라 평균의 차이는 있다는 해석을 할 수 있다.

반면에 다음의 가설

$$H_0 : E(Y_{ijr}) = \mu \text{ (모형 } M_1),$$
$$H_1 : E(Y_{ijr}) = \mu + \beta_{(j)} \text{ (모형 } M_3)$$

에 대한 검정통계량 $F = 0.2615$이며, 분자의 자유도 1과 분모의 자유도 10인 F 분포로부터의 p-값은 0.2615를 얻을 수 있다. 귀무가설모형 M_1을 기각할 수 없으므로 요인 B의 처리수준에 따른 평균 차이는 없다고 판단하게 된다.

이제 요인 A의 처리효과에 요인 B의 처리효과를 추가한 다음과 같은 가설을 통해 두 모형 M_2와 M_4를 비교해 보기로 하자.

$$H_0 : E(Y_{ijr}) = \mu + \alpha_{(i)} \text{ (모형 } M_2),$$
$$H_1 : E(Y_{ijr}) = \mu + \alpha_{(i)} + \beta_{(j)} \text{ (모형 } M_4).$$

두 모형 M_2와 M_4를 비교하기 위한 검정통계량 $F = 1.2010$이며, p-값은 0.3050으로 모형 M_2에 요인 B의 처리효과를 추가한 모형의 적합성은 개선되지 않는다는 것을 알 수 있다. 그러므로 결국 <표 7.6>의 자료는 요인 A의 처리수준에 따른 평균들만이 차이가 난다고 설명할 수 있다.

4. 공분산분석

앞에서 살펴본 것과 같이 회귀분석과 분산분석을 위한 모형은 계획행렬에 차이가 난다. 그러나 단순한 계획행렬의 차이뿐만이 아니라 모형의 모수 또는 추정된 계수의 성격이 다른 것 또한 알 수 있다. 회귀모형은 독립변수가 종속변수에 미치는 영향을 기울기를 통하여 파악하고자 하는 것임에 비하여, 분산분석을 위한 모형은 계획행렬을 구성하는 요인들의 처리수준에 따른 평균 차이에 관심이 있다는 것이다.

회귀분석과 분산분석에서 고려할 수 있는 연속형 독립변수와 요인을 동시에 고려한 모형을 공분산분석모형이라고 한다. 공분산분석에서는 독립변수의 영향, 즉 기울기에 따른 변화를 제거한 후에 포함된 요인의 처리수준에 따른 평균 차이를 분석하는 데 목적이 있다.

유아기 성적 학대 여부에 따른 외상 후 스트레스 장애 수준의 평균 차이가 있는지를 분석하기 위한 <표 1.3>의 자료에 대한 모형 (1.11)을 다시 한 번 고려해 보기로 하자. 분석의 목적은 유아기 물리적 학대 정도가 외상 후 스트레스 장애에 미치는 영향을 제거하고 유아기 물리적 학대에 따른 평균의 차이를 식별하고자 하는 것이다.

먼저, 다음과 같은 모형을 고려해 보기로 한다.

$$E(Y_{ij}) = \mu + \gamma x_{ij}. \tag{7.26}$$

여기서 $i = 1, 2$로 학대 경험을 $j = 1, 2, \cdots, n_i$는 경험유무에 따른 관찰값들을 나타낸다. 따라서 x_{ij}는 성적 학대 경험에 따른 유아기 물리적 학대 정도를 값으로 갖는 독립변수임을 나타낸다. 그러므로 γ는 유아기 물리적 학대 정도가 외상 후 스트레스 수준에 미치는 영향을 나타내는 기울기가 된다. 반면에 학대 경험에 따른 평균을 나타내는 주효과인 μ에는 첨자 i가 없으므로 학대 경험에 따라 평균 차이가 없는 것을 나타낸다. 다시 말해, 모형 (7.26)은 학대 경험에 따른 평균 차이가 없는 유아기 물리적 학대 정도에 따른 영향을 파악하기 위한 단순회귀모형과 같다.

성적 학대 경험에 따른 평균 차이를 분석하기 위하여 모형 (7.26)과는 달리 모형 (1.11)과 동등한 평균의 차이를 나타내는 모수 μ_i를 포함한 모형은 다음과 같이 나타낼 수 있다.

$$E(Y_{ij}) = \mu_i + \gamma x_{ij}. \tag{7.27}$$

먼저, 모형 (7.27)의 최우추정량

$$\underline{b} = \begin{bmatrix} \hat{\mu} \\ \hat{\gamma} \end{bmatrix} = \begin{bmatrix} 6.5523 \\ 1.0334 \end{bmatrix}$$

와 같다.

모형 (7.27)의 계획행렬은 <표 1.3>으로부터

$$\boldsymbol{X} = \begin{bmatrix} 1 & 0 & 2.0479 \\ 1 & 0 & 0.8389 \\ \vdots & \vdots & \vdots \\ 1 & 0 & 5.1192 \\ 0 & 1 & 1.4918 \\ 0 & 1 & 0.6096 \\ \vdots & \vdots & \vdots \\ 0 & 1 & 0.8114 \end{bmatrix}$$

와 같이 나타낼 수 있다.

$$\boldsymbol{X}^T\boldsymbol{X} = \begin{bmatrix} 45.0000 & 0.0000 & 138.3839 \\ 0.0000 & 31.0000 & 40.5743 \\ 138.3839 & 40.5743 & 842.5557 \end{bmatrix}$$

이며,

$$(\boldsymbol{X}^T\boldsymbol{X})^{-1} = \begin{bmatrix} 0.0482 & 0.0111 & -0.0085 \\ 0.0111 & 0.0370 & -0.0036 \\ -0.0085 & -0.0036 & 0.0027 \end{bmatrix}$$

과 같이 구할 수 있다.

$$\boldsymbol{X}^T\underline{y} = \begin{bmatrix} 537.3492 \\ 145.5721 \\ 2043.3284 \end{bmatrix}$$

와 같이 계산할 수 있으므로

$$\underset{\sim}{b} = \begin{bmatrix} \hat{\mu}_1 \\ \hat{\mu}_2 \\ \hat{\gamma} \end{bmatrix} = \begin{bmatrix} 10.2480 \\ 3.9753 \\ 0.5506 \end{bmatrix}$$

과 같이 추정된다.

두 모형의 비교를 위하여 다음의 가설을 고려해 보기로 한다.

$$H_0 : E(Y_{ij}) = \mu + \gamma x_{ij},$$
$$H_1 : E(Y_{ij}) = \mu_i + \gamma x_{ij}.$$

귀무가설모형 (7.26)에 대한 척도이탈도는 1,406.1090이며 자유도는 $n_1 = 45$, $n_2 = 31$이므로 $n = 76$과 모수의 수는 2이므로 $(n-p) = (76-2)$가 된다. 또한 대립가설모형 (7.27)의 척도이탈도는 782.0835이고 자유도는 $(76-3)$이 된다. 따라서 위 가설을 검정하기 위한 검정통계량

$$F = \frac{(1406.1090 - 782.0835)}{(76-2)-(76-3)} \bigg/ \frac{782.0835}{(76-3)} = 58.2468$$

과 같이 계산할 수 있다. 이 값에 대한 p-값은 0에 매우 가까우므로 모형 (7.27)이 더 우수한 모형인 것으로 판단할 수 있다. 그러므로 성적 학대 유무에 따라 외상 후 스트레스 장애의 평균은 차이가 있고, 성적 학대 경험이 있는 사람의 경우에 외상 후 스트레스 장애의 수준이 약 6.2728 정도 높게 나타나는 것으로 해석하게 된다.

R-Code

■ 다중회귀모형

```
Supervisor <- read.csv("supervisor.csv", header=TRUE)

attach(Supervisor)

# 모형 (7.11)
X <- model.matrix(y~x2+x3+x4+x5+x6+x7)
n <- nrow(Supervisor)
p <- ncol(X)

b <- solve(t(X)%*%X)%*%t(X)%*%y
e <- y - X%*%b
h.sigma2 <- sum(e**2)/(n-p)

b.cov.matrix  <- c(h.sigma2)*solve(t(X)%*%(X))
se.b <- sqrt(diag(b.cov.matrix))
round(cbind(b, se.b, b/se.b,
   ifelse(b > 0, 2*(1-pt(b/se.b, n-p)), 2*pt(b/se.b, n-p))), 4)
scaled.deviance.m.2_7 <- sum(e**2)
R.adj.square.m.2_7 <-
  1 - (scaled.deviance.m.2_7/(n-p))/(sum((y-mean(y))**2)/(n-1))

# 모형 (7.12)
X <- model.matrix(y~x2+x4)
n <- nrow(Supervisor)
p <- ncol(X)

b <- solve(t(X)%*%X)%*%t(X)%*%y
e <- y - X%*%b
h.sigma2 <- t(e)%*%(e)/(n-p)
b.cov.matrix  <- c(h.sigma2)*solve(t(X)%*%(X))
se.b <- sqrt(diag(b.cov.matrix))
round(cbind(b, se.b, b/se.b,
   ifelse(b > 0, 2*(1-pt(b/se.b, n-p)), 2*pt(b/se.b, n-p))), 4)
scaled.deviance.m.2.4 <- sum(e**2)

F.statistic <- ((scaled.deviance.m.2.4 - scaled.deviance.m.2_7)/4)/
```

```
                    (scaled.deviance.m.2_7/23)
1-pf(F.statistic, 4, 23)

R.adj.square.m.2.4 <-
   1 - (scaled.deviance.m.2.4/(n-p))/(sum((y-mean(y))**2)/(n-1))

hat.matrix <- X%*%solve(t(X)%*%X)%*%t(X)
standardized.residual <- e / sqrt(hat.sigma2*(1-diag(hat.matrix)))
round(cbind(y, X%*%b, e, standardized.residual), 4)

detach(Supervisor)
```

■ 분산분석

```
# 분산분석
y <- c(6.8, 6.6, 5.3, 6.1,
        7.5, 7.4, 7.2, 6.5,
        7.8, 9.1, 8.8, 9.1)
A <- factor(rep(1:3, c(4,4,4)))
B <- factor(rep(rep(1:2, c(2,2)), 3))

# 모형 (7.16)
b <- mean(y)
scaled.deviance.m1 <- sum((y-b)**2)

# 모형 (7.17)
X <- model.matrix(y~A)
b <- solve(t(X)%*%X)%*%t(X)%*%y
scaled.deviance.m2 <- sum((y-X%*%b)**2)

# 모형 (7.18)
X <- model.matrix(y~B)
b <- solve(t(X)%*%X)%*%t(X)%*%y
scaled.deviance.m3 <- sum((y-X%*%b)**2)

# 모형 (7.19)
X <- model.matrix(y~A+B)
b <- solve(t(X)%*%X)%*%t(X)%*%y
scaled.deviance.m4 <- sum((y-X%*%b)**2)

# 모형 (7.20)
X <- model.matrix(y~A+B+A*B)
```

```
b <- solve(t(X)%*%X)%*%t(X)%*%y
scaled.deviance.m5 <- sum((y-X%*%b)**2)

# 모형 M1 vs 모형 M2
F <- ((scaled.deviance.m1-scaled.deviance.m2)/((12-1)-(12-3)))/
      (scaled.deviance.m2/(12-3))
1 - pf(F, 2, 9)

# 모형 M1 vs 모형 M3
F <- ((scaled.deviance.m1-scaled.deviance.m3)/((12-1)-(12-2)))/
  (scaled.deviance.m3/(12-2))
1 - pf(F, 1, 10)

# 모형 M2 vs 모형 M4
F <- ((scaled.deviance.m2-scaled.deviance.m4)/((12-3)-(12-4)))/
  (scaled.deviance.m4/(12-4))
1 - pf(F, 1, 8)
```

■ 공분산분석

```
sexab1 <- read.csv("sexab1.csv", header=TRUE)

attach(sexab1)

# 모형 (7.26)
X <- model.matrix(ptsd~cpa)
b <- solve(t(X)%*%X)%*%t(X)%*%ptsd
scaled.deviance.1 <- sum((ptsd-X%*%b)**2)

# 모형 (7.27)
X <- model.matrix(ptsd~csa+cpa-1)
b <- solve(t(X)%*%X)%*%t(X)%*%ptsd
scaled.deviance.2 <- sum((ptsd-X%*%b)**2)

F <- ((scaled.deviance.1-scaled.deviance.2)/((76-2)-(76-3)))/
      (scaled.deviance.2/(76-3))
1 - pf(F, 1, 73)

detach(sexab1)
```

연습 문제

1. 아래의 자료는 당뇨병이 있는 20명의 성인 남성을 대상으로 조사한 자료이다. 6개월 동안 당질 함량이 높은 음식을 섭취하게 하여 복합탄수화물 식품을 섭취하였을 때 얻는 총 칼로리의 비율(Y)을 조사한 자료이다. 연령(X_2)과 체중(X_3) 그리고 식품에 포함된 단백질의 양(X_4)이 칼로리 비율에 미치는 영향을 분석하고자 한다.

Y	X_2	X_3	X_4
33	33	100	14
40	47	92	15
37	49	135	18
27	35	144	12
30	46	140	15
43	52	101	15
34	62	95	14
48	23	101	17
30	32	98	15
38	42	105	14
50	31	108	17
51	61	85	19
30	63	130	19
36	40	127	20
41	50	109	15
42	64	107	16
46	56	117	18
24	61	100	13
35	48	118	18
37	28	102	14

1) 다음 모형을 추정하시오.

모형 $M_1 : E(Y_i) = \beta_1 + \beta_2 x_{i2}$

모형 $M_2 : E(Y_i) = \beta_1 + \beta_3 x_{i3}$

모형 M_3 : $E(Y_i) = \beta_1 + \beta_4 x_{i4}$

모형 M_4 : $E(Y_i) = \beta_1 + \beta_2 x_{i2} + \beta_4 x_{i4}$

모형 M_5 : $E(Y_i) = \beta_1 + \beta_3 x_{i3} + \beta_4 x_{i4}$

모형 M_6 : $E(Y_i) = \beta_1 + \beta_2 x_{i2} + \beta_3 x_{i3} + \beta_4 x_{i4}$

2) 추정된 모형들의 적합성을 F 통계량을 이용하여 비교하시오.

3) 추정된 모형들의 적합성을 조정된 결정계수를 이용하여 비교하시오.

4) 앞에서의 비교를 통해 선택한 모형의 표준화 잔차를 구하고, 모형의 적합성에 대하여 설명하시오.

5) 모형 M_5의 Pearson 잔차를 구하고, 잔차의 제곱합과 모형의 자유도와의 관계를 설명하시오.

2. 정밀가공 부품을 생산하는 한 공장에서 네 명의 기술자(요인 A)들이 생산하는 부품의 정밀도에 차이가 있는지 조사하기 위하여 월요일과 금요일(요인 B)에 생산된 부품 중 5개의 크기를 측정한 자료이다.

	기술자			
	1	2	3	4
월요일	35.7	38.4	34.9	37.1
	37.1	37.2	34.3	35.5
	36.7	38.1	34.5	36.5
	37.7	36.9	33.7	36.0
	35.3	37.2	36.2	33.8
금요일	34.7	36.9	32.0	35.8
	35.2	38.5	35.2	32.9
	34.6	36.4	33.5	35.7
	36.4	37.8	32.9	38.0
	35.2	36.1	33.3	36.1

1) 모형 (7.16)~(7.20)에 대하여 기준점 조건을 부여한 계획행렬과 합이 0이 되는 조건을 부여한 계획행렬을 구하시오.

2) 모형 (7.16)~(7.20)을 추정하시오.

3) 모형 (7.20)의 추정 결과를 이용하여 $\hat{\mu}_{ijr}$을 계산하시오.

4) 모형의 비교를 통하여 가장 적합이 우수한 모형을 선택하시오.

3. 세 가지 훈련 방법(요인 A)에 따라 기술교육을 받은 학생들의 성과(Y)를 측정하였다. 적성이 성과에 미치는 영향을 고려하기 위하여 적성검사 결과(X)를 반영하고 세 가지 훈련 방법에 따른 성과에 차이가 있는지 분석하고자 한다.

훈련 방법					
A		B		C	
y	x	y	x	y	x
6	3	8	4	6	3
4	1	9	5	7	2
5	3	7	5	7	2
3	1	9	4	7	3
4	2	8	3	8	4
3	1	5	1	5	1
6	4	7	2	7	4

1) 적성검사 결과를 반영한 성과 차이를 분석하기 위한 모형을 설정하시오.

2) 설정된 모형의 계획행렬을 구하시오.

3) 모형을 추정하고 훈련 방법에 따른 성과 차이가 없는 모형과 비교하시오.

찾아보기

【ㅈ】

【ㅊ】

【ㅋ】

【ㅌ】

【ㅍ】

【ㅎ】